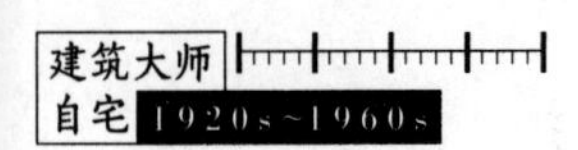
建筑大师
自宅 1920s~1960s

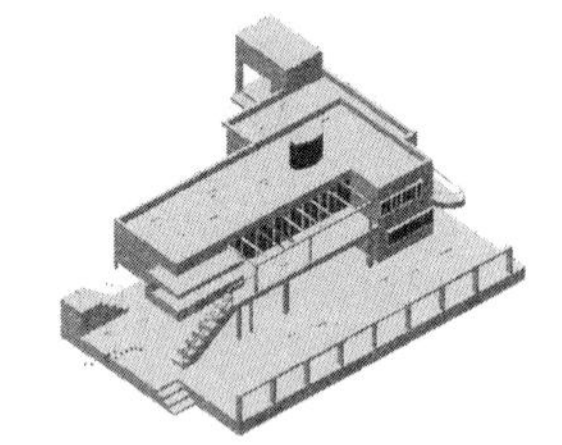

建筑大师自宅（1920s~1960s）

Master Architect's Own House（1920s~1960s）

朱晓明 吴杨杰　著

中国建筑工业出版社

写在前面

建筑大师各具社会和教育背景，都有较多的建成作品可以实践建筑理念，一些建筑师即便不为中国读者熟知，也已拥有了历史话语权，他们是年轻一代必然的偶像。建筑的本意是什么呢？建筑大师凡·艾克（Aldo van Eyck）答："建筑无非就是要让居住者多一份回家的温馨感。"本书选择了案例分析的方法，立足于建筑大师自宅，精心解剖了20个案例，大师以自宅为自传，创作了具有个人代表性、地区或国家标志性的作品。建筑师既是甲方也是乙方，住宅既是生活场所也是工作空间，日常活动既是生活态度也是建筑宣言。所选择的作品还要满足三个条件：

时间检验了大师作品，自宅建于20世纪20年代末至60年代中，一个时代足够生动的标志是永远有人和事值得后人挖掘发现。

建筑师是现代建筑运动的重要推动者，自宅为现代建筑作品，这一点颇为重要，因为很多建筑大师并未热衷以现代建筑彰显身份。本书案例横跨5大洲诸多国家，特别关注一些被忽略的亚洲建筑大师作品，它们反映了超越时代的永恒，是一种关于现代建筑的各自眼界。

住宅绝大部分被登录为各国的保护建筑，定期或永久开放，成为国家与民族可识别性的组成部分。作为遗产，日常维护与宣传教育方面亦获得了持久的影响力。

案例以相同体例展开，即时代背景、建筑师、基地环境、建筑设计、细部处理、历史交往、保护与展示。每个作品都配有建筑师的图纸档案及历史照片，研究尽可能地展示真实性的文献，这样部分评判权就可以交给读者。作者综合现场踏勘和历史图档，进一步剖切或平移历史建筑，轴测图清晰地反映了要素之间逐层建构的关系，如卡洛·斯卡帕（Carlo Scarpa）所言"每加一条线，脑子里想到是建造的过程"。

本书广泛适用于建筑师、高等院校师生、历史建筑保护工作者及建筑文化爱好者，小题目寄望实现雅俗共赏。当然纸面之物往往缺乏空间或色彩的感受，超越文化与语言的差异，我们可以从不同角度拥抱世界，研究权且是日后一睹真品的索引吧。

目　录

文献见证

现代建筑大师的自宅是宏大叙事的旁注，小而集中的建筑历史。

一座住宅的建筑师同时是业主和使用者，这意味着在设计之初，某些特质在付诸使用之前便已存在。如果不是一个普通的建筑师，而是一位具有国际影响力的建筑大师，那么即便不考虑国别，从初出茅庐到进入巅峰具备了一定的跨度，可铺陈的空间则更为广阔。通过自宅走进那一段现代主义建筑风雷激荡的岁月，走进前辈大师们的日常生活空间，它具有令人着迷的吸引力，是建筑史学中难得的“圈粉”议题。

与现代建筑大师自宅直接相关的文献研究最早出现在1942年，南非建筑师马提森（R.D. Martienssen）在《南非建筑实录》上发表“建筑师自宅的演进”（Evolution of an Architect's House）。马提森博士是柯布西耶在南非的代言人，本人具有雄厚的希腊建筑研究功底。结合自己刚刚竣工的自宅，他指出：“现代建筑对工业、公共建筑、公共艺术的影响是先发的，然后才是家（home），家被忽略，建筑师自宅是理想和理论兼得的家园。”[1] 德绍大师自宅（1925年）、伦敦陆贝肯（Berthold Lubetkin）在惠普斯奈德的家（1935年），阿尔托（1936年）、布劳耶（1939年）等国际大腕的自宅是70年前闪耀在建筑杂志上的亮点，这些璀璨的群星，映亮了现代建筑创作的蜿蜒前行之路。

1 R D Martienssen, D, Litt. Evolution of an Architect's House [J]. South African Architectural Record. 1942(2).

2 Rykwert Joseph. Un omaggio a Eileen Gray, pioniera del design[J]. Domus. Dec. 1968.

战后各类国际杂志对现代建筑大师的住宅设计都有推介，少部分就是自宅，以图录为主，辛德勒住宅、伊姆斯住宅、阿尔托自宅、巴拉甘自宅等成为媒体上的常客。英国建筑历史学家里克沃特·约瑟夫（Joseph Rykwert）无意中推升了这一研究领域的高度，1968年挖掘出爱尔兰女建筑师格蕾及E1027[2]，为自己带来了新的学术声誉：约瑟夫2013年被授予英国皇家建筑师协会金质奖章。

曾经的建筑师美国总统杰弗逊

预制建筑、现代建筑、带庭院的

建筑、20世纪小住宅、开放的建筑等均涉及建筑师自宅的研究界面。直接以《建筑师之家》为名的专著出版于20年前[1]，扎拜贝斯科（Anatxu Zabaibesscoa）分析了20幢建筑师自宅，最早的是1768年美国总统杰弗逊的家，他曾是建筑师也是独立宣言的作者之一。主要案例集中在现代主义建筑的作品，如赖特在芝加哥橡树公园的家（F.L.Wright，Oak Park，1922年）、推动日本建筑走向现代性的捷克建筑大师雷蒙德之家（Antonin Raymond，Toyko，1923年）、伍重在西班牙建设的自宅（Jorn Utzon，Majorca，1971年），以及目前广为人知的E1027、阿尔托夏日住宅、伊姆斯住宅、梅尔尼科夫自宅、约翰逊的玻璃屋等。作者抓住“只有建筑大师知道家从未有什么样”这一有趣的话题抽丝剥茧，构筑了一部以人文历史为重的建筑师生活画卷。进入21世纪，此类建筑师住宅作品分析及建筑师自宅研究形成了热点，其实也是长期积累的必然爆发。采取案例分析的方法十分普遍，英国谢菲尔德大学教授彼得·琼斯（Peter Blundell Jones）的《现代建筑设计案例》阐述了为何要用案例来讨论现代建筑，他精辟地分析道：“案例研究的写作方式可能会正好暗含一些普遍的原则，也许永远也无法回避，但从案例而不是原则开始至少可以确保和素材之间的对话。”[2]琼斯将建筑师的理论诉求与实践作品结合，终生热衷开拓的是现代建筑理论和实践之间的关联性与多样性。

教学相长是这类高校课程设计+学术研究的特征，包括我国的中国美术学院在内的国内外学校的成果很多。美国南加利福尼亚大学萨勒乌丁教授（Saleh Uddin）领导的团队结合二年级的基础教学，在20世纪建筑师流派的范畴内给出案例目录及要点，指导学生开展阅读和图解，十多年来呈滚动式进展。意大利米兰理工建筑学院瑞兹教授（Roberto Rizz）则带领学生进行了长达20年的持续研究，案例的时间跨度从1460年至2002年，内容深入、文字浅出，精美的模型值得细细揣摩。异地共生的现象随着时间的推演是否越来越多？各个地区之间的差异是否在逐渐缩小？瑞兹以水滴石穿的积累，总结了工作的意义：“研究它们、直接测绘它们（如果可能）、重新设计它们、制作重建模型，让它们再次引起关注。”[3]欧洲需要更好地理

1 Anatxu Zabaibesscoa. The House of the architect [M]. New York: Rizzoli.1995.

2 彼得·琼斯. 现代建筑设计案例[M]. 魏羽力，吴晓译. 北京：中国建筑工业出版社，2005.

3 Roberto Rizzi .Civilization of Living - the Evolution of European Domestic Interiors [M]. Edizioni Lybra Immagine，2003.

解自身的可识别性，研究建筑师的住宅作品就是要在全球视野中建立必要的历史坐标。略微遗憾的是受到篇幅限制，该研究涉及的自宅数量不多。此外，他的同事波斯蒂廖内教授（Gennaro Postiglione）同样是该领域的前沿学者，所著《100个建筑师的100座房子》[1] 在我国也许更为有名。

另一份研究来自英国教授昂温（Simon Unwin），著者多年前的《图解建筑》（*Analyzing Architecture*，2003年）已被国内视为高等院校教材翻译出版。作为一名注册建筑师和建筑史学者，昂温在《每个建筑师应该了解的20幢建筑》[2] 中发挥了淋漓尽致的读图与史论优势。他选取了11个国家的20幢小建筑，在E1027、柯布西耶燕尾小木屋等大师自宅的分析中观人入微，对每个建筑的禀赋了然于心，后有定论，该书在世界范围被采纳为建筑学院教材。作为主体读本，其案例被东南大学张彤教授的工作室以"风土建筑DesignLab"微信公众号的形式中文推送。

RIBA档案馆、爱尔兰建筑档案馆、芬兰建筑博物馆、南非威特沃特斯建筑学院等均做了大量建筑师档案的挖掘工作；国际现代建筑文献组织（Docomomo）、Domus、GA杂志等可提供翔实的原始图文素材，而这些资源在欧美国家似乎更为容易取阅。半个世纪以来，大量的积累也会牵扯出新问题，议题变得越来越重要，目标指向是核心，立足原型，为原创服务。"当现代建筑研究滑向历史的层面，越来越像文献学和历史学家拼凑的图本的时候，当建筑师制作的那些微不足道的书籍流于表面的时候，我们需要重新找回真正实用的批判方法了"。[3] 言人人殊，正是库哈斯撰写了名著《日本计划》（*Project Japan: An Oral History of Metabolists*），通过新陈代谢派的案例表达了对时代革新者的尊敬。他本人亲自在竹菊清训依照新陈代谢原理设计的自宅"天 屋"（Kikutake，sky house，1958年）中进行了深度采访。

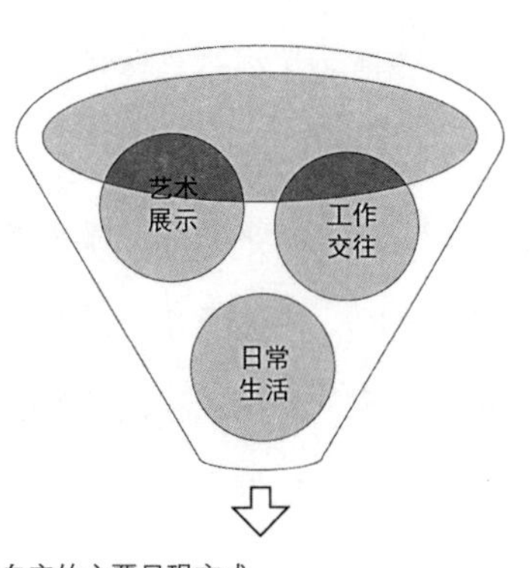

自宅的主要呈现方式

在这个资讯无限发达的世界，

1 Gennaro Postiglione.100 Häuser für 100 Architekten [M].Taschen Deutschland GmbH.Köln, 2008.
2 Simon Unwin. Twenty Buildings Every Architect Should Understand [M]. Routledge, 2010.
3 Rem Koolhaas. Project Japan: An Oral History of Metabolists [M]. Taschen Gmbh, 2011: 248.

年轻一代更多地娴熟运用网络、时尚类杂志获得信息，大师自宅即便对广大普通读者而言同样具有感召力。2014年第43期的《三联生活周刊》以“著名设计师为家人而设计——有情感的房子”为题娓娓道来，讲述了柯布西耶、赖特、梅尔尼科夫乃至王澍、马清运的家，建筑大师自宅恰恰没有给读者留下凌驾于生活之上的印象。各类机构利用传媒、官方网站促进信息传播，扩大教育范围和行业影响力，很多建筑大师的自宅已被以其名字命名的基金会所有，如柯布西耶基金会、阿尔托基金会、尼迈耶基金会等。历史需要丰富的现场，当不在场的我们想象历史时，官方平台通过组织参观、研究、教育、讲座不断强化传播，从这个意义上看，建筑大师在设计上无止境的探索精神从未停下脚步。

建筑师、传媒和受众三者枝蔓盘绕，受众除了大众外还包括各种机构，其运营目的不尽相同，但它们对大师自宅的价值存在共识。开发商积极介入大师自宅的宣传、修复与运作之中，立足于丹麦的跨国地产公司By & Byg直接参与了产权交易和后续维护运营，相关研究与进展简讯得以及时推送到官方网站上。1988年，澳大利亚名师赛德勒（Harry Seidler）将罗斯自宅捐献给新南威尔士的历史住宅信托（Historic Houses Trust of NSW），助力1980年创建的该慈善组织。早在2001年，该基金会围绕罗斯住宅就进行了“遗产保护和社会价值关系”的讨论，指出当代建筑精品成为活态博物馆后，所具有的美学和设计价值有益于在历史和技术价值之外展现保护的社会价值[1]，此是2007年《巴拉宪章》（Burra Charter）颁布前的思辨。《巴拉宪章》重点定义了适应性再利用（adaptive reuse），旨在遗产的重要价值得以最大限度的保存，活态博物馆避免了福尔马林式的保存，是展示利用与管理运营的一种主导方向。

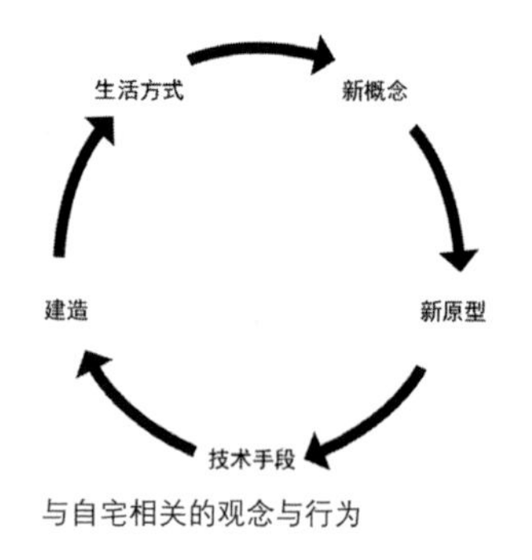

与自宅相关的观念与行为

如果要推荐一个与建筑大师自宅最为直接相关的全球平台，那么当属“标志性住宅网络”（the Iconic Houses Network），2012年由荷兰非政府机构创立，锁定具有国际知名度的建筑师或艺术家的自宅，它们目前必须开放为博物馆。该平台聚焦家庭博物馆类现代建筑，挖掘它们共同的潜力、全方位呈现颇具创新性的公众展示和学术研究成果。近150件作品就

1 Alexandra Teague. Conservation and Social Value: Rose Seidler House[J]. Journal of Architectural Conservation. No.2 July 2001: 31～40.

如同万花筒里的碎片，以欧美为代表的大师自宅展示出一种斑斓的观看方式，人们点击鼠标就如同转动万花筒，眼前浮现出不一样的世界。无论如何，观看都还是让人有些温暖的。

另一种声音

制定操作规则是统筹的核心。

本书定义的建筑大师各具社会、教育背景，都有较多的建成作品可以实践自己的建筑理念，创作日益达到成熟的阶段。一些建筑师即便不为国内熟知，也已拥有了在现代建筑思想与表述方面的历史话语权，自宅具有个人代表性和显著的地区或国家标志性。所选择的作品还要满足三个条件：

（1）自宅建于20世纪20年代末至60年代中，建筑师代表了整整一代早期开拓者或是承上启下的一代人。1966年文丘里发《建筑的复杂性与矛盾性》，挑战了现代主义作为建筑唯一形式的预设，现代建筑真的完结了吗？历史不会简单地一代取代另一代，一个时代足够生动的标志是永远有人和事值得后人挖掘发现。

（2）作品为现代主义建筑。实践发源于1920年代欧洲的第一代"现代建筑运动"理论，最初解决的是欧洲工业化进程中社会对建筑的新要求。在近半个世纪的演变中，所有现代主义建筑师都认同有责任将自己的专业作为政治工具[1]，寻求现代主义在各国建筑文脉、地理位置、气候条件中的合法性，加快社会的改善。现代主义建筑无一例外运用了几何、几何推论式的演绎，甚至一些大师会弱化围合而充分利用覆盖的方式获得空间的自由和舒适性，方法非常新颖。简言之，建筑大师的自宅在生活方式和几何形体的组合之间寻找设计纽带，体现了一种技术手段和价值观的综合成就。

（3）绝大部分属于各国的登录保护建筑并以各种形式对外开放。20世纪20～60年代的建筑大师具有时代赋予的共通之处，又在人生不同阶段就形成了相对固定的个人建筑语言，法定保护是肯定其价值的最直接方式，而开放则是私人住宅转化为社会资源的遗产保护策略。开放的形式可多种多样，时间可长期也可每年开放若干次，形式不止博物馆一种，至少表明自宅已形成了鲜明的社会意义，成为国家与民族可识别性的组成部分。目前依然是私宅的作品除非特别的原因不在研究之列，已损毁的肯定不属于研究范围。案例中未被开放的有3处：林克明自宅，目前混居，实则是中国广东优秀历史建筑认定、保护进程的一个阶段，当属另类展示；挪威克尔

1 Goldhagen, Sarah. Coda：Conceptualizing the Modern [M]. Cambridge, MA: MIT Press, 2000.

斯莫自宅，2014年刚被一户带孩子的家庭所购，因该住宅曾在挪威现代建筑的活动（PAGON）中起到过重要的公共空间作用，故纳入本研究；南非马提森住宅，目前属于私宅，不对外开放。马提森是1942年最早以“建筑师自宅的演进”发文的专家，本研究没有找到在南非敞开房门的佳作，又难以割舍马提森自宅作为非洲的唯一案例。其余17个案例均长期或不定期开放。

欧美建筑师自宅很多，远不止我们选取的十余例，著名的德绍大师住宅、约翰逊的玻璃屋、一些其他的美国战后案例研究等均符合上述三点要求。鲜为人知的还有诸如20世纪60年代初，在意大利接受建筑教育、塞

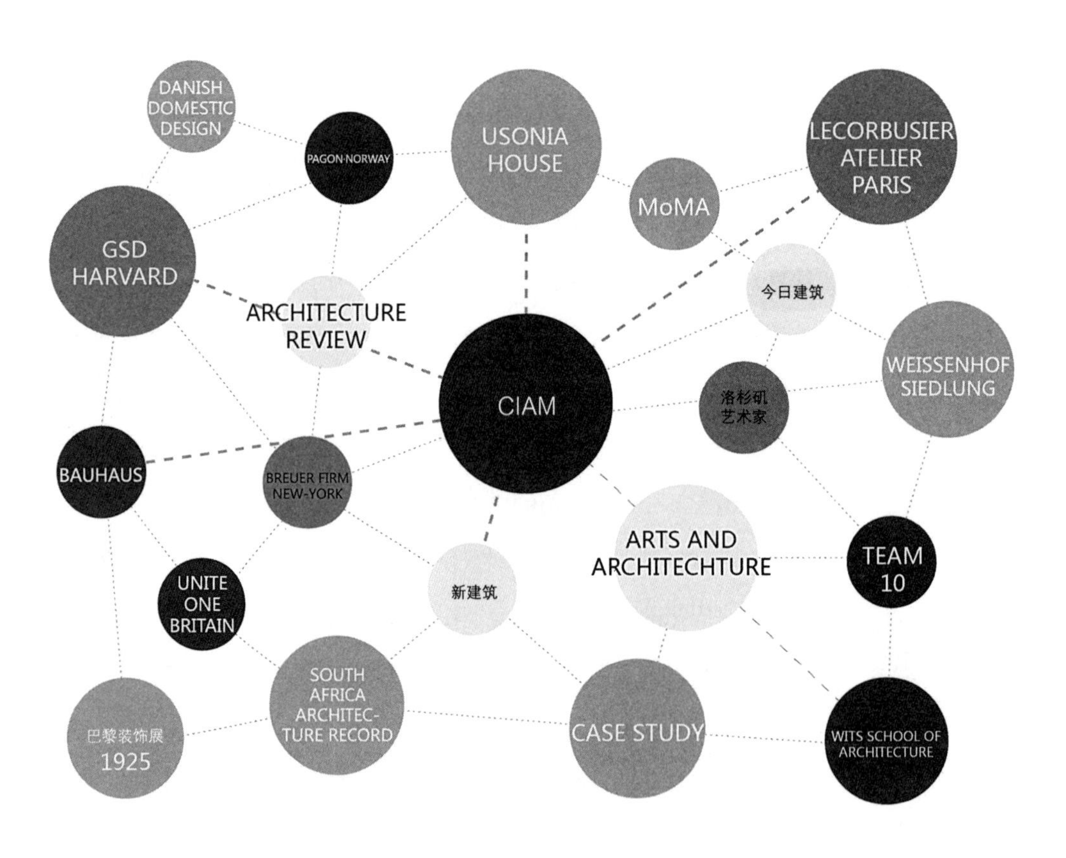

大师自宅的互通与相互影响因素

浦路斯建筑协会主席米哈伊里迪斯（Neoptolemos Michaelids）设计的自宅（House in Uicosia），目前被国家保护、归其基金会所有。确实，本书关注乃至投入精力研究过的大师自宅不止20处，素材越多、时间越长，素材本身自然会呈现出更多真实的状态，研究就有不尽相同的轨迹。但有必要聚焦主题，附加条件进一步遴选：

（1）地点性：20幢自宅涵盖5大洲，涉及15个国家，包括美国、法国、英国、波兰、澳大利亚、中国（台湾地区）、日本、柬埔寨、芬兰、挪威、丹麦、南非、巴西、阿根廷、俄罗斯，这些作品首先有强烈的地点性。

（2）设计质量：除了历史价值外，案例充分考虑环境呼应、空间塑造、结构形式、细部处理、类型选择的独特性。

（3）本土建筑师：现代建筑运动得益于殖民地的开疆拓土，亚洲国家或多或少也有西化的过程，现代建筑师、现代建筑教育在世界范围内实现资源分配，促进了现代建筑作品落籍生根。意大利女建筑师巴迪（Lina Bo Bardi）在巴西圣保罗的家、著名的尼迈耶自宅都是划时代的精品；还有日本除了前川国男之外，目前捷克著名现代建筑师雷蒙德自宅不止一座对外开放。在同类情况下，具有国际视野的本土建筑大师受到青睐。

（4）生活方式：生活方式直接影响住宅。家就像一汪清泉，并不在意溅起的水花，只希望在生活、工作的繁杂琐事中带来一丝愉快，萍水相逢会跟着产生点点涟漪。建筑师的女性身份、夫妻搭档、父女组合等因素无疑有助于解释个人的魅力、生活的喜乐和工作的偏好，但过于特殊的则无需太多。以已开放为博物馆的墨西哥巴拉甘自宅、斯里兰卡巴瓦之家、英国的温格住宅为例，三位单身汉终生未婚，独居在上千平方米的自宅中，生活并不属于常态，国际上讨论最少的温格住宅便是唯一的选择。

（5）理论和实践契合：建筑师单凭灵感工作，即使再聪明灵巧总是力有未逮。某些自宅是建筑师正式理论的告白书，如柯布西耶的模度（the Modular）、汉森的自由形式（Free Form）。也有一些实践派避免在理论上参与争论，而是采用了因地制宜地的灵活方针，各取所需的体系丰富了现代建筑的实践。如尼迈耶的热带巴西现代建筑（Brazilian Tropical Modernism）、莫利万的新高棉建筑（New Khmer Architecture）、雅各布森的斯堪的纳维亚现代（Scandinavian Modern）以及阿尔托的人情化（Humanism）等。这些作品对保护、维修、展陈提出了综合性的要求。

（6）交融：换句话说大师学习了谁呢？交流促使大师超越文化与语言的差异，在设计范围内拥有很多共通之处。澳大利亚赛德勒的罗斯住宅受到布劳耶的新英格兰之家的影响；挪威的克尔斯莫不仅参观了美国的伊姆斯住宅，而且直接利用了辛德勒的四英尺模数单位；苏格兰的斯宾塞爵士从不隐瞒对北欧雅各布森赛斯柏自宅（Siesby House）的欣赏；就算柯布西耶目不染尘，在燕尾小屋的窗户中也流露出对E1027的垂爱。还有的大师从乡村聚落、希腊神庙、伊势神宫中获得了灵感，从而也佐证了传统与变革之间存在着连续性。这绝不是说建筑大师的自宅缺乏创造性，相反建筑师为自己盖房是最难的，是至为简单也最为苛刻的建筑任务。本书有一个特点，就是使用线性叙事的同时穿插同侪自宅的经历，力图将建筑大师的自宅置于历史发展的脉络中加以定位和评价。

（7）突出亚洲建筑大师自宅：几乎从一开始，亚洲建筑师的研究就与更复杂的历史杂糅在一起，它与世界其他地域经纬线相连。很多近现代亚洲建筑师主要在欧美接受了系统的建筑教育，他们留学所赴的国度和时期在现代建筑移植方面留下了时空烙印。从文献综述可知，亚洲现代建筑大师自宅尚未被系统梳理过，战争摧毁了一些代表作品，如上海的董大酉自宅；战后一些国家对私人产权的控制使建筑师没有条件完成自宅，亚洲留存物远少于欧美。亚洲独特的气候特征和文化语境、经济特点导致其不可能简单地去复制他国，保留至今的遗产值得关注。“批判性地域主义”在很多亚洲建筑师身上尤为明显，突出亚洲作品是侧重点。除广为人知的中国台湾王大闳自宅外，中国林克明、日本前川国男、柬埔寨莫利万的自宅或可稍略展现亚洲跻身现代建筑洪流的独特篇章。

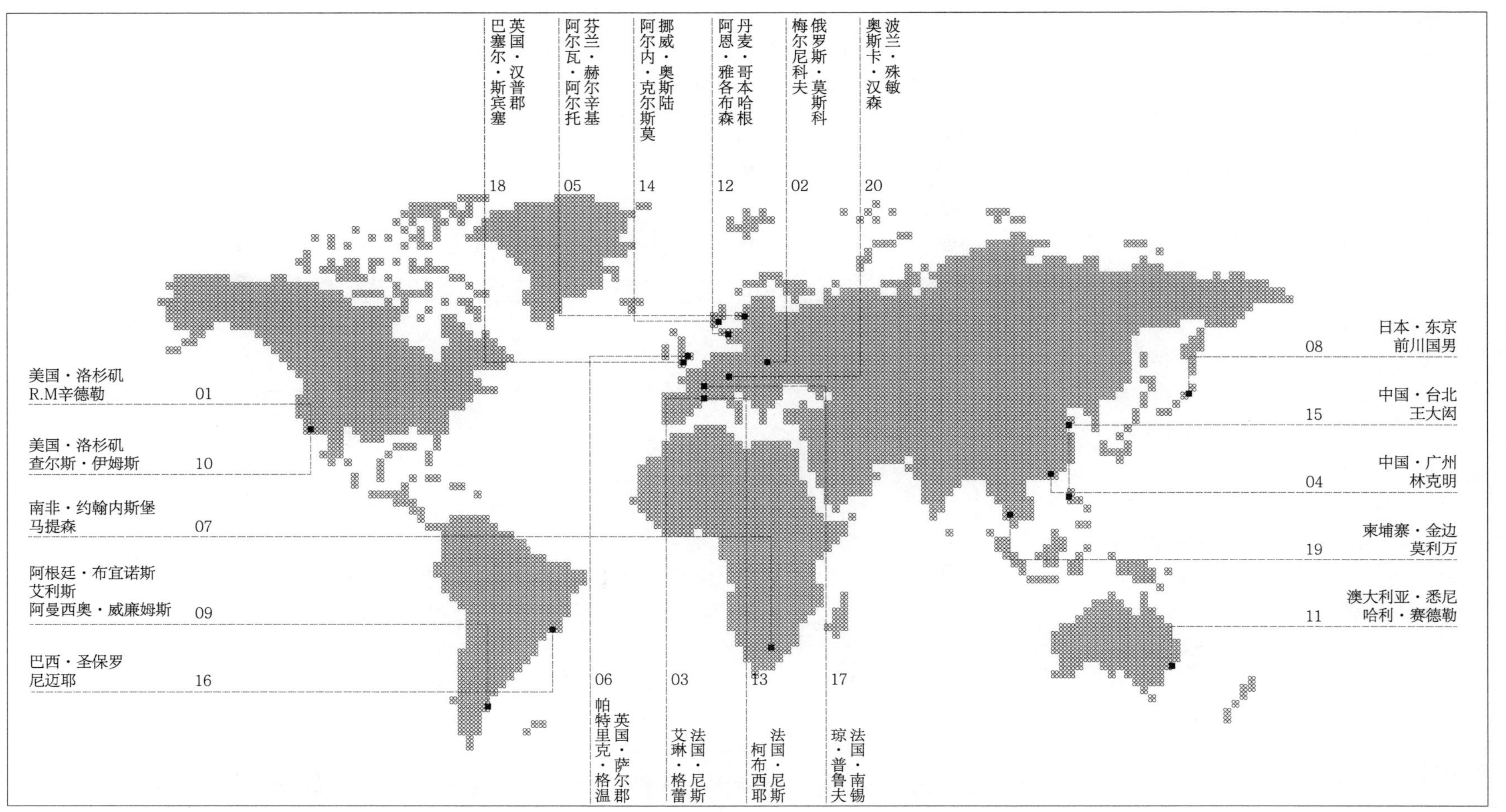
英国・汉普郡
巴塞尔・斯宾塞
18
芬兰・赫尔辛基
阿尔瓦・阿尔托
05
挪威・奥斯陆
阿尔内・克尔斯莫
14
丹麦・哥本哈根
阿恩・雅各布森
12
俄罗斯・莫斯科
梅尔尼科夫
02
波兰・殊敏
奥斯卡・汉森
20
美国・洛杉矶
R.M辛德勒
01
美国・洛杉矶
查尔斯・伊姆斯
10
南非・约翰内斯堡
马提森
07
阿根廷・布宜诺斯
艾利斯
阿曼西奥・威廉姆斯
09
巴西・圣保罗
尼迈耶
16
06
英国・萨尔郡
帕特里克・格温
03
法国・尼斯
艾琳・格蕾
13
法国・尼斯
柯布西耶
17
法国・南锡
琼・普鲁夫
日本・东京
前川国男
08
中国・台北
王大闳
15
中国・广州
林克明
04
柬埔寨・金边
莫利万
19
澳大利亚・悉尼
哈利・赛德勒
11

本书大师自宅分布

年代	建筑师	参加CIAM或相关团体	哈佛研究生院（GSD）	与其他名师合作设计	理论应用	标准化	有地下室	屋顶花园（平台）	前后（侧）花园	非平屋顶	结构	面积(m²)	主要空间高度(m²)
1920s	辛德勒				◍	◍		·	●		木结构	330	2.64
	梅尔尼科夫			◍			●	·	·	◍	砌体	257	3
	格蕾丝	●						·	·		钢混凝土框架	180	3
1930s	林志明	●					●	·	·		砌体（地下室钢混）	270	3.6(厅)
	阿尔托	●	●				●	·	●		钢、砖、木混合结构	285	2.7(厅)
	格温	●		●		◍		·	●		钢混凝土框架	710	3
	马提森	●			◍						钢混凝土 平板结构	165	3.1 2.7
1940s	前川国男	●							·	◍	木结构	94	2.5
	威廉姆斯	●	●	·				◍	·		钢混凝土 平板结构	270	2.8
	伊姆斯		●	·		◍			·		钢结构	232	2.7
	塞德勒		●	·				·	·		砖、木、石混合结构	200	2.7
	雅各布森						●		●	◍	砌体	170	2.5
1950s	柯布西耶	●			●	◍				◍	木结构	14	2.26
	克尔斯莫	●		·	◍	·	●		●		木结构	128	2.7
	王大闳		●			·			●		砖木结构	89	3
	尼迈耶	●		●			●		●		钢混凝土 平板结构	150	2.8
	普鲁夫	●			◍	·			·	◍	钢结构	182	2.8
1960s	斯宾塞			●					●	◍	砖木结构	154	2.7–3.5
	莫万利	●			·	·		·	·	◍	钢混凝土框架 双曲屋面	335	3.6(厅)
	汉森	●			●				●	◍	木结构	不详	不详

注：大小表示参与程度高低 ● ◍ ·

本书大师自宅的信息汇总

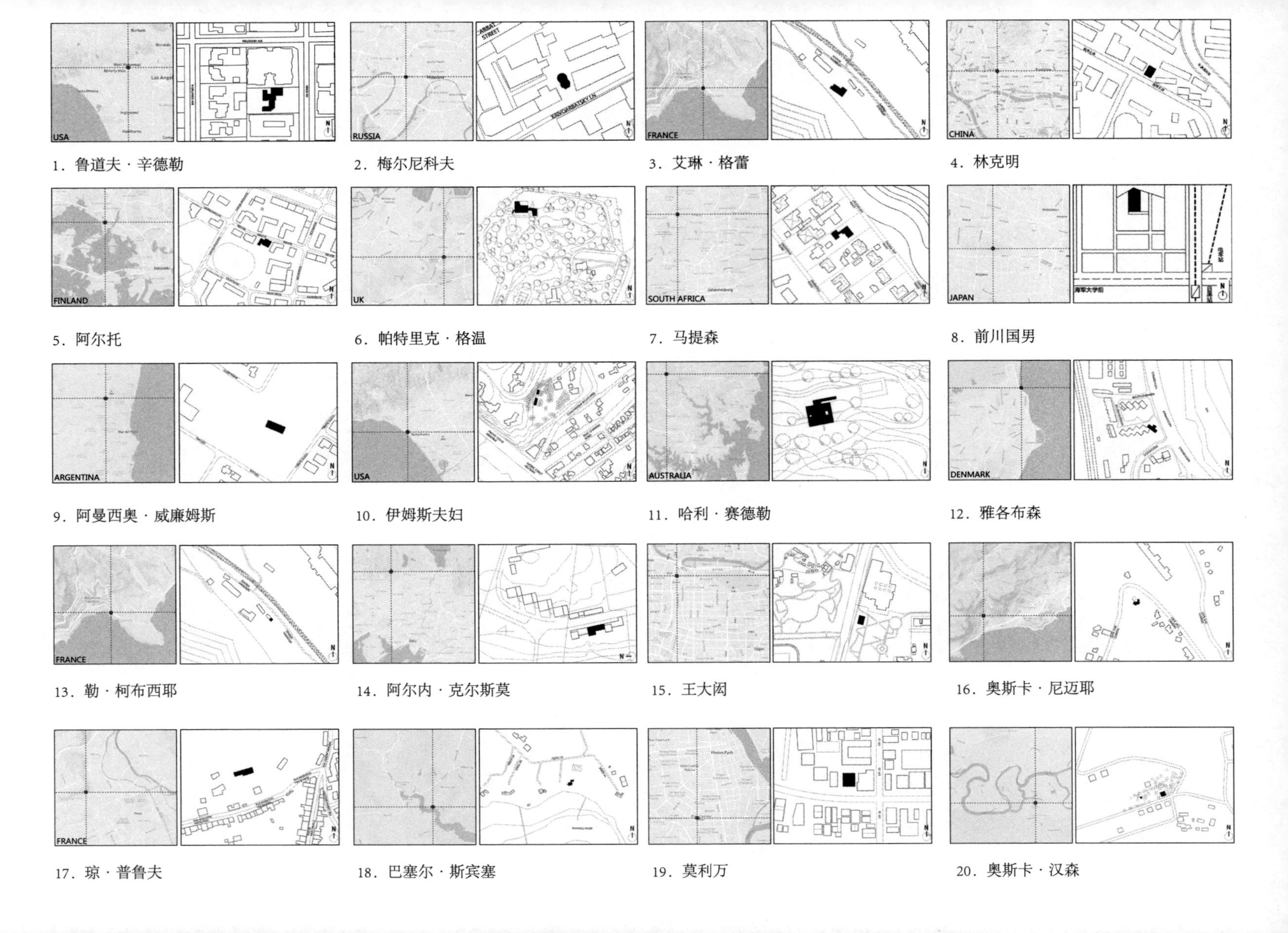

1. 鲁道夫·辛德勒
2. 梅尔尼科夫
3. 艾琳·格蕾
4. 林克明
5. 阿尔托
6. 帕特里克·格温
7. 马提森
8. 前川国男
9. 阿曼西奥·威廉姆斯
10. 伊姆斯夫妇
11. 哈利·赛德勒
12. 雅各布森
13. 勒·柯布西耶
14. 阿尔内·克尔斯莫
15. 王大闳
16. 奥斯卡·尼迈耶
17. 琼·普鲁夫
18. 巴塞尔·斯宾塞
19. 莫利万
20. 奥斯卡·汉森

1

[美国]

鲁道夫·辛德勒：有限材料无限空间

Rudolf Michael Schindler（1887~1953）
Infinite Space Finite Material

Kings Road House, the Schindler House, Schindler-Chace House, No.835 Kings Road, West Hollywood, California, USA, 1921~1922

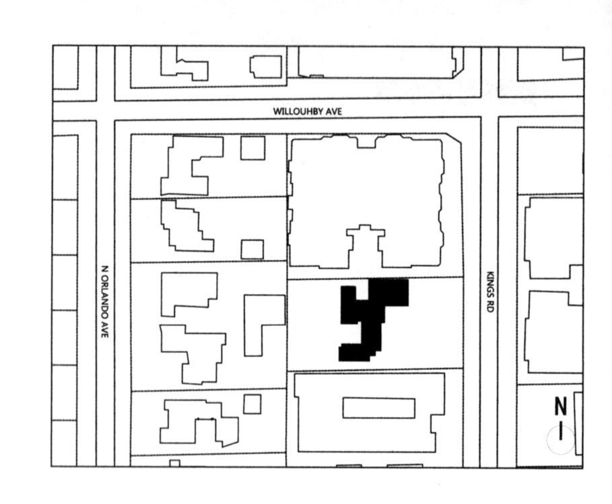
WILLOUHBY AVE
N ORLANDO AVE
KINGS RD
N

辛德勒1911年辛亥革命那一年在维也纳获得了建筑学学士，瓦格纳（Otto Wagner）、卢斯（Adolf Loos）是其老师，当时他们均对芝加哥建筑抱有浓厚的兴趣。在包豪斯于欧洲崛起之前，1914年辛德勒离开维也纳抵达美国，毛遂自荐到赖特门下，很长一段时间帮助大师打理芝加哥橡树公园（Oak Park）的住宅项目[1]。辛德勒另辟蹊径，此后设计的住宅堪称加州最早的现代建筑作品之一。遗憾的是，1917年跟随赖特从芝加哥返回洛杉矶后不久二人即告关系不睦，尽管如此，1920年赖特邀请新婚燕尔去西塔里埃森的经历对其影响深远。自然与生活、工作紧密结合的方式是辛德勒工作室的雏形。辛德勒1922年成立了事务所，他和妻子在社交圈跃跃欲试，两人加入了洛杉矶的艺术家联盟，希望以家庭为基地来分享艺术和生活的体验。自宅距欧文·吉尔（Irving Gill）设计的早期现代建筑精品道奇宫（Walter L. Dodge House，1914～1916年，1970年被拆毁）仅一个街坊，正是在这里，加利福尼亚现代建筑生根萌芽。自宅于1922年2～6月施工，至1924年辛德勒夫妇和朋友在此合住三年。建筑贷款而建，不包括家具、花园植栽在内，耗费近1.3万美元，肯定不算便宜，但规模三倍于此的道奇宫1924年出售价格是12.5万美金[1]，可见现代建筑在洛杉矶已经具备了升值空间。辛德勒在赖特事务所任职之时，赖特正在日本为帝国饭店运筹帷幄。日本建筑运用自然材料，强调比例和简单造型，空间内外交融，沐浴在宁静的光影之中，这些做法深刻地影响了辛德勒。芝加哥气候极端，很多类似日本建筑的想法很难实现，不过在四季如春的洛杉矶，南加利福尼亚的气候为发展现代建筑奠定了良好的基础。

1 赖特在芝加哥的橡树公园留下了大量风格不同的精美小住宅，包括著名的罗比住宅（Robie House）及赖特的家兼工作室，赖特自宅目前为礼品店对外开放。

建筑为两户带着新生儿的职业伴侣家庭设计，单层，局部二层，30m（100ft）、60m（200ft）见方，建筑面积330m^2，坐落在1900m^{2}的基地中，汽车可直接泊入，3个入口非常独立，需要通过狭长的序列入口进入（图1）。风车状的

图1 从侧翼看自宅，1924年（MAK博物馆）

平面分为三个部分：两户人家各自的工作室兼生活空间、停车库及以供出租的带独立厨房和卫生间的客房。辛德勒一家住南面，其他一对在东面，厨房、车库和客人房朝西，东西各有层叠的花园。厨房居于整个建筑的核心，开放的厨房也是讨论聊天的佳所。

每户均有壁炉，洛杉矶气候不算太冷，看着火苗在噼卜作响的木柴上跳跃是家里的“奢侈”景观。两个对角工作室（辛德勒夫妇可以共用一个）配有带红木竖杆的屋顶平台，既可俯瞰花园，在当时又有开阔的视野，可设置露营的睡篮，最大限度保护户主的私密性。每家均有独立的生活和工作空间。客房及两处工作室合计3个入口，均设有小小的门厅。各主要房间面对花园，景观与私密性俱佳。房间都有高侧窗，保证通风和自然采光。一些嵌入式家具注重便利高效，这在置有钢琴的辛德勒夫人工作室中更为突出，虽然壁柜和家具也可以组装，但辛德勒更愿意为家庭生活的自主性而留有余地。上述“6个每户”展现出辛德勒对住宅语言的洞见，直接影响了家的生活方式（图2）。

辛德勒认为建筑师需要一个足够精准的尺寸，1946年他正式提出了空间参考框架（space reference frame）[2]。自20世纪20年代起，辛德勒完成了大量的住宅，观点几乎没什么变化。辛德勒建议基于1.82m（6ft）的身高[1]，“4英尺组件”（1.2m，4ft，the four-foot module）构成空间参考框架的基本组件，满足建筑及构配件尺寸相互协调的灵活性，之间可以有合理的级差。可将比例进一步细分成1/2、1/3、1/4。“4英尺组件”是一个足够小的、在建筑师头脑里可以精确想象的空间尺度[2]，例如标准门高是1.82m（6ft），即1又2/3单元；标准的室内高度是2.43m（8ft），2单元；带有高侧窗的室内高度是2.84m（9ft4in），2又1/3单元。高度按照40cm（16in），即按照1/3单元递增，建筑师试图通过模数，与未来大规模的预制产业协调。

由于辛德勒自宅是建筑师的第一件独立作品，早于“4英尺组件”概念的诞生，因此建成品既包含了原初的设想，也有未吻合之处。具体而言，辛德勒夫妇的工作室可完全满足“4英尺”的网格布局（图3），混凝土地

1 柯布西耶的模度人也是6ft，但定义为1.83m。
2 基于木结构的4英尺理论在后面的挪威克尔斯莫自宅分析中有明确阐述。

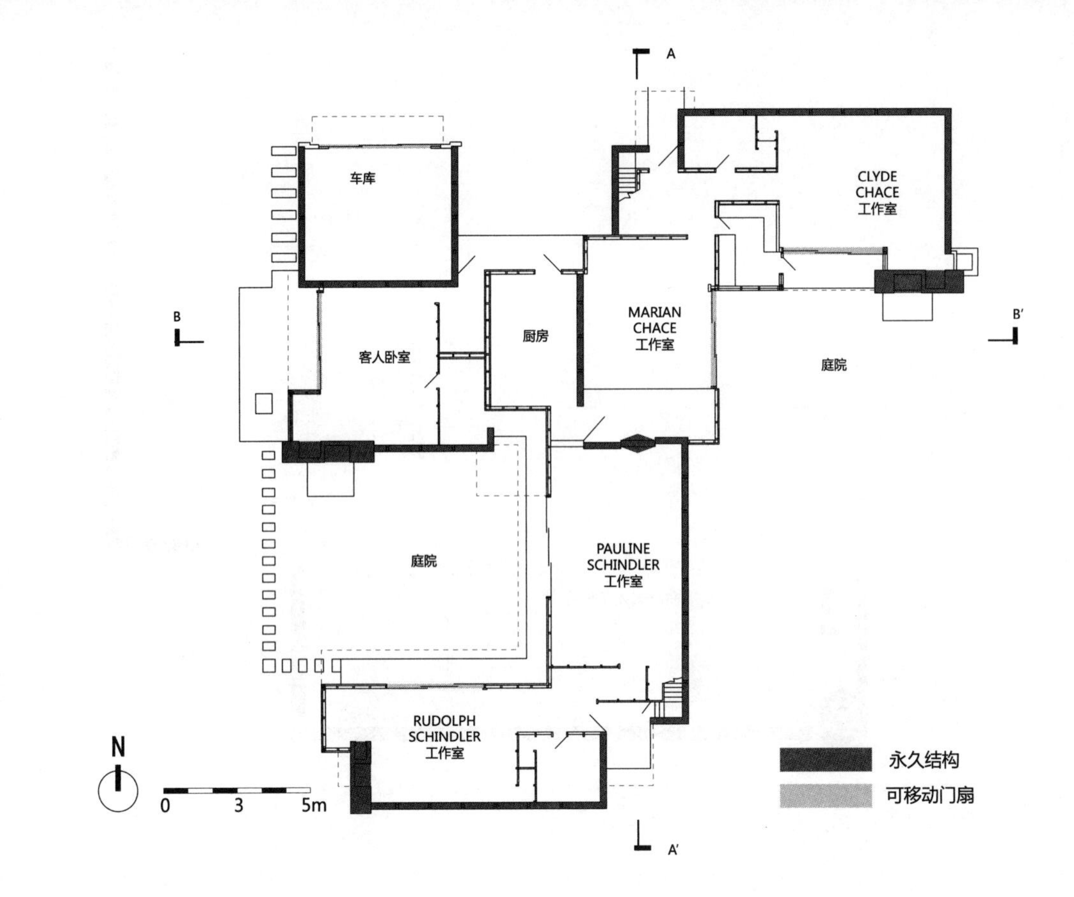

平面图

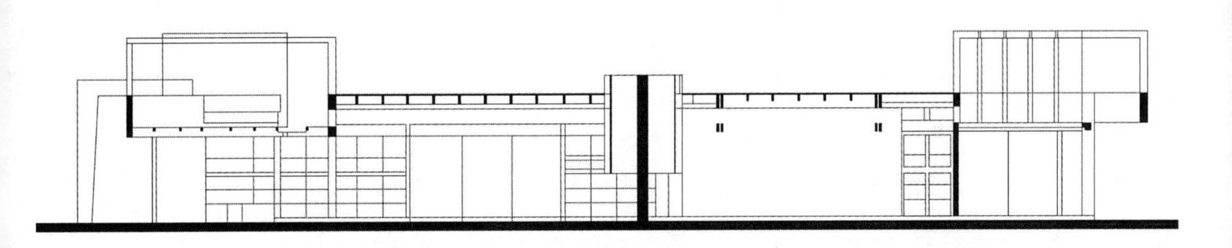

A–A剖面

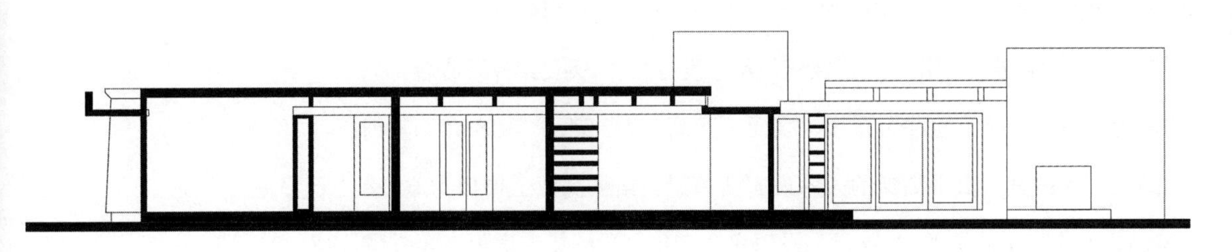

B–B剖面

图2 自宅平、立、剖面

图3 “4英尺组件”局部平面图

面“4英尺”宽；构件主要在现场生产，混凝土外墙板净宽1.14m（3ft9in，45in），墙板之间镶嵌有7.6cm（3in）宽的玻璃带，这样玻璃中轴线之间的净宽才是“4英尺”，在混凝土墙板上镶嵌的玻璃暗示空间是透明流动的；而混凝土楔形板由上至下7.6～20.3cm（3～8in）宽，利用嵌缝膏粘结不需要钉子，亦可以重复利用，不过实施的尺寸没有与“4英尺组件”吻合。纵向室内净高（混凝土地坪至屋顶内表面下净高）为2.64m（8ft8in），与门的高度平齐；室内由于高窗的关系设有两道梁，紧贴高窗上檐口为2.43m（8ft），上述与辛德勒的“4英尺”设想完全一致。受到第二道梁宽尺寸的限制，实际的室内梁下净高仅为1.9m（6ft3in，75in），灰白色的混凝土墙板为1.14m×1.9m，均与“4英尺”不符，得益于横向开窗舒展巧妙，室内并未显压抑（图4）。辛德勒日后在柱、模板、开槽、平面组合等方面又进行了不懈的探索以强调空间关系。板材更容易拆卸和组装，之间可填充保温材料，每隔40cm（16in）有螺栓固定，管道包括水暖、电灯等都可以组装进板材中，使现场施工进一步减少。尽管辛德勒的预制化设想足以为政府和开发商提供良好的机遇，当时却并未引起共鸣，只能说明其发明至少超越时代二十年。它不仅是南加利福尼亚现代主义建筑的先声，而且对后面将会提及的战后“案例住宅”研究产生了关键性影响。

辛德勒总结了几个论点：“（1）墙面大敞开；（2）屋顶不等高；（3）水平向低平；（4）天窗；（5）大悬挑；（6）在相邻的空间单元中有空间连续性；（7）室内地板与户外地面贴近。”[3]可变的部分包括挑檐、平台、壁龛等，天窗和大的悬挑使阴影成为必然，丰富视觉的同时也增强了私密性，它们共同赋予了“4英尺”形式上的创新价值[1]。这些论点在辛德勒自宅中当然都是存在的，但只有将住宅置身在所处的环境中，才能进一步看到内外空间流动——有限材料无限空间。

洛杉矶所属的地中海气候拥有温暖的冬天和干燥的夏天，“户外客厅”是自宅花园的魅力所在。1926年辛德勒在《洛杉矶时代周刊》上发文称“未来景观起的作用越来越大，我们的房子注定与大地相连，而花园是房子亲

1 1954年赖特在《自然住宅》中详细讲解了住宅设计思想，提出了有机建筑的六项原则：把住宅和地段结合起来；以空间作为建筑的本体；强调所用材料的表现性；平面的逻辑性；可塑性和连贯性；语法或组成整体时所有元素的一致性。经比较可见，辛德勒论点的模数化、空间流动性和可塑性更为直接、易于操作。

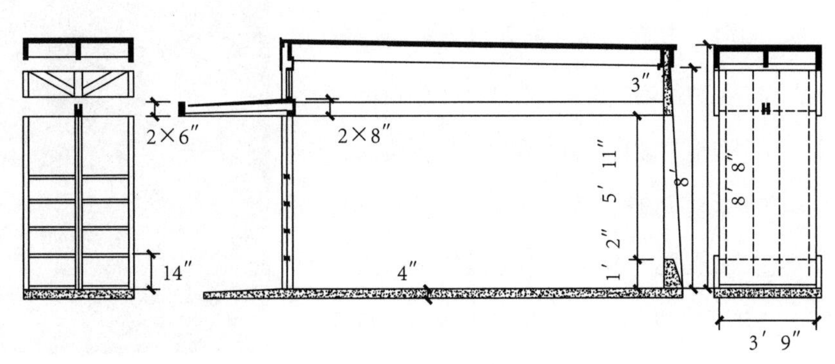

图4 “4英尺组件”剖断尺寸

密的一部分，户内外明确的界线将消失”[4]。建筑师在自己工作室的转角凸窗、连接夫人工作室的日式障子转折中显现了非凡的塑造内外流动的能力。夫妇各自的工作室和客人用房围合成西向小院子（patio），重点转角部位点缀以高大的乔木，从带镂空的檐下木廊望过去，点点绿意不断渗透进室内。紧邻的下沉花园有意为之，四周点缀着羽绒狼尾草、加州莎草，被辛德勒称为“高草”，植物抗旱且容易打理。东面院子贴近车行路，为保证隐私，植物由内向外渐高，几何形的灌木绿篱、铺地和矮墙形成了多视点的景观，对角线各一个狭长的花卉园和菜园，花卉已无从考证，现在种了些色彩温和的羽扇豆、薰衣草和虹膜。左右各一个标注有“patio”的院子，铺有柔软的草坡，对外各有内外兼用的壁炉，成为名副其实的户外客厅（图5）。夜晚燃起炉火，艺术家们欢聚一堂烧烤、露营、朗诵、阅读。竹簇被建筑师称为“大竹”，竹子喜阴，安然于凹空间，檐廊成为景框，框内景物自然成画。

夫妇几年后即劳燕分飞，辛德勒1953年去世之前始终居住于此，1974年辛德勒夫人（Pauline Schindler）健在时已在考虑房子的出路。1980年“辛德勒住宅之友”（Friends of the Schindler House，FOSH）用16万美元买下宅院，同年从加利福尼亚历史保护办公室获得资助对房子进行维护。1994年该办公室与奥地利实用美术博物馆（Austrian Museum of Applied Arts，MAK）达成协议，后者成为新的产权人，在辛德勒住宅中成立洛杉矶艺术和建筑中心，受到奥地利教育、科学和文化部的资助。1994年奥地利政府投入了25万美金来运营MAK博物馆，正是这一年房子因地震毁坏严重，2002年建筑被列入“100处世界古迹观察站名录”，旋即又受到盖蒂基金会的资助，进行了屋

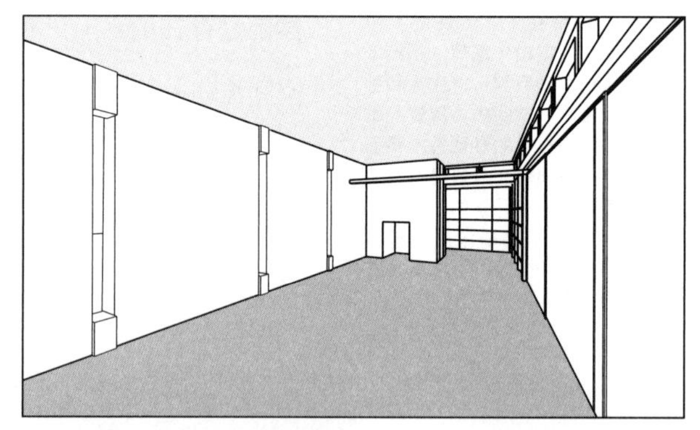

图5 户内外壁炉（自绘，MAK博物馆）

图6 “尤松尼亚一号”住宅，1936年（摄影师：Paul Roucheleu）

顶抢修。为了宣传这份遗产，洛杉矶分部启动了两年一度的艺术计划，邀请8位美国之外的建筑师或艺术家为期一年居住于此，然后提交一份与保护建筑有关的艺术方案，并组织展览，驻地艺术家制度目前已广泛在世界流行。辛德勒作品大量被拆毁，限于造价，建筑寿命并不长，自宅被开放展示是相当幸运的。目前的展示气氛难免曲高和寡，旺季每天50～100人参观，淡季即便在圣诞节每天也只有几个人，经营确实难以想象如何维持收支平衡。广泛的宣传教育应该不局限在住宅，可能是立体化、全方位的文化推广。

辛德勒对赖特也产生过强烈影响，作品精神意义可得到进一步升华。在《一部自传：弗兰克·劳埃德·赖特》中详细描述了1936年“尤松尼亚住宅一号”（Usonia House I）的建造过程，这是大师晚年为普通青年中产阶级设计的舒适住宅，采用了2ft×4ft及4ft见方的平面网格，可以想见与辛德勒自宅多么相类似（图6）：*“完工之后的小房子呈L形的布局，两翼紧贴街道。客厅里一排高大的落地窗，每一扇窗都有向外打开、通向花园的门。花园在哪里结束，房子在何处开始？就在花园开始、房子结束的地方。尤松尼亚住宅是一股对大地的热爱，对空间和光线的新认识，一种自由的新精神——我们的美利坚合众国值得拥有的自由。”* [5]

参考文献

[1] James Steele. R M Schindler 1997～1953 [M]. Koln .TASCHEN. 2005. Visual Patterns [J]. Bygcekunst. 2006 (7).

[2] Jin-HO Parkan. Integral Approach to Design Strategies and Construction Systems R.M. Schindler's Schindler Shelters [J]. Journal of Architectural Education, 2004(1).

[3] R M Schindler. The Schindler Frame[J]. Architectural Record. Vol, 1947, 101(5)

[4] Pamela Burton，Marie Botnick. Private Landscapes: Modernist Gardens in Southern California [M]. Princeton Architectural Press, 2002.

[5]（美）弗兰克·劳埃德·赖特. 一部自传：弗兰克·劳埃德·赖特[M]. 杨鹏译. 上海：上海人民出版社，2014.

正准备翻建天井，可见户外的高差—现状（自摄，2016年）

天井（patio），带采光口的廊下—现状（自摄，2016年）

辛德勒夫妇房间内的多层障子—现状（自摄，2016年）

辛德勒工作室漂浮的屋顶—现状（自摄，2016年）

从屋顶看东向绿篱树木逐步抬高的花园—现状（自摄，2016年）

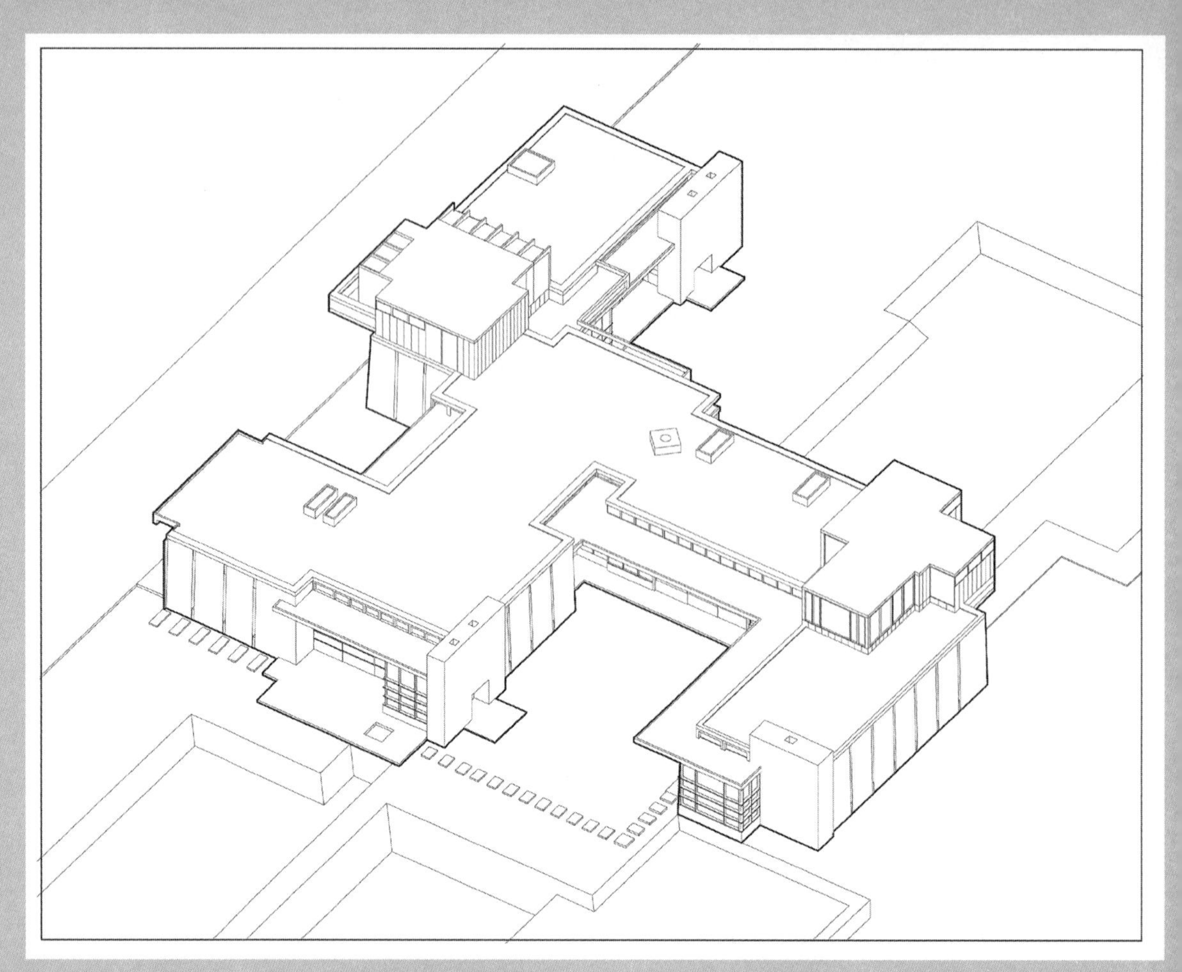

轴测（自绘）

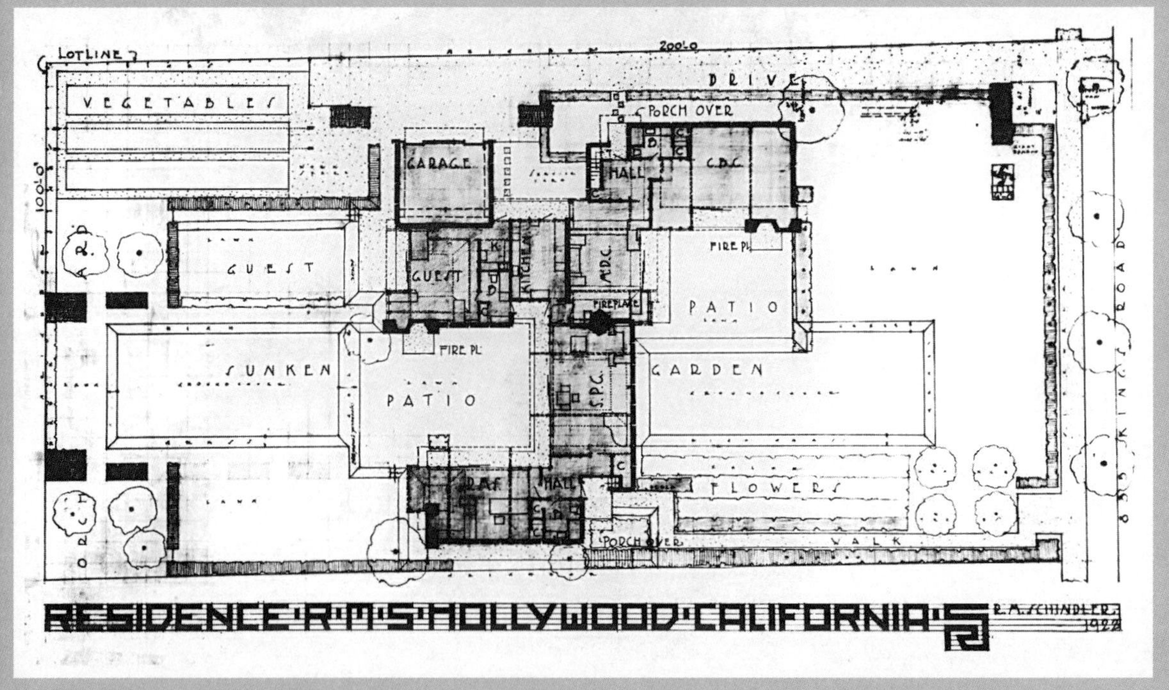

平面图（the architectural drawings of R. M. Schindler，1921~1922）—历史信息

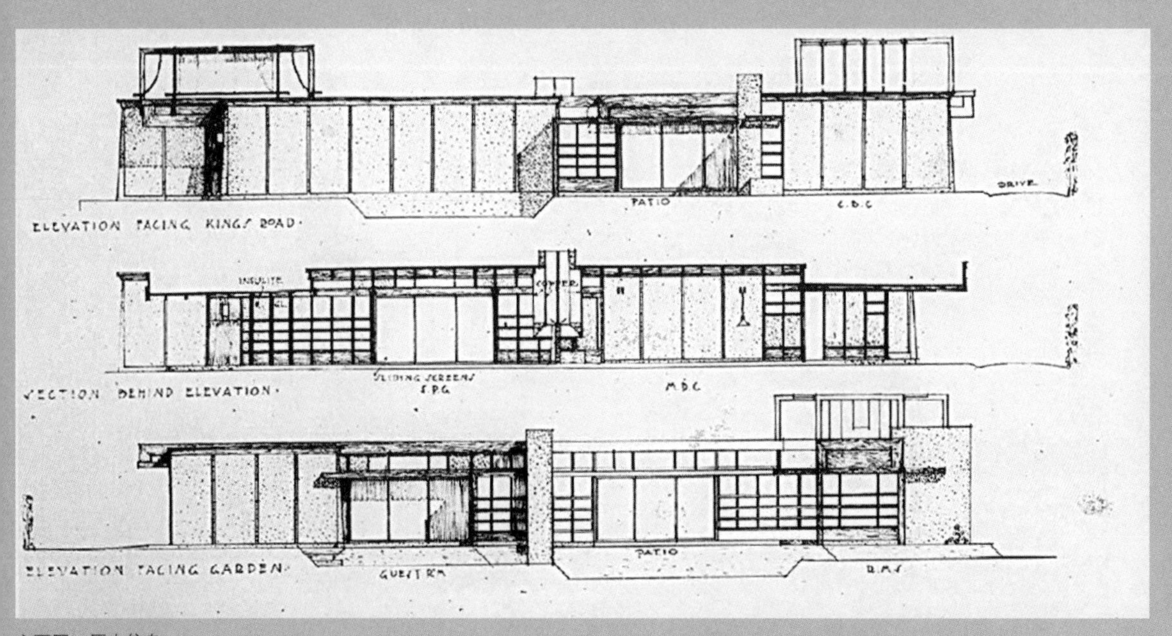

立面图—历史信息

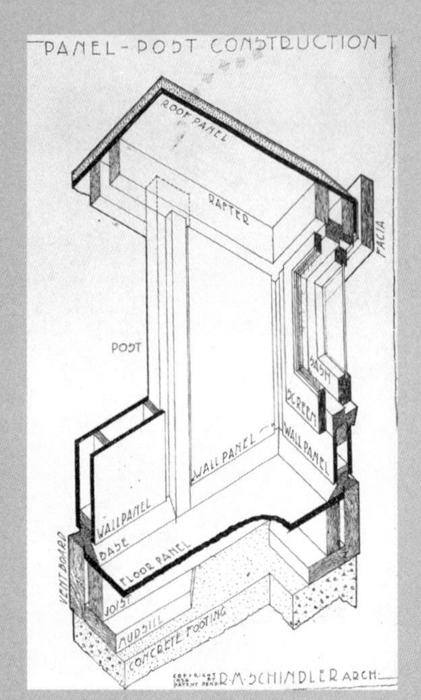

板柱结合断面（FOSH）—历史信息

1922年安装永久结构板（FOSH）—历史信息

2

［苏联］

梅尔尼科夫：无角房间

Konstantin Melnikov（1890~1974）
House without Corners

Melnikov House,
10 Krivoarbatsky Lane,
Mosco, Soviet Union,
1927~1929

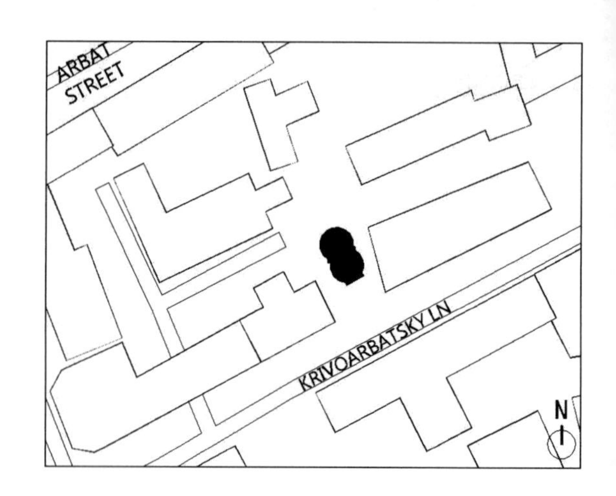
ARBAT STREET
KRIVOARBATSKY LN
N

梅尔尼科夫长了一张典型的俄罗斯农民的脸，1890年出生在莫斯科郊外的一个农夫家庭，在他的人生轨迹中奇迹般地遇到了事业的领路人卓别林（Zalesskiy Chaplin），一位仁爱的著名结构工程师。梅尔尼科夫在其事务所中当过学徒，期间展现出过人的艺术天分。卓别林不仅收留了这位天才少年，而且还出钱请家庭教师帮他补习，梅尔尼科夫于1905年通过俄罗斯美术学院绘画、雕塑和建筑学院的几重考试，整整接受了12年的顶级艺术院校教育。他基本功非常扎实，个人绘画和艺术风格卓尔不群，做个肖像画家是没有问题的，绘图表达能力几乎无同辈建筑师可企及。

禀赋迥异，一种时代特有的精神无论怎样隐藏都将被挖掘。1925年梅尔尼科夫参加了巴黎装饰和艺术产业博览会（The International Exhibition of Decorative Arts and Artistic Industry in Paris），因设计“苏维埃展览馆”而斩获国际大奖（the Grand Prix）（图1），此是西方首次接触苏维埃建筑的实践[1]。正是在那一届博览会上“Art Deco”作为一种流行风格横空出世，后登陆美国，继而席卷世界。然而敏感的柯布西耶戳中要害——展览会中唯一值得关注的是梅尔尼科夫！他不属于任何类型，却是创造性的[2]。1933年梅尔尼科夫被米兰三年展（Milan Trienalle）[1] 评选为12名伟大的建筑师之一，也是唯一的苏维埃建筑师，入选名单星光熠熠，包括赖特、格罗皮乌斯、柯布西耶、密斯、门德尔松。

图1 1925年苏维埃馆（米兰三年展档案）

1933年梅尔尼科夫创立了自己的事务所，设计了大量的工人新村和工人俱乐部，但1938年事务所就关门大吉了。苏联于1929年开始执行第一个五年计划，这期间为推进重工业建筑发展成立了国家土木建筑设计院，取代私人建筑事务所，城市建设和建筑工程完全纳入国家计划，这是苏联建筑的一个重要转折点。1932年苏联展开了对构成主义的大批判，自负的建筑师因政治缘故触犯当权者，梅尔尼科夫从一个如日中天的先锋建筑师沦落为一个旁观者，被排除在建筑师团体之外，犹如一个joke，职业寿命仅仅十年，业务生涯彻底报废时还不到40岁，他的同辈建筑师很多当时正致力于集体住宅的合理化设计探讨。

侥幸的是他在黄金岁月就有意退守到自己的堡垒之中，营造了属于家

1 米兰三年展创立于1923年，专门举办展览和其他有关建筑、设计、装饰艺术的活动。每期有主题，低造价住宅曾是“一战”后的重要主题。其最初举办地位于临近米兰的蒙扎市，1933年正式迁移至米兰，其后举办了20届，至1996年暂停。阔别20年后，2016年米兰三年展重新亮相。

庭的时间胶囊，当生活不够公平的时候建筑能保护全家。如果不是因为他在建筑界的盛名，当时做过大量工人居住区项目，这幢自宅无法想象能予实现。苏联在新经济政策（New Economic Policy）的指导下开始推行集体住宅，私人住宅寿终正寝。[1] 匪夷所思的是，工人阶级委员会居然支持梅尔尼科夫，声言："我们可以在任何时间和地点建造集体住宅，但这么特别的建筑只属于梅尔尼科夫，我们不能拒绝，你就造个工人住宅的范例吧。"[3] 因此梅尔尼科夫自宅是极少数苏联在社会主义时期建造的个人独立小住宅，也是现代主义建筑中的东欧国际地标。1927年始建之时，柯布西耶的萨伏伊别墅也在酝酿当中，但两者的美学感受完全不一样。梅尔尼科夫自宅犹如美国的圆谷仓，运用了农夫般粗犷的建造技术，墙厚及开洞方式足以应对莫斯科极端的冬夏气候条件，它会向环境屈服，但也滋生了独创之物。

自宅位于莫斯科城市中心，1927～1929年为一家四口设计，由莫斯科公共事业公司（Moscow Utilities Construction）营造。建筑师获得了15年的建筑贷款，以及免于土地租金可使用790m²的土地。建筑257m²，三层，带地下室，砌体结构，正交木楼板。圆柱、圆环在苏联正统的教堂中出现过，既传统又具有独特的纪念性，是梅尔尼科夫钟爱的形式。在自宅之前，他在1922年佐也夫俱乐部（Zuev Club）的竞赛中也采用了连续5个圆环；1929年在"大众住宅设计竞赛"中不仅使用了圆柱系列，而且将圆柱成簇布局，形成了三瓣状的平面——通常梅尔尼科夫会将圆柱分成三份，每份120°，自宅也不例外[2]。选择圆柱除了形式外，也基于材料短缺的经济考虑，当时只能用木材和砖建造房屋。人工费便宜，圆柱很容易建造，不需要扶壁，砖不用剁碎，突出的砖部分可以补上砂浆进行修整，无须在意细节加工，是以结构取胜的建造方式。得益于圆柱形的设计，自宅内部的线条显得圆润而柔和，没有直角，用最少的材料获得最大的容积和面积（图2）。

基地分成前后花园，前花园小一些，与街道凭借栅栏分割，后面的院子大一些，20世纪50年代，庭院中开始种植蔬菜，还栽了些果木和桦树，

1 私人自建住宅曾有所恢复，据报道，1954年中央市政银行曾贷款10亿卢布为城市职工提供私人住宅建设［《建筑学报》，1956（3）］。

图2 1928年施工过程（参考文献2）

在日益城市化的环境中保存了自身的一簇静默。建筑从北向南呈8字绕行，圆柱体9m直径，层高3m，墙厚48cm，联系两者的旋转楼梯恰在两个圆柱的分割线上。前面低一些的圆柱体留有平屋顶和开放的平台，后面高一些的圆柱采用了从中心向北倾斜的坡顶。功能上有储藏和安放采暖的局部地下室。一层以膳食和休息为主，二层是家庭起居室和卧房，三层为建筑师的独立工作室及屋顶平台。

立面朝街道，将入口放在中轴线上，并用玻璃幕墙加以强调，其上镌刻着“建筑师梅尔尼科夫”。除了一层开了几个六边形的窗洞外，前圆柱的侧墙都是空白的，唯一的八边形窗户在二层朝东的部分。后面的圆柱更加自由，两个相互交叉的圆筒被六边形的窗户刺穿，窗户大多可以开合，合计有3种窗框形式。57个蜂窝状窗户呈5层几何形分布，形成腰带。建筑采取了特殊的镂空砖结构，墙面上实际有超过100个孔洞，某些孔洞被碎砖和建筑垃圾填埋，因此施工完毕现场基本整洁，这是节省材料、降低造价的做法。如果想要重新布局室内，也很容易重新开窗，能产生变化多端的新的立面形态。楼板和屋顶结构得益于舒霍夫（Vladimir Shukhov），他是20世纪初的结构业界大神，创造性地发展了双曲壳塔、网状壳体、栅格壳体以及多种构筑物、塔桅，与梅尔尼科夫在工程上长期合作。梅尔尼科夫自宅地板、屋顶利用0.5m见方的网格形成正交体系，结构稳定，不再需要主次梁。矩形肋板形成“华夫饼”的平面网络，被称为正交异性楼板（图3）。自承重式楼板嵌入墙体，建

图3 正交屋面板（舒霍夫档案）

图4 反光顶棚（Pinterest）

筑师有意将屋顶做成了凸镜的形状，可以反射、折射更多的光，顶棚更为明亮（图4）。

一层的布置非常麻烦，前柱容纳了起居、餐厅、厨房和厅；后圆柱主要是更衣、妻子化妆室和休息室。前圆柱南向的餐厅为长方形，厨房和过道都在它的旁边，三个空间由厅相连。普通的玻璃门并不寻常，它有两片合页，既可以封闭过道，将厅和楼梯联系起来，也可以封闭厅，延长过道。餐厅与厅通过两个没有门的开口联系，厅在房间的长轴上是转场的重点，暗示了整个建筑场景都是可以进行描述的，或者说其中的关系是可以描述的。通过楼梯可以到达地下室，前圆柱设有地下室，保留了原来基地中的某些基础，主要布置了地窖和采暖设施。采暖通过管道输送给各个房间。通过厅也可以直达后圆柱，两侧朝东有个女主人工作间，朝西有个化妆室和浴室，还有两个孩子的工作室和一个浴室。

从拥挤的一层到开敞明亮的二层起居室、顶层工作室和屋顶平台，建筑处于先抑后扬的流动之中。二层与一层不同，强调的是空间的完整性，正如俄国一句俗语："设计一间房，是从壁炉开始的。"梅尔尼科夫最先想好的部分就是位于起居室的白色立体派壁炉，它的烟囱恰好处于两个圆筒的交界，粗朴的外形强调了建筑筒体的侧立面（图5）。所有空间都由壁炉对面的旋转木楼梯相连，朝东的起居室紫丁香色，两层高，室内没有柱子，落地大窗采光非常好，早上和傍晚的光线被风吹动，气象万千。起居厅西面壁炉旁边有个引人注意的八角形窗户，是建造时候的观察口，据说梅尔尼科夫用来在施工过程中捕捉光线的变化，窗户的位置根据光线而定，而未受到户外对景的干扰。

二层后半个圆是卧室，三间房由两个放射状的半隔断分割，卧室是一个大统间，与起居室尺度一样，被12个六边形窗户照亮，乳白色带蕾丝的纱窗帘随风而动，白天室内洋溢着俄罗斯日常生活的气息。床与棕色企口地板固定，中间是父母的双人床，两边是女儿和儿子的单人床，完全对称布局。所有衣服都塞在一层的化妆室内，其他家具也在一层。内部装饰主要靠油漆和石膏，珍珠般光芒四射的抛光墙面曲曲折折，将内外圆柱之间的墙面装饰起来，起居室一面是果绿色，一面是丁香色。夫妻大床凭借的各个界面涂刷成了深黄色，使床成为一个安置金色美梦的地方。一切体现了梅尔尼科夫乌托邦式的生活态度，极度不方便，也根本谈不上隐私。因此据建筑师儿子回忆，1941年他成年后就搬离了自己的卧房，改到楼下的厨房睡觉[4]。

图5 交界处的烟囱（自摄，2016年）

在卧室上方就是三层的50m^{2}白色的工作室，也是两层通高，阳光如瀑布倾泻而下，光斑点点自然无利于绘画创作，但无疑梅尔尼科夫在温暖的环境中心态是极为放松的。

他沉浸在自我的世界里，喜欢在家工作，有足够的空间容纳绘画作坊。工作室内还有小惊喜，通过直跑楼梯可以到达南向的阁楼，周边竖立着围栏，然后可达大平台，除了放置电路设备外，还可置办小型展览。天就是顶，这就是乐园，天地融合。

光阴荏苒，多年寂寥，1965年梅尔尼科夫已是须发皆白的75岁老人，苏联建筑联盟（The Union of Russian Architects）意外地给他办了一场作品展。年轻的建筑师们震惊于梅尔尼科夫的作品，他逐渐恢复了盛名，走进苏联当代建筑的教科书，学生们反复研习他的作品。1974年建筑师溘然长逝，享年84岁。建筑师的儿子也是位画家，后来一直蜗居在此，冷战时期艰难创立了非正式的家庭博物馆，保持了20世纪20年代房子的真实性，每周都会有来自世界各地的慕名者悄悄摁下门铃。梅尔尼科夫的儿女各持有一半房子的产权，1990年房子经过维修，但很不幸越弄越糟，顶棚开裂，洗浴室腐烂，一楼窗户不堪重负，大规模的城市开发影响了周围的环境。在两位老人相继去世后，产权关系变得越发复杂，周遭环境日益衰落。1987年自宅成为莫斯科的文物古迹，2006年濒危遗产（heritage at risk）国际会议在莫斯科举行，自宅登上世界濒危遗产名录[5]。专家呼吁俄罗斯文化部应该担负起责任，建立国家级的博物馆，遗憾，事情总是不了了之。

2015年库哈斯设计的当代艺术车库画廊在莫斯科的高尔基公园开放，它由梅尔尼科夫设计的、废弃了半个多世纪的工业车库改造而成。梅尔尼科夫的建筑遗产被活化，库哈斯面对原作必定曾怦然心动。在纪念建筑师逝世40周年之际，2014年，库哈斯、西扎、哈迪德及弗兰姆普敦等名家联手请求俄罗斯政府保护梅尔尼科夫自宅，并妥善搜寻、整理及开放建筑师的私人建筑档案，建设一个世界级的俄罗斯先锋建筑师的博物馆。这些当今世界最为耀眼的大腕济济一堂，成立了梅尔尼科夫旧居博物馆信托（Trustees for Melnikov House Museum）的评审委员会[6]。自宅曙光初露，莫斯科建筑保护协会（the Moscow Architecture Preservation Society，MAPS）目前代为管理并开放该房产，建筑师已故的儿子将一半产权捐赠给梅尔尼科夫住宅博物馆，梅尔尼科夫的档案移交到俄罗斯的国立舒舍夫博物馆（Shchusev Museum）。高山仰止，故事回归开场的那一刻，梅尔尼科夫富有哲理的话语犹在耳畔：“*我正为你设计住房，你处于某个年龄段，但二十年后你老了，还想居住在这个房子内，功能已经有新的要求了。不，功能无法提供所有的答案。*”[6]总之，设计不能脱离的需求，但又能在形式上具有创新性表达。

参考文献

[1] 童寯. 童寯文集（第2卷）[M]. 北京：中国建筑工业出版社，2006.

[2] J Pallasmaa. Konstantin Melnikov [M]. Alphascript Publishing, 2010.

[3] M Bliznakov. Melnikov: Solo Architect in a Mass Society by S. Starr Frederic[J]. Russian Review, 1978, 38 (2).

[4] Clementine Cecil. The Bell Tolls for Moscow's Modernist Masterpiece[R]. ICON Spring 2006.

[5] Heritage Alert. ICOMOS International Scientific Committee on 20th Century Heritage[R]. April 2013.

[6] Story via Docomomo[R]. New York Times' Arts Beat Blog. April 2015.

现状全貌—现状（自摄，2016年）

建筑师美尔尼克夫—现状（自摄，2016年）

工作室（Pinterest）

窗的开启一现状（自摄，2016年）

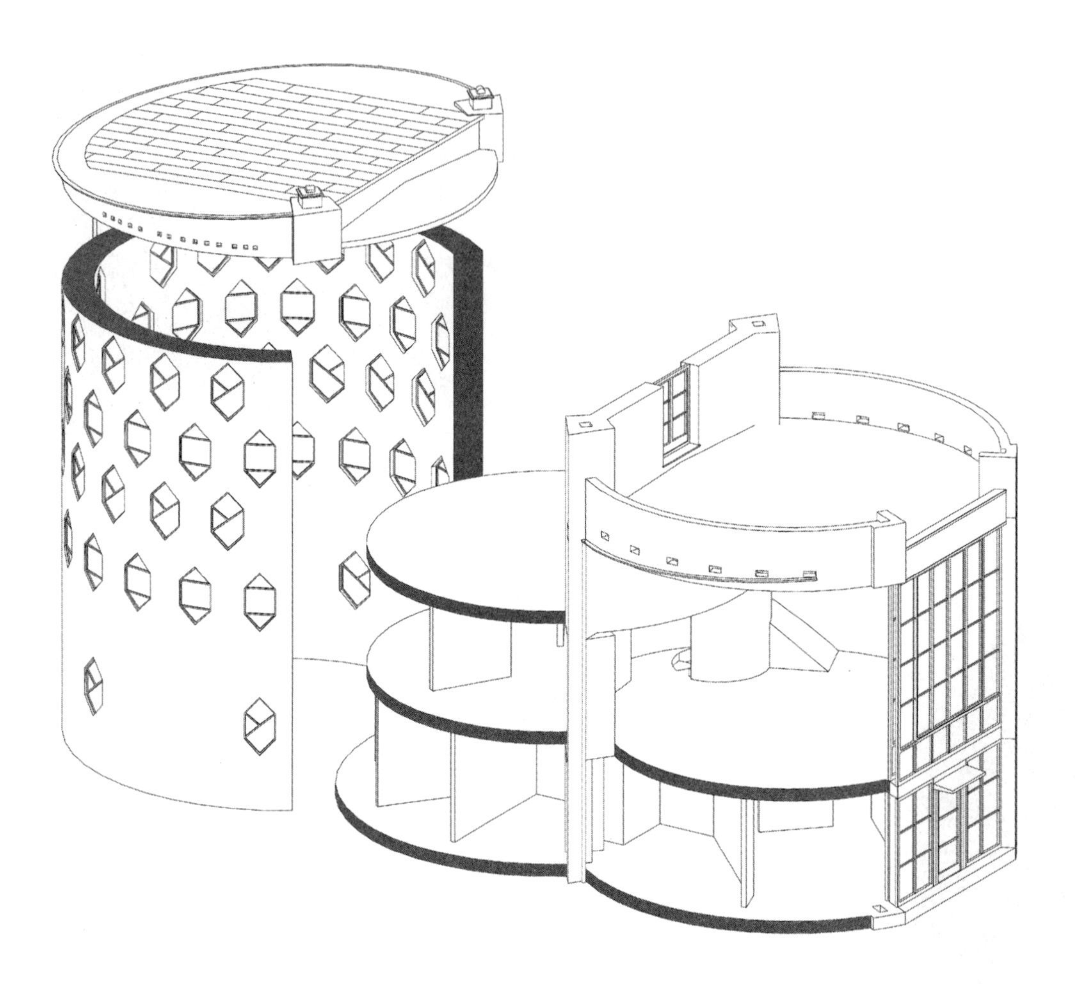

轴测A（自绘）

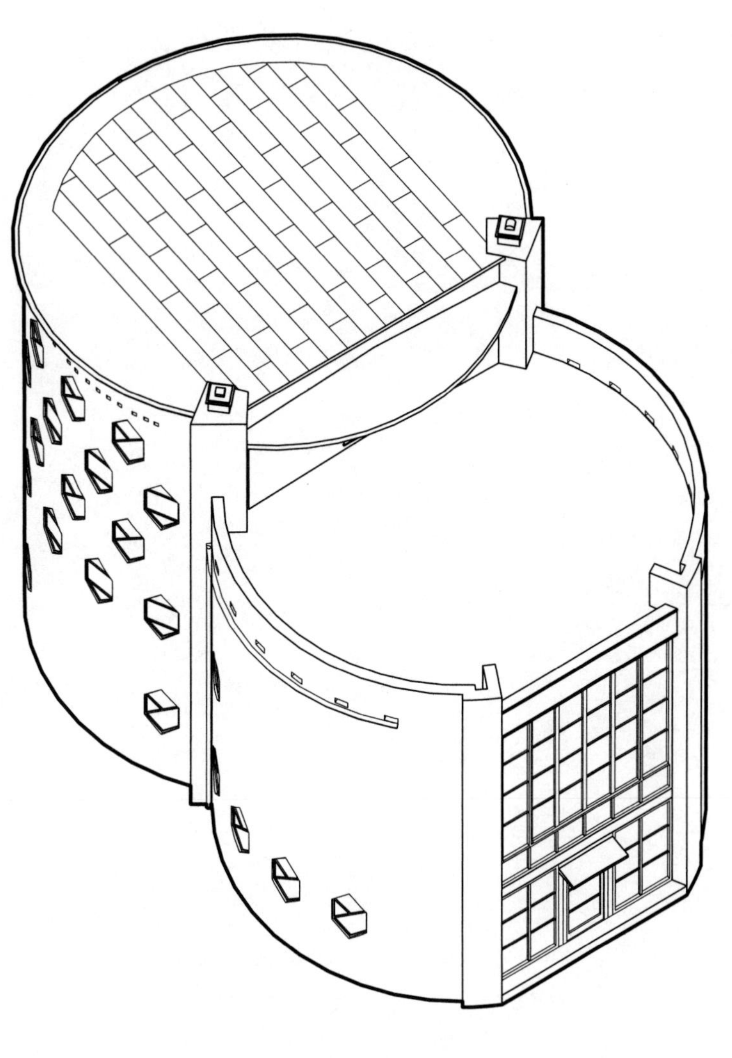

轴测B（自绘）

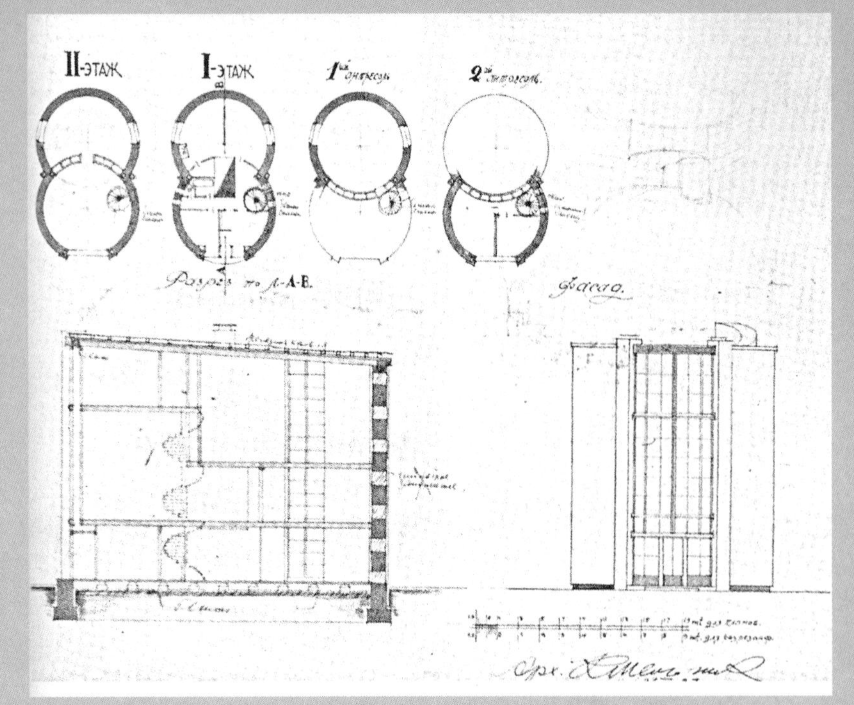

平面、立面、剖面图—历史信息（梅尔尼科夫基金会）

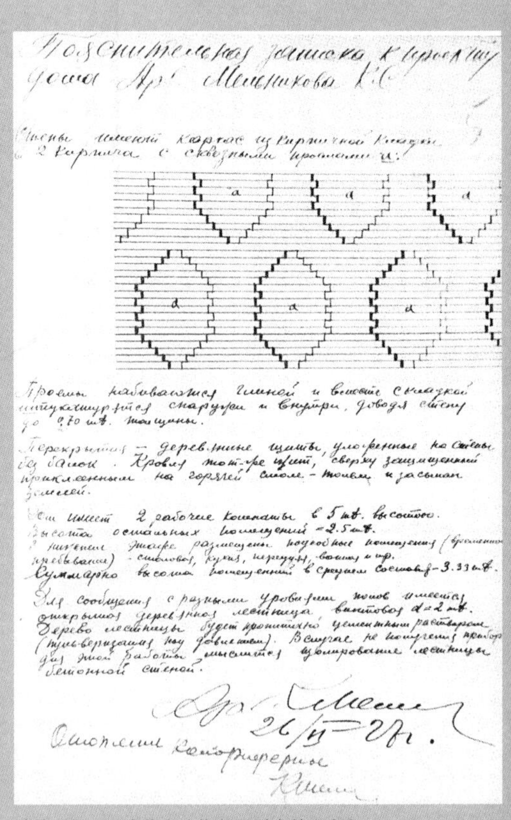
Пояснительная записка к проекту дома Арх. Мельникова К.С.

砖的细部—历史信息（梅尔尼科夫基金会）

自宅全貌—历史信息（梅尔尼科夫基金会）

建筑师的画室—历史信息（梅尔尼科夫基金会）

3

［法国］

艾琳·格蕾：海边露营

Eileen Gray（1878~1976）

Camping by Sea

Villa E.1027, Roquebrune-Cap-Martin, France, 1927~1929

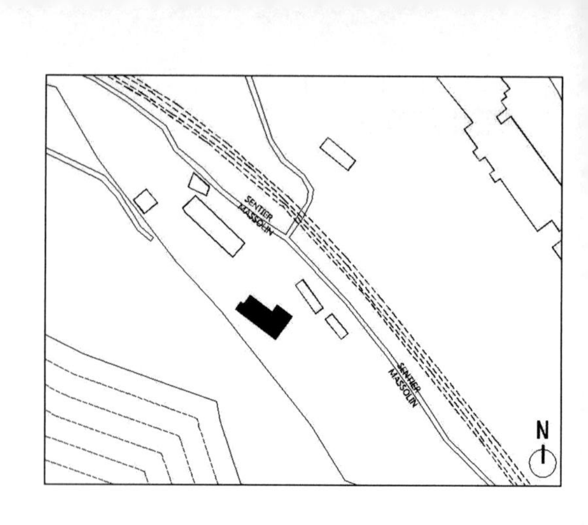
SENTIER
MASSOLIN
SENTIER
MASSOLIN
N

20世纪传奇色彩的女设计师格蕾出身富有，父亲是一名画家，一直挖掘女儿的创作天分，特地带她到国外创作旅行。格蕾早年在家乡、伦敦和巴黎之间奔波学习艺术，中间甘苦自知。20世纪20年代，很多妇女生活在男人的阴影下，缺乏独立的发言权，密斯、阿尔托、柯布西耶的妻子均是如此。同很多夫妻档设计师一样，格蕾与伴侣帕多奇（Jean Badovici）也结成了艺术对子。但与帕多奇建筑艺术杂志（L' Architecture Vivante）编辑的身份不同，她随从日本的漆画大师多年研习漆画，大器至简。拟建E1027的时候，在巴黎已投身展览、艺术活动近20年。格蕾以女性特有的敏锐成为独立的家居设计师和漆画家，甚至在巴黎开了一家销售自己作品的实体店（图1）。

80年前，一批生活在巴黎的艺术家选定南法作为世外桃源，格蕾和伴侣也不例外，他们想建造一座广邀朋友的度假别墅。女设计师梳着卷曲俏皮的短发，独自开着自备小汽车，沿着崎岖的沙土路缓缓而行，奔走几周后最终选择了一块居高临下的平坦礁石作为自宅的基地。

图1 20世纪30年代的巴黎（National Geographic）

周围是茂密的橄榄树，悬崖下巨浪拍打着岩石，石缝中马尾松顽强地探出头，小镇面朝摩纳哥的马尔丹海角，今天以柯布西耶溺亡之地燕尾角而闻名于世（图2）。她的第一件建筑作品E1027历时三年建造，1929年竣工时女建筑师50岁。E = Elieen，10= Jean Badovici的“J”、拉丁字母第10位，2 = B（adovici），7 = G（ray），E1027表达了两人的通力合作。格蕾晚年整理出自己的艺术品目录，慷慨而略带嘲讽地描绘自己的杰作：“E1027概念和实施：帕多奇与格蕾，壁画：柯布西耶。”[1]呵呵，挨了一闷棍的柯布西耶那是后话。

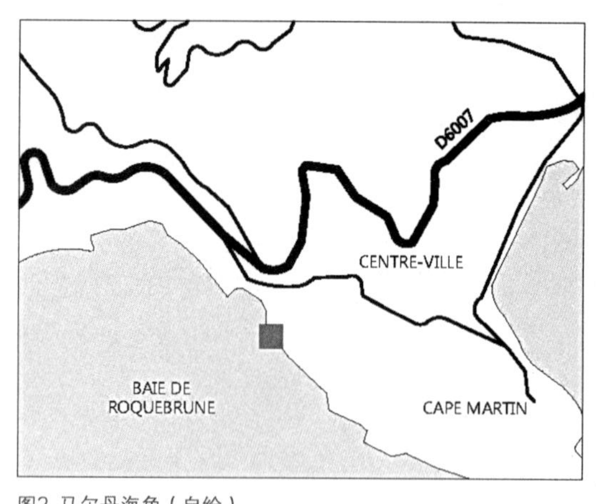

图2 马尔丹海角（自绘）

建筑钢筋混凝土框架，L形平屋顶，底层架空，合计两层，一层净高3m，二层3.46m，建筑面积180m^2，坐落在上下两块礁石上。朝北靠近客厅有一处小柠檬花园，朝南可直达海边。建筑从顶层阴凉的北面进入，服务空间朝北，卧室和客厅朝南。格蕾用模板在墙面上用浅灰色书写“entrez lentement”，译成“慢慢进入”。在平台上写着“defence de rire”，意为“别大笑”[2]。屋子中流淌着一种令人放松的幽默，就如同她自由的设计。一系列门保证了主仆空间严格分开，厨房的布局参考了当地的生活方式，实际上也是冬天的户内厨房和夏天的室外厨房，设服务性出入口，仆人可以在一层直接从厨房到自己的房间。当夏日厨房的玻璃门全都打开的时候是个敞廊，上面架起规整的白色水箱。

进屋有三次转折，每一次转折都是一角封闭，另一角开敞，让人感到空间流动及方向性。湖蓝色的隔断不高，避免一进门就使空间一览无余。冲出屋顶，半圆柱形、带明亮的塑料顶棚的楼梯间螺旋上升。嵌入墙体的楼梯也是个衣帽间，在衣帽间的下面有一个很深的壁橱，安放派对活动中的椅子及置有衣架。主要入口除了螺旋楼梯间外，还有一个精巧的灰黑色卫生间兼浴室（图3）。从主入口到客厅要经过一个听唱片的空间，为助于声音反射，顶棚架子由松散的绳编而成。听唱片区、吧台区和就餐区，

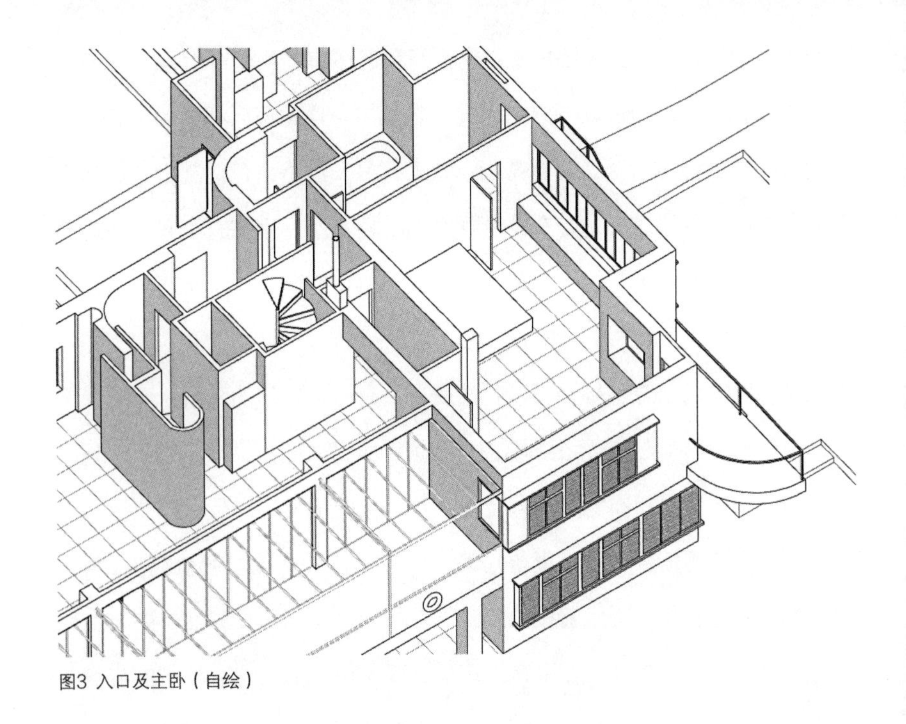

图3 入口及主卧（自绘）

空间安排得非常紧凑，就餐空间收纳起折叠桌即可变身为一个派对酒吧；如果想要聚餐，拉出书房中质轻坚固的折叠桌，很容易拼接成大的就餐区域。

进入二层室内的情形跟站在逼仄入口的想象有些差异，会惊奇地发觉每个房间都可以自由出入，也有各自的私密性。带大平台的起居厅14m×6.3m，它占据了整个建筑一半的面积，可以灵活划分。墙面黄、粉、蓝、褐色的构图十分复杂，并挂有航海地图，形成与海洋有关的重点装饰。地面是不规则的黑白瓷砖铺地，照顾了家具的摆放关系。2.2m×2m的沙发宽绰，周围任意摆放些靠垫，可以坐当然也可以“葛优躺”，成为在阴影中聊天的绝佳场所。温暖的毛皮色彩、低调的金属光泽、垫子的柔软，均营造出一种亲密的气氛，房间中的陈设静静地邀请客人坐下来读本小说或抽根雪茄。格蕾采用了类似英国18世纪建筑室内的画法，按照平面将剖、立面从每个房间里翻出来，风格派（Stijl）认定对画面构成的追求是另一种对空间流动性的探索，使墙、家具、窗户、顶棚都成为连续的设计要素。通过制图古典与现代的差异性反而得到了某种统一

（图4）。西南角是一个紧靠开放式化妆间和淋浴房的格蕾卧室，女主人在客厅中有自己的床，依靠狭窄的西窗，在糨糊一样黏稠而缓慢的午后构筑了阅读打盹的港湾。墙一面是湛蓝色软木，另一面是白色铝制柜子。铺着蓝色条纹被单的小床旁边是有电源插座的旋转桌子。室外有个双层门通向顶棚被漆成朱红色的平台，那里也可以支起蚊帐露营，一个小巧的固定单元可以透出女主人终生追求的独立性（图5、图6）。

顺着尽端两个直跑楼梯可以到达底层，有一个僻静的露台，面对柠檬花园，侧翼是方形的阳光浴沙坑，一圈倾斜卵石围成座位，环绕品评鸡尾酒的镜面桌子。底层布置了储藏、仆人房、花匠房和一个带有独立卫生间的客房。亲朋可能留宿甚至逗留几天，从客房可方便直达海边游泳、垂钓或远航，并能在畅游后顺着楼梯到二层沐浴。宾至如归反映在自主权上，可选择独立就餐、海浴、在平台上闲暇，而不用主人去费心款待。客房的室内设计很有特点，有格蕾为妹妹设计的带轮子的、玻璃圆环E1027茶几（图7），还设有带着采光顶棚的化妆区，有个洗手盆，以防浴室被朋友们占用。格蕾要让室内和室外都充满阳光，在冰冷的卧室中放了折叠镜子，通过太阳反射温暖房间[1]。仆人房间已到了最为经济的尺寸，依然舒服。格蕾在沙龙里提供了最大宽度的柱距，让房间有更大的灵活性，她移动了上下混凝土柱子的位置，让仆人的窗户能显露出来。建造逻辑性确实受到损坏，这一点与1928年设计、1931年完成的柯布西耶代表作萨伏伊别墅异曲同工。萨伏伊别墅一层的圆柱与二层的柱子前后错位以强调横向长窗的连续感，与之比较，E1027却使人看到了空间的使用价值。

格蕾此前没有做过建筑，在她当时看来这是份业余的工作，但格蕾无师自通，通过模型推敲方案，并从阅读和参观柯布西耶等人的设计中获得灵感，她有一种内在的敏感，从地形、光和气候中得出设计概念。这么小的房子以露营风格（le style camping）为切入点。可移动、折叠的家具轻质便携，很多家具都是内嵌式的，打破了家具和墙面的界线，比如柜子可以收纳，也可以分割房间，还可以是两面用的墙体。1929年格蕾和帕多奇在关于E1027的采访中着重提及：每个居住者独立，但门和窗户很少

1 此做法在后续的柯布西耶燕尾小屋自宅中有体现。

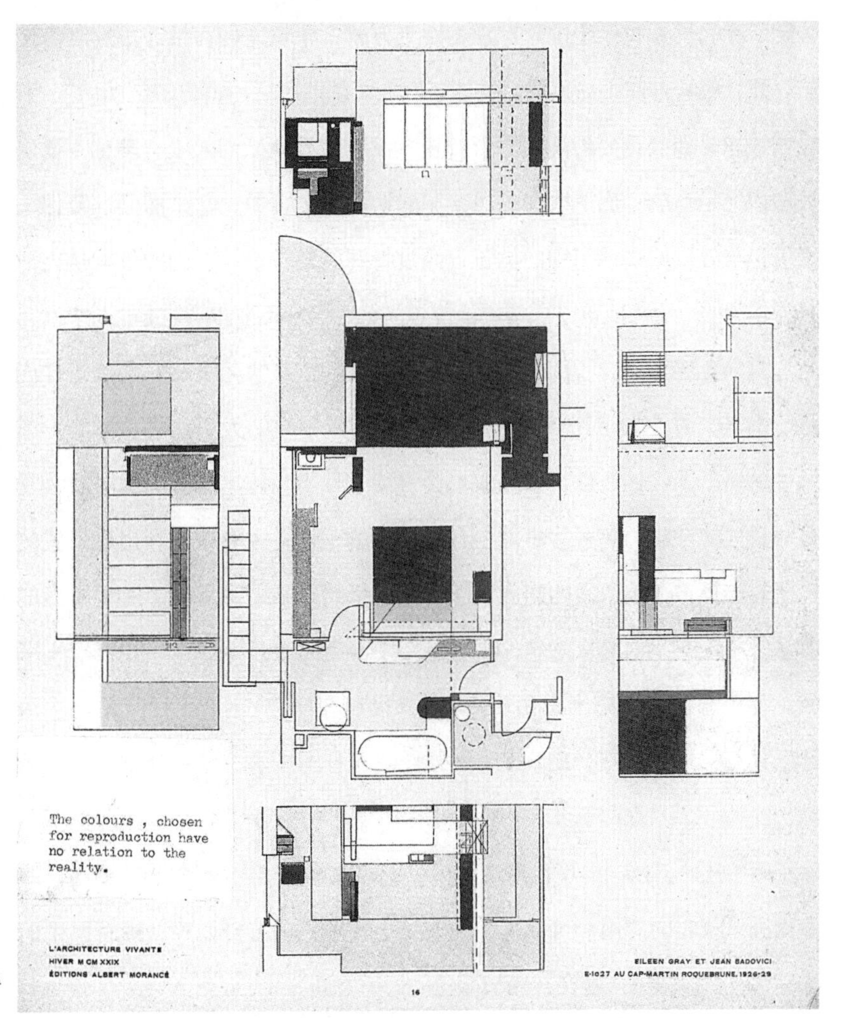

图4 立体派表达
（参考文献2）

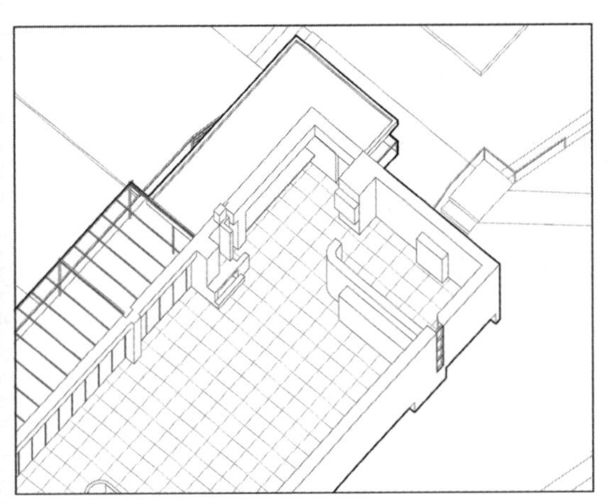

图5 女主人休息处（自绘）

图6 露营平台（Joseph Rykwert）

关闭，我们要寻找一个内外有别的规划方式，毕竟人们害怕有不速之客造访。要让房间合理布局，我们关注了四点：创造了三种窗户解决功能问题；经常被忽略却很重要的问题是百叶窗，没有百叶就如同人没有睫毛。要保证室内有足够的通廊形成穿堂风，同时避免过分日照；每个房间都要保证人可以独处，这决定了墙的位置，经过特殊的定位设计，门的位置从内部是看不到的；厨房应该易于接近但位置隔绝，气味不要渗透进起居厅[3]。

有学者重新研究了E1027，盛赞它是难以想象的环境友好型建筑并能融于海景、农业景观和自然气候[4]。法国南部雨季的大雨钻进百叶窗，海风中的氯离子侵蚀铁件，白蚂蚁也会吞噬处理不当的木制品。房子要经受极端天气的考验，起居厅户外平台是房间的延伸，上有架子利用最新式的钩子悬挂帆布，被拉紧的四大块帆布可以抵挡凶猛的西北风，避免夏日的曝晒。平台向室内略微倾斜，在玻璃门下面有一个排水浅沟，设计非常考究。海边房子的风格当然是由海边的材料和景色决定的。百叶是地中海地区司空见惯的做法，E1027采用了鲜明的乡土技术，窗户分成上下两个框，窗扇可以转动或滑动，如照相机快门一样通过百叶调节入光量（图8）。除了阿尔托外，欧洲的现代建筑师很少引入地方元素[5]，格蕾当属另类。当海面狂风骤起的时候，可以关上南窗拉下窗帘，并打开北窗凝视花园中的柠檬树，一抹浓绿掩映在灰色和蓝色的云团之间。

图7 修复后的客房（Pinterest）

柯布西耶与男主人是故交，借机来到E1027，格蕾犹如一颗石子投入深不可测的湖底，溅起层层涟漪，柯布西耶深知这是个天才女子的作品。故事不久急转直下，柯布西耶未经许可在E1027入口和起居厅内绘制了8幅扎眼的壁画，女主人摔门而去，用她的话说是柯布西耶强奸了房间（图9）。虽与帕多奇依然保持着伴侣关系，但格蕾执拗地择地另建住宅，短暂居住在此仅三年。第二次世界大战期间，德国人甚至拿柯布西耶的壁画打靶练习。1956年帕多奇去世，格蕾只分得一些家具，产权经过多年转移，房屋逐渐荒芜。1960年柯布西耶成功说服一位瑞士寡妇成为E1027的买家，大师亲自出马维护自己所绘制的壁画，对内部的家具亦精心料理。他的燕尾小木屋已竣工多年，E1027近在咫尺，一切现代

图8 百叶窗（Friends of e.1027）

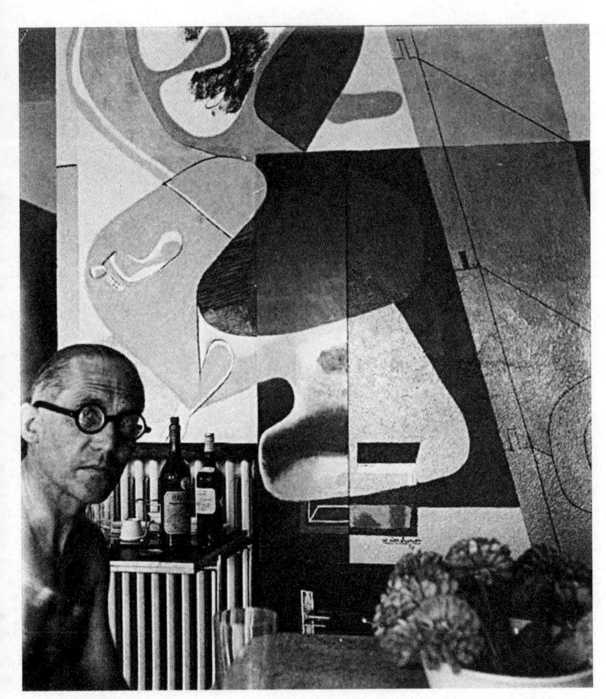

图9 柯布西耶与壁画（Friends of e.1027）

建筑的荣耀转瞬就聚焦到柯布西耶身上了。此时的格蕾注定不会在各类杂志上闪耀，她不再做漆画，而热衷于家具设计，沧桑孤鸣，亦奉献经典无数。

女性可以成为超一流大师，因为以男性为主的社会，女性因为边缘，她的情感一定有爆发点、有爆发力，格蕾就是这样一位当前在西方极受瞩目的巨星，被忽略多年后，她打破沉寂走上国际舞台。英国建筑历史学家里克沃特·约瑟夫（Joseph Rykwert）[1]是首位挖掘格蕾历史地位的学者，1968年率先发文强调爱尔兰女设计师的特立独行之处[6]，约瑟夫2013年被授予英国皇家建筑师协会金质奖章。该奖项通常授予开业建筑师，历史研究领域获得此殊荣的仅有《拼贴城市》的作者柯林·罗和《现代设计的先驱者：从威廉·莫里斯到格罗皮乌斯》的作者尼古拉斯·佩夫斯纳，可见约瑟夫研究分量之重。1968年因Domus杂志的引荐，立足于伦敦的家具公司阿兰姆（Aram）对格蕾的家具发生兴趣，批量生产并加以深入研究——他们发现了不可思议的精致。80岁后格蕾又恢复了自负的脾气，经常抱怨一些修复的作品质量不够高，想亲自再做给孙辈们看看。1975年，爱尔兰国家档案馆询问格蕾是否有手稿可供展览，女建筑师马上回信说，要不就在战争中弄丢了，要不就已被变卖了，她多么希望能有些东西留在祖国爱尔兰!

1998年E1027遭到洗劫，次年差点被拆毁。2002年一家爱尔兰艺术博物馆尽全力抢救了一批格蕾的家具和建筑设计史料，慧眼识珠做了扎实的铺垫工作。最终法国海岸代理机构买下别墅，经过时断时续的维修，终于国家、大区、地方及捐赠者共同斥资85万欧元进行保护[7]。E1027目前是法国国家古迹，修复设计由柯布西耶基金会主持，整修花园、修复混凝土墙面，复原嵌入式家具，搭设各种管线及铺装太阳浴场地等，柯布西耶的壁画也被复原。其中英国阿兰姆公司捐赠了部分家具和实物，使建筑的室内真实性得以加强。2015年伴随详细的电子导览系统，E1027正式对外开放，“E1027之友”（Friends of e.1027）是立足于纽约的重要慈善团体，挖掘并公布了大量与建筑有关的历史档案，参与募集35万美金修复了历史建筑。

1 被公认为当今西方重要的历史学家和批评家，在剑桥大学、宾夕法尼亚大学等任教，名著《圆柱之舞》（*the Dancing Column*）对维特鲁维的希腊柱式进行了讨论，是涉猎广博的大家。

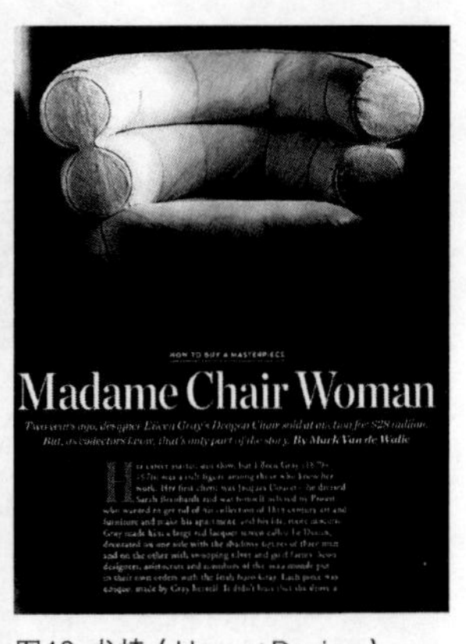

图10 龙椅（Home+Design）

不同时期，对同一对象会产生不同的解读吗？如果有，E1027就是艺术创新的又一制高点。丹麦艺术家卡斯帕（Kasper Akhøj）2006年启动了两个现代主义自宅的修复记录项目——辛德勒住宅和E1027。他希望档案性地记录修复的全过程，从女性的视角出发探讨生活历史。2012年，美国摄影师瓦格森（Gordon Watkinson）挖掘出大量档案加以详细注释，举办展览“E1027：现代主义者迷事”（E1027：A Modernist Mystery）。近期北爱尔兰导演在E1027中执导了电影“欲望的代价”（The Price of Desire），描述了格蕾波澜壮阔的一生及与E1027千丝万缕的纠缠。

格蕾在很长的时间中夹带着柯布西耶的光环，但传奇女性的设计寿命长达八十余年，从漆艺、绘画、摄影、图案到家具和建筑设计，几乎不曾有过低潮，她的盛名在1976年10月31日98岁高龄谢世之日达到顶峰，法国国家广播电台播报讣告。从巴黎燃烧到伦敦和纽约，这个姗姗来迟的现代主义大师称号对其本人来说或许无关紧要，她遥遥领先于时代。

Last but not least，2009年格蕾100年前设计的龙椅（Dragon Chair）原作以超两千万欧元成交，创下20世纪最贵家具的记录[8]（图10）。

参考文献

[1] C Constant . E. 1027：The Nonheroic Modernism of Eileen Gray [J]. Journal of the Society of Architectural History. 1994. 53（3）.

[2] Caroline Constant. Eileen Gray [M]. Phaidon Press. 2000.

[3] Simon Unwin. Twenty Buildings Every Architect Should Understand [M]. Routledge. 2010.

[4] Ryan, Daniel. From Eclecticism to Doubt: Re-imagining Eileen Gray[C]. Sahanz. 2010.

[5] 富兰克林·托克. 流水别墅传[M]. 林鹤译. 北京：清华大学出版社，2007.531.

[6] Rykwert Joseph. Un omaggio a Eileen Gray, pioniera del design[J]. Domus. Dec. 1968.

[7] http://www.e1027.org/about，访问时间2016-11-1.

[8] So would you dare sit on Eileen's €22m chair?[N]. Irish Independent.27, June 2009.

修复后的小花园和户外平台—现状（Friends of e. 1027）

从厨房看海角，白色体块为水箱—现状（Friends of e. 1027）

伴侣帕多奇房间的阳台—现状（Friends of e. 1027）

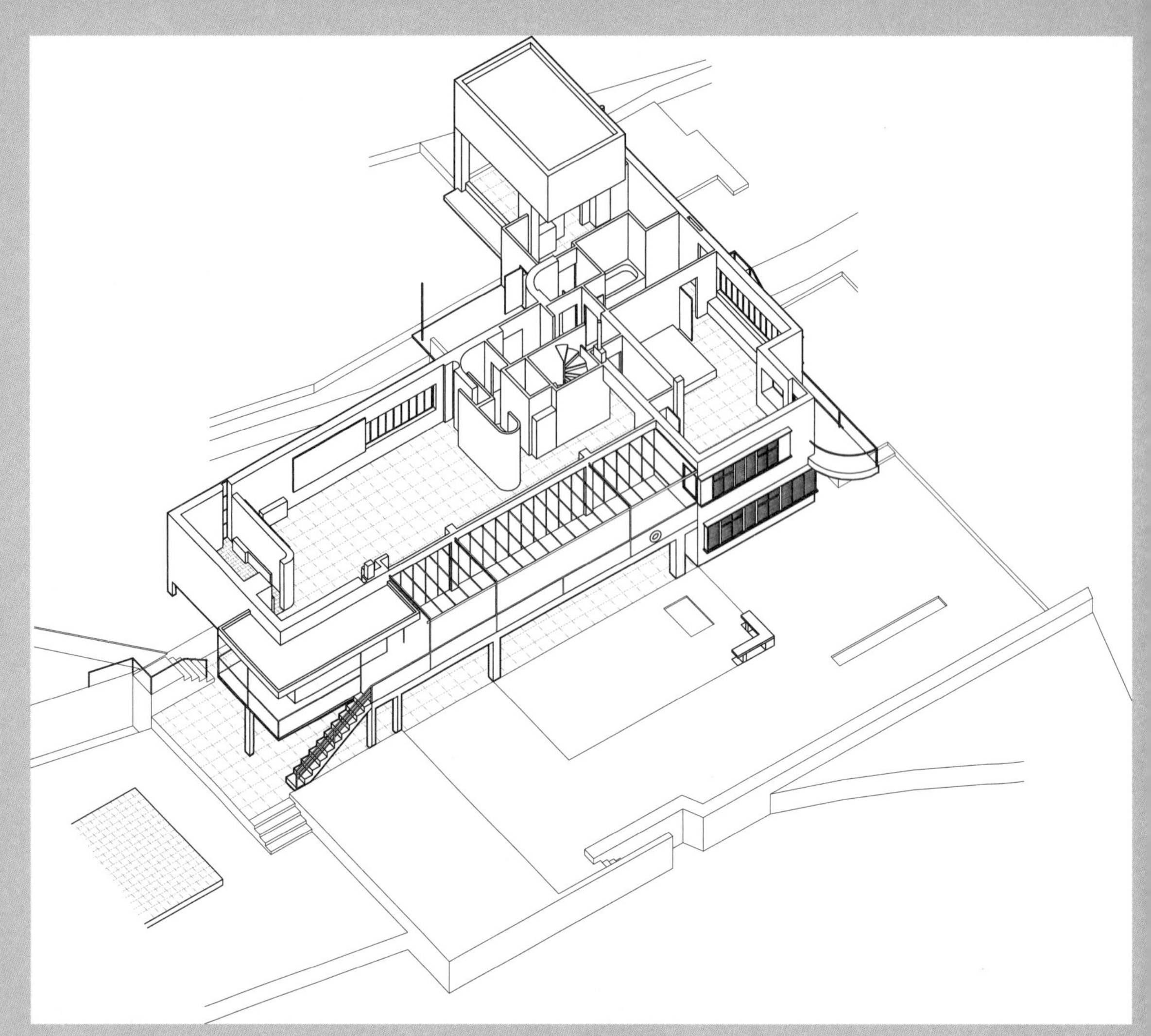

轴测（自绘）

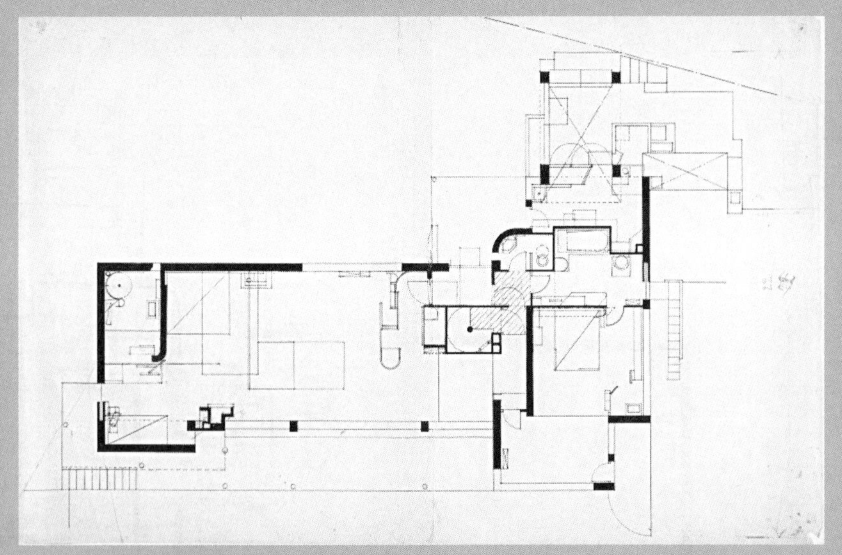

平面图

挂有航海图的客厅—历史信息（Friends of e. 1027）

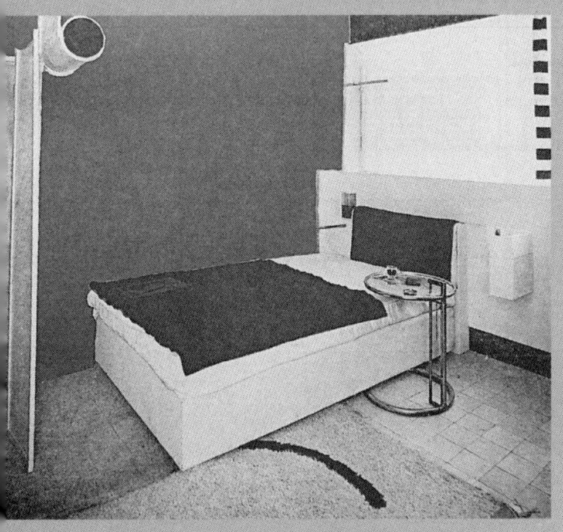

客房—历史信息（Friends of e. 1027）

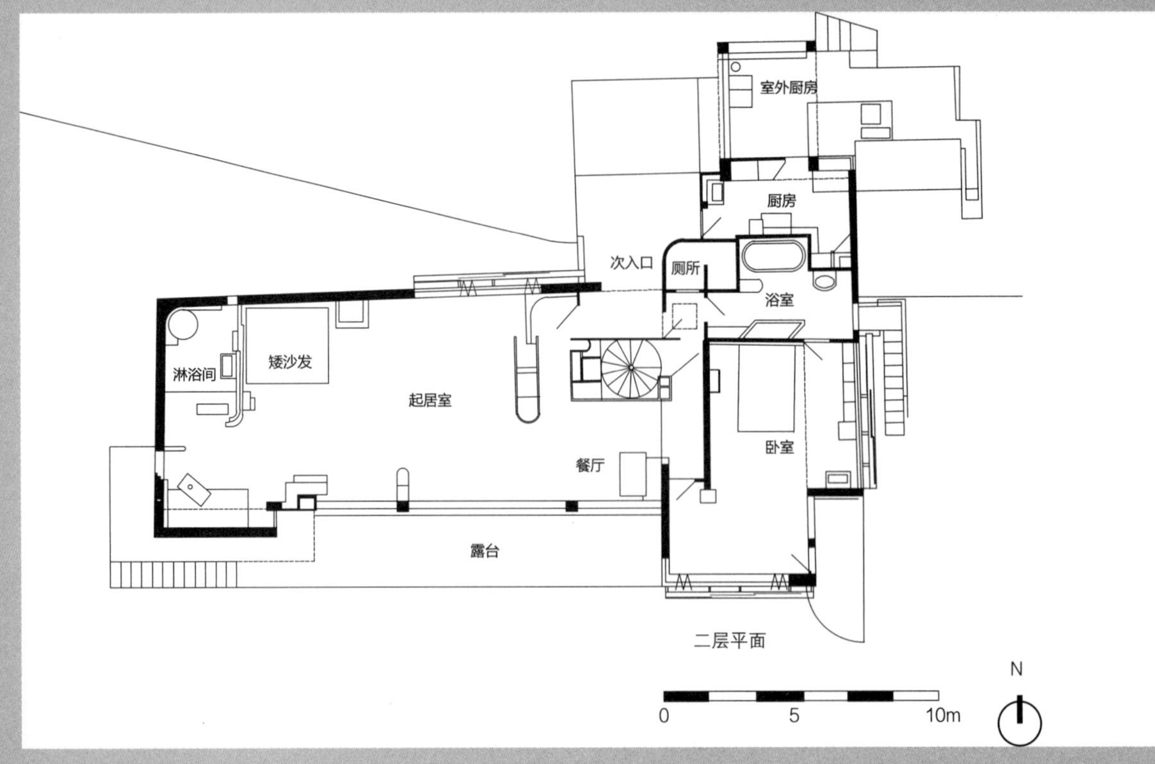

一、二层平面

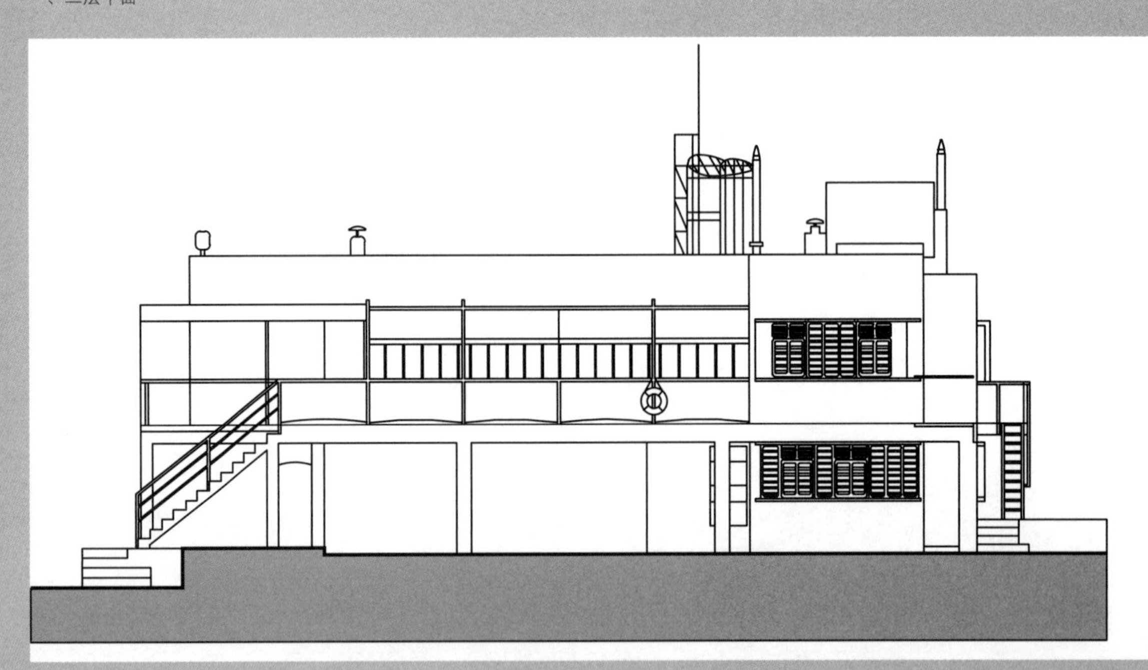

南立面图

南立面与西立面图

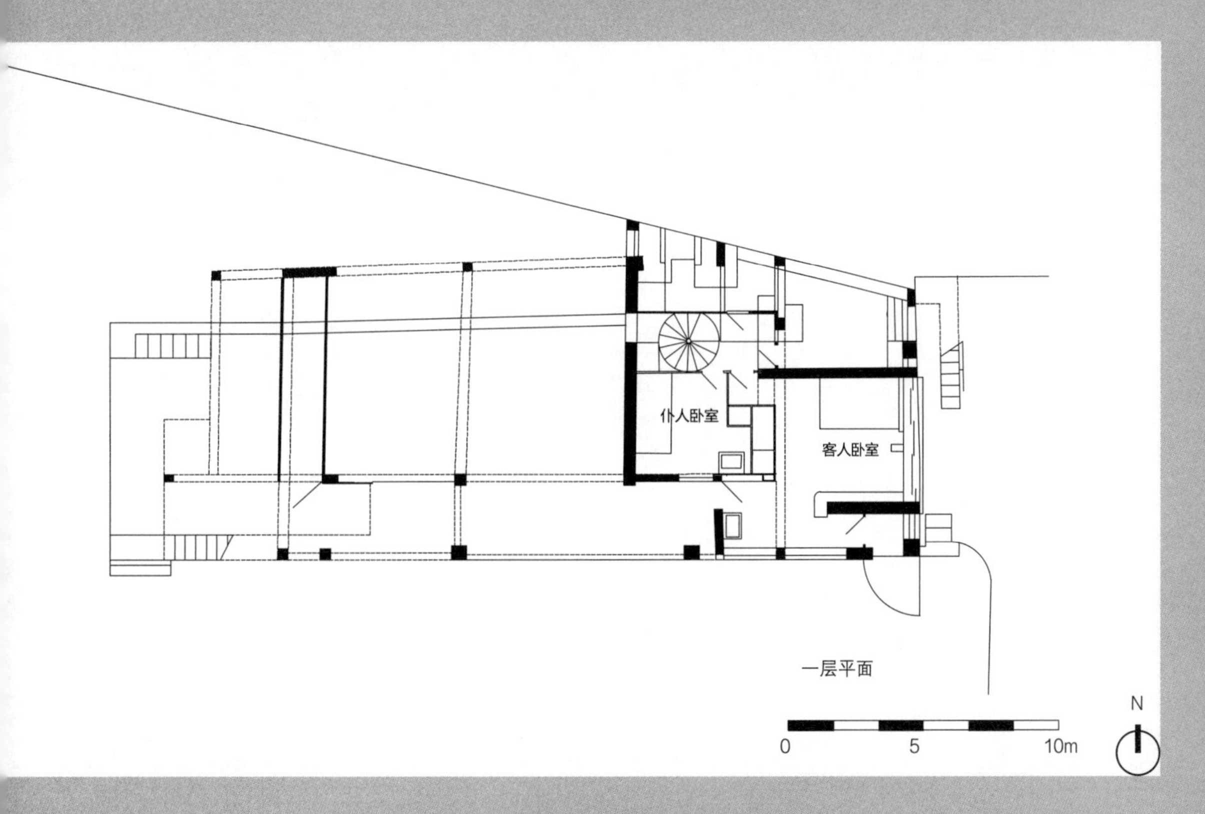

一层平面

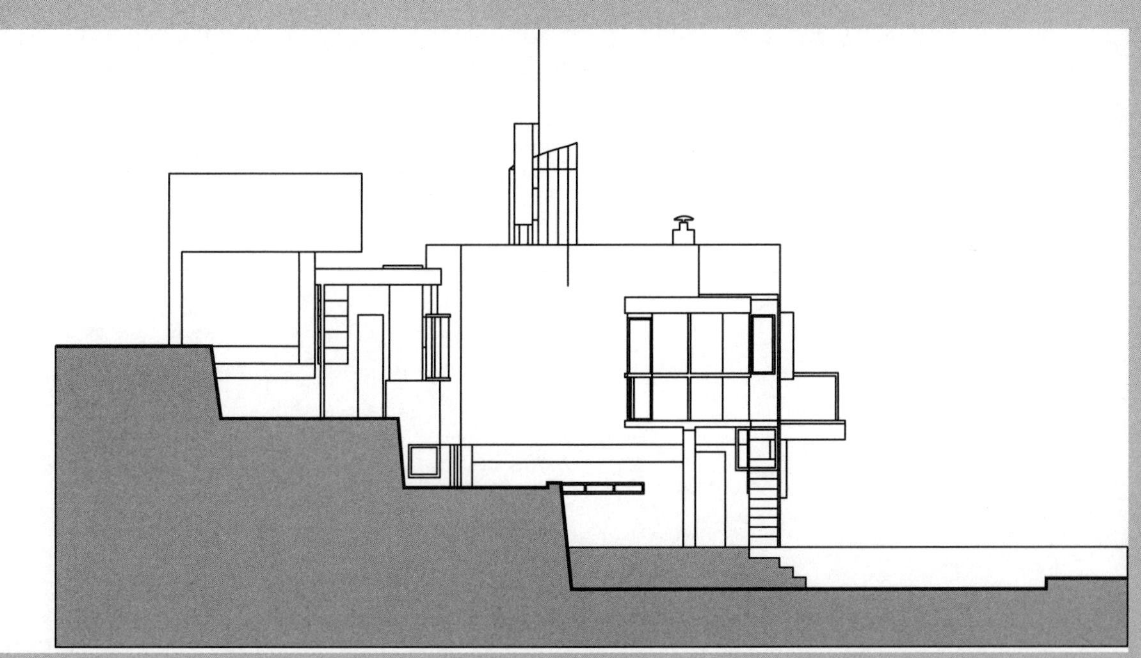

西立面图

4

［中国］

林克明：战前岭南的家

越秀北路394号，广州，中国，1935
林克明（1900～1999年）

Lin's Home at Lingnan Territories before Anti-Japanese War
Lin Keming's House, No.394 Yuexiu Bei Road, Guangdong, China, 1935

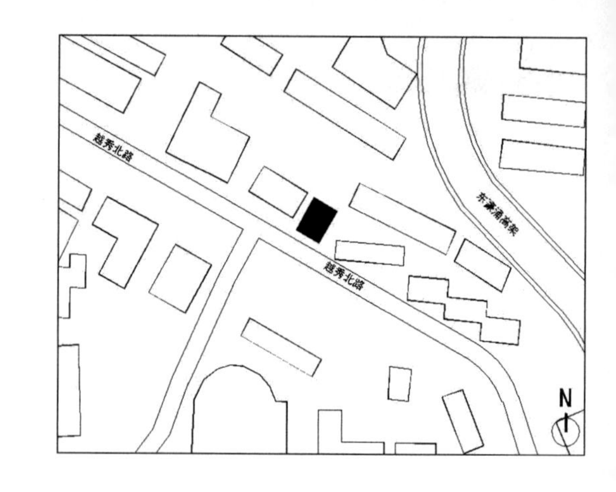
越秀北路
越秀北路
东濠涌高架
N

20世纪60年代初，中国投入三线建设，刚刚敞开的国门因中苏关系破裂而迅速关闭。1964年1月之前中法尚未建交，广州建筑界发生了一件不算大的“涉外”事件。当时柯布西耶已近晚年，瑞士、法国联合开展了一项柯布西耶对世界建筑影响力的调查，瑞士已与中国建交，可主持在中国境内的研究。年轻时的蔡德道（原广州市建筑设计院副总建筑师）负责带路，在广州共调查了6处现代建筑，瑞士外宾在拍摄大量照片后，称赞它们是高水平的现代主义作品。专家认为在外地所见现代建筑，多是出于外国建筑师手笔，但在广州所见都是出自中国建筑师之手[1]。越秀北路394号及243号（已毁）林克明自宅，文德路原留法同学会（已改作广东省文联办公用），知用中学实验楼都是林克明的早年作品。

林克明20世纪20年代留学法国学习建筑学，是中国公认的现代建筑先驱。作为世纪老人，他近百岁的漫长一生跌宕起伏，横跨一线活跃的建筑师、新锐建筑杂志推动者、高等建筑院校创始人、国有大型设计院创办者、政府机构领导人等多重身份，是一位精通英语和法语、建筑多产、著述颇丰的多栖大家。1933～1949年林克明建筑师事务所创办，新中国成立前在广州留下了42幢大学、电影院及高级住宅等类型多样的作品，抗战爆发前进入创作的高峰阶段[2]。1933年7月，省立工专校刊中刊发了建筑工程系主任林克明的学术论文“什么是摩登建筑”，文中明确指出：“（1）现代摩登建筑，首要注意者，就是如何达到最高的实用。（2）其材料及建筑方法之采用，是要全根据以上原则之需要。（3）‘美’出于建筑物与其目的之直接关系，材料支配上之自然性质，和工程构造上的新颖与美丽。（4）摩登建筑之美，对于正面或平面，或建筑物之前面与背面，绝对不划分界线……凡恰到好处者，便是美观。（5）建筑物的设计，不能以各件划分界限的而成为独立或片段的设计……构造系以需要为前提，故一切构造形式，完全根据现代社会之需要而成立。”[3]林克明开明宗义地点出了摩登建筑的基本原则：功能实用、建造真实、整体美观，建筑师从此开始自觉追寻现代建筑的脚步。1932年林克明以省立工专为基础，创办了勷勤大学工学院（华南理工大学建筑系前身），档案显示了1935年学院创办3年后的建筑设计图案展览概况（图1），林克明再

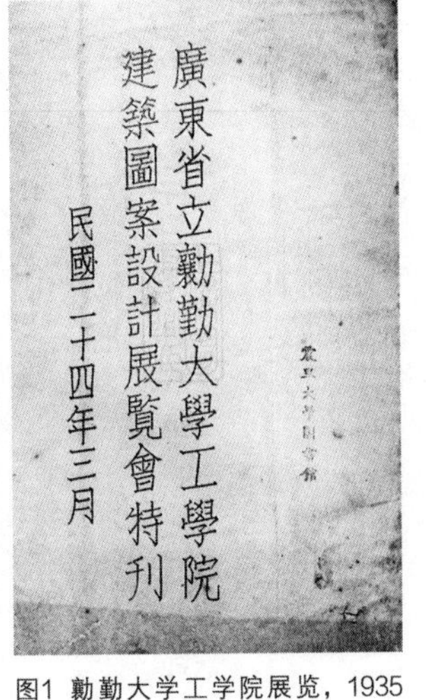
廣東省立勷勤大學工學院
建築圖案設計展覽會特刊
民國二十四年三月

图1 勷勤大学工学院展览，1935年（上海市图书馆）

次强调："结构与实用属于科学的范畴，科学原理融于艺术表现不容易！"20世纪30年代是现代建筑理论传入中国的重要阶段，除了大众传媒集中报道外，一批专业书籍和刊物也进一步推广了新思潮。1936年林克明任《新建筑》杂志编辑顾问，《新建筑》出版时间很短，却成为宣传现代建筑的前哨。"建筑家之家—Pro.林沛德计划（林沛德为林克明笔名）"发表于《新建筑》1936年第2期，特别加了一行注释"具有现代最新防空设备之新形态住宅"，言简意赅突出了强烈的时局特征。

建筑位于东濠涌江边，旁临明代道观三元宫，距离林克明曾任监理的近代建筑瑰宝中山纪念堂、1927年主持设计的中山图书馆均非常近，这个地段建筑师是极为熟悉的。除了在越秀山南麓外，自宅所处的人工自然环境也很有特色，毗邻孙中山先生倡导建设的越秀公园，是近代广州市民公共活动的场所，并通过公园向人们灌输现代意识和观念。由此林克明自宅的地点无论是从历史源流上看还是从城市自然环境的伴生上审视，均具备了岭南近代建筑发展的代表性。林宅是一座带半地下室的两层平顶别墅，层高3.6m（11ft），建筑占地约120m^2，建筑面积合计270m^2，前后两个小院、带露台和屋顶天台（图2）。历史图纸以外轮廓线而不是轴线标注米制及英制两种规格尺寸，战前广州图纸主要用英制，战后广州市工务局规定全部转变为米制，林宅图纸处于从英制向米制的过渡期。

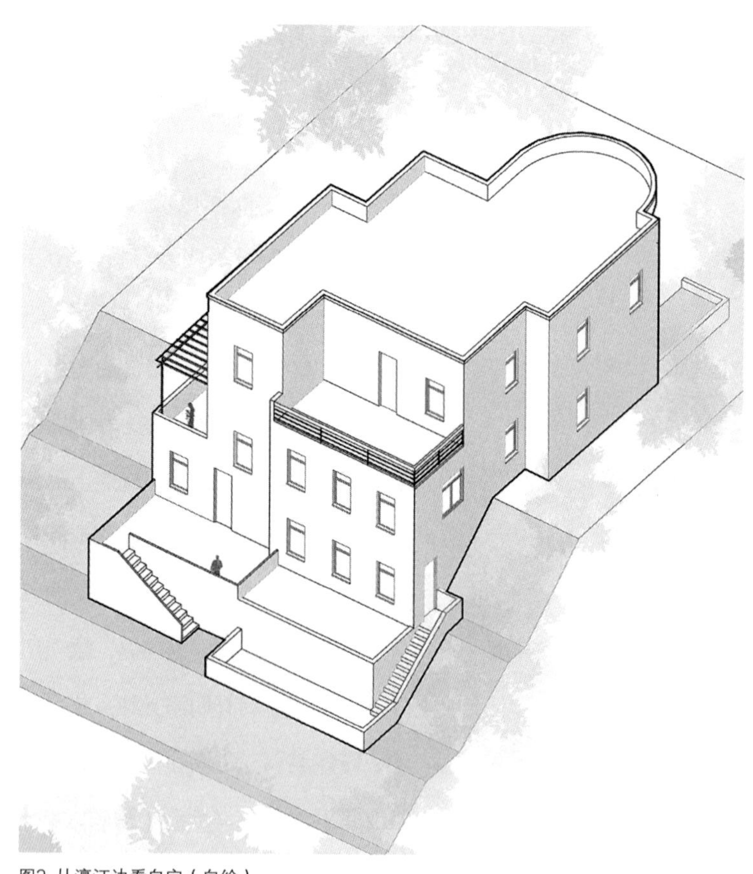

图2 从濠江边看自宅（自绘）

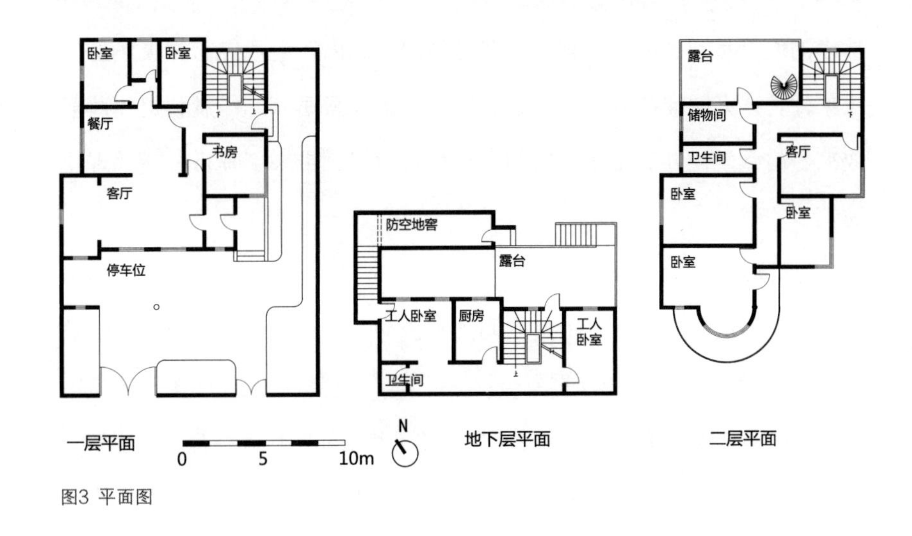

图3 平面图

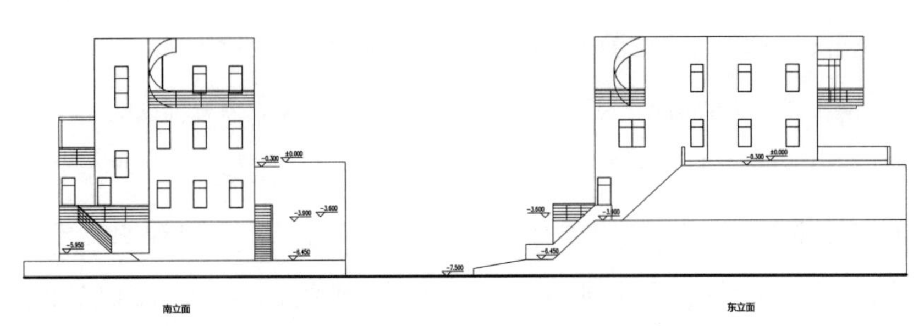

图4 东、南立面图

总图布局紧凑，平坦的场地面南偏东，前后仅10余米，其余北向临水为坡地。南面有围墙，北面设挡土墙，开两个住宅的总出入口，底层车库，两个建筑入口放在西侧，各为主入口和家人而用。体量基本为一边长为10.97m（36ft）的矩形，半地下室服务空间因地制宜利用了坡地地形，设有服务平台。二层立面逐步锯齿形后退，前悬挑后退台，通过螺旋楼梯，可从二层北向天台通往屋顶，形成了不同程度和高度的灰空间、开放空间。花园、草坪、花格栅、滨水敞廊丰富了户外空间的细部，增加了层次和流动性（图3、图4）。对此1959年林克明回忆道：“*广州过去土地私有，地价高，绿化条件不无限制。解放以来……不少市民利用屋前、屋后、天台、街边种植植物，对环境美化影响很大。*”[4]抗战前夕，1929～1936年陈济棠主粤，广州经济、文化和市政建设都有很大发展，林宅的地价肯定已经不便宜了，在有限的空间内还要适应南方炎热的气候条件。林克明娴熟运用了岭南民间蕴含的风景语言，尽量利用树藤形成凉爽的微气候并满足多层次的户外生活习惯，带来了耳目一新的现代建筑。

建筑形体方圆兼备，独立柱、悬挑与跌落结合，具有现代建筑的纯粹特征。不过林克明自宅室内空间并不流动，设计强调了中国传统建筑的“间”，每一间的功能注重专一性，而非多功能性。从他的历史图纸中可见，家具布置选择了最能体现尺度、位置和功能的代表性符号，比如一屋一床、一套餐桌、一架钢琴、一组沙发，可自由活动的空间很少，空间设计的秩序性强烈。也许林克明并未在建筑里加上中国元素，但生活必须本色出演，林克明的家庭依然保持了尊卑有序的传统中式生活。卧室全部在二层，主仆泾渭分明；建筑师和身为音乐教师的夫人需要独立的工作空间，夫人的钢琴也是起居室的重要陈设，偏安一隅，美妙的琴声平添了空间的现代境界。五口之家的餐厅却要能摆放12张椅子，餐厅与客卧直接联系，之间独立设置了卫生间，满足了建筑师频繁交际的需要，且可以做到与家人的流线明确分开。林克明的自宅内部空间是寸土必争的佳例，体现了作者贯穿一生的功能合理和经济适用的原则[5]。

岭南湿热要加强通风，自宅层高达到3.6m，岭南住宅的层高普遍比较高是其典型的传统特色。针对遮阳降温进行了精妙的有组织自然通风：东侧多次采用转角窗，形成转角穿堂风；半弧阳台、内部1.2m（4ft）宽走廊、天台笔直相通，一气呵成，能用铸铁栏杆的地方甚至不再设墙体，犹如岭南民居中的“冷巷”，是各个房间并排而形成的自然通风之廊（图5）；气宇不凡的楼梯间3.6m（11ft. 1in.）宽，利用吹拔原理进行室内空气调节，它们均是表里如一、功能与美观相得益彰的处理手段。从平面组织看，餐厅与起居厅合为大空间，但厨房设在半地下室，联系不甚方便，显然不符合现代建筑流动空间的原则。建筑师多年后给出了解释：“*过去往往将厨房与居室隔离，这是防止烟气侵入居室并避免辐射热的办法。（解放后）在住宅设计中往往没有吸取这些经验，有的把厨房夹在居室中间，俗称‘火烧*

图5 角窗与阳台（自绘）

心'，以致一些缺点。"[6]尽管林克明并未以自宅创作为例，仍可以看出他所追求的一切从实际出发，以改善小气候为核心的匠意，也是岭南建筑师作为群体的设计独特性所在。

这是广州第一座具有防空地窖的住宅，地窖比工人房标高低2.5m，紧邻东濠涌，混凝土屋顶厚达1m。逼仄的空间和阴沉的光线具有可感觉到的重量。抗战时期国内对防空有很多专业研究与论著，林宅显然借鉴了国内、国际做法。事实证明建筑师颇有先见之明，抗战日军的炸弹大部分投放在人口密集的老城区内，同时还投放在昔日的中山大学校园、中山纪念堂等地，中山纪念堂局部损毁[7]。兵临城下危若累卵，日本战机飞到头顶，林克明苦心孤诣追求建筑的轻巧通透，又要无奈地将家庭安排于地下室。广州沦陷，林家背井离乡8年，自宅是国难当头的中国现代建筑背影。

林克明自宅躲过了抗战的浩劫，新中国成立后又被无序改建，从军队驻地到混居的民宅，它一次次凭借优良的设计为自己赢得了生存的机会。2014年3月建筑师林克明旧居被列为越秀区登记保护文物单位、广州市历史建筑，终于具备了合法的身份可以免遭拆毁，比起成为博物馆向公众开放，年久失修、身份认定也是一种优秀近代建筑保护进程的展示吧。大师新中国成立后创办了广州市设计院并担任广州市建委副主任等要职，作品更为丰沛，达到了另一创作高峰。他终生是现代建筑、中国固有式风格的双重旗手，以《新建筑》为例，林克明日后的评价十分客观：“*该杂志宣传的现代主义建筑思想与勷大无关，当时的建筑思潮很复杂，不能取得一致。*”[8]有学者察觉到“林克明自我矛盾的交锋是现代建筑运动中最为奇怪的现象。”[3]但林克明同样是化解矛盾的高手，中国传统建筑一直比较缺少现代意义上的文化价值，现代建筑与传统民居之间存在着不可调和的矛盾。只要深入解读林宅，即可见林克明的设计韬略扎根于岭南传统，穿透所谓的风格变换，恰恰是对现代建筑在中国流行的地域性回应——林克明旧居被视为柯布西耶在近代中国产生影响力的见证。林克明的独立式住宅实践全部在新中国成立前，集中在1933～1936年之间，与另一位享誉海内外的大师杨廷宝相比，明确开启现代主义住宅实践的时间更早。杨廷宝要至1940年代中期在美国访问赖特后才有机会尝试现代小住宅[9]。可以说广州越秀北路394号留下了一段不该忘却的、抗战前中国跻身现代建筑洪流的独特篇章。

参考文献

[1] 蔡德道. 林克明早年建筑活动纪事（1920-1938）[J]. 南方建筑，2010（3）.

[2] 刘虹. 岭南建筑师林克明实践历程与创作特色研究[D]. 广州：华南理工大学博士学位论文. 2013.

[3] 彭长歆. 现代主义与勷勤大学建筑工程学系[C]. 2002年中国近代建筑史国际研讨会. 2002.

[4] 林克明. 关于建筑风格的几个问题[J]. 建筑学报，1959（9）.

[5] 林克明. 建筑教育、建筑创作实践六十二年[J]. 南方建筑，1995（2）.

[6] 林克明. 关于建筑风格的几个问题[J]. 建筑学报，1959（9）.

[7] 日军轰炸点标识图首度公开[N]. 广州日报，2015-8-19.

[8] 赖德霖. 近代哲匠录——中国近代重要建筑师、建筑事务所名录[M]. 北京：中国水利水电出版社，2006.

[9] 季秋，周琦. 杨廷宝20世纪40年代小住宅设计探究[C]. 2006年中国近代史国际研讨会，2006.

正立面，原始设计柱子缺失—现状（自摄，2016年）

靠濠江边的原花栅栏处—现状（自摄，2016年）

家庭次入口—现状（自摄，2016年）

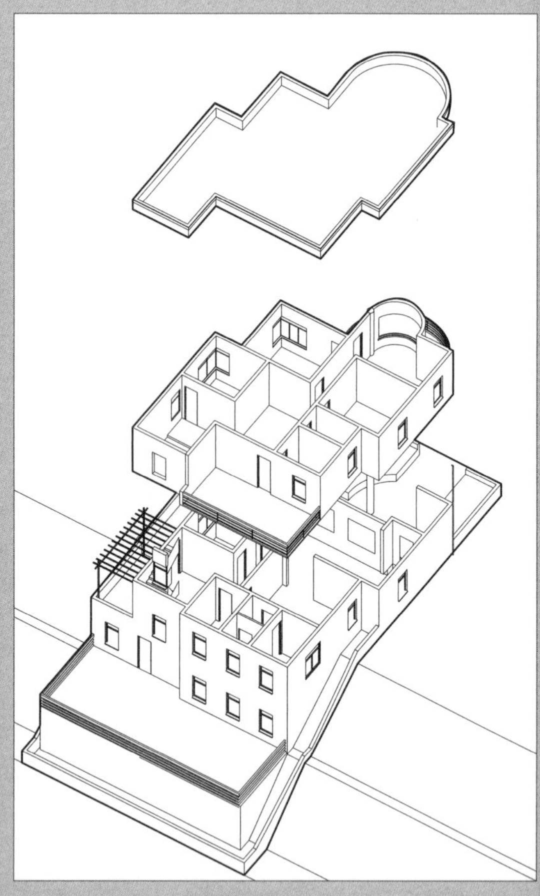
轴测（自绘）

現代住宅特輯

外觀圖

建築家之家

Prof 林沛德 計劃

（具有現代最新防空設備之新形態住宅）

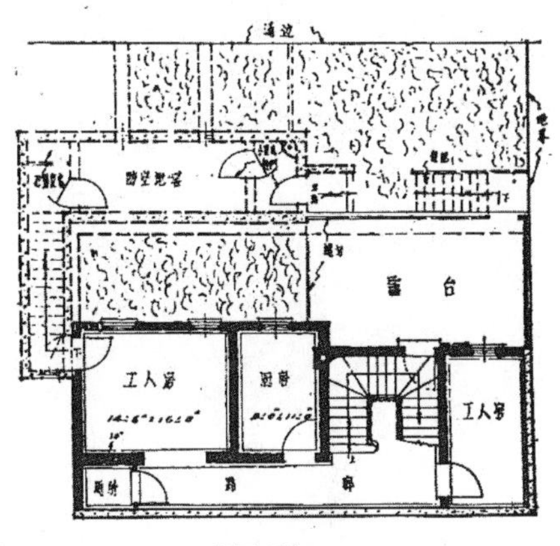

土庫平面圖

地下平面圖

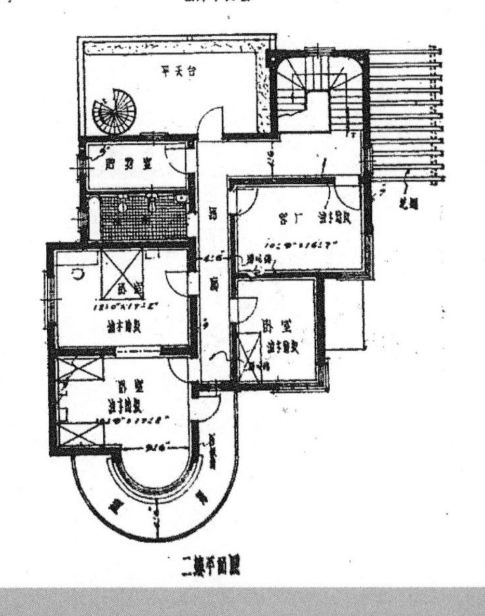

二樓平面圖

林克明自宅原始图纸—历史信息（《新建筑》1936年第2期）

5

［芬兰］

阿尔托：家即工作室

Alvar Aalto（1898～1976）

Home is Atelier

The Riihitie House, Riihitie 20, Helsinki, Finland, 1934~1936

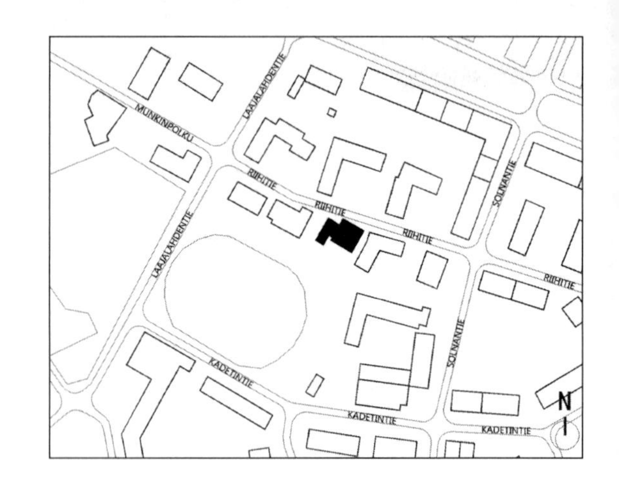
MUNKINPOLKU
LAAJALAHDENTIE
RIIHITIE
SOLNANTIE
KADETINTIE
N

1 1937年瑞典名师阿斯普朗德（Gunnar Asplund）的自宅完成，运用几何体体现了对乡土文化的尊重，他的作品对学生时代的阿尔托影响很大。阿尔托从乡土风格蜕变，寻找到了更为功能主义和有机的创作方式，从而确立了自身风格。

过去芬兰森林资源丰富、经济欠发达，人口密度很低，社会阶层分布以商人和平民居多，这些特质决定了她是一个固守传统价值，并受到现代思想影响的国家，此是阿尔瓦·阿尔托凭依的根基。1917年芬兰独立，工业化开始加速推进，建筑学在芬兰现代化的过程中扮演着重要角色，1923年阿尔托建筑事务所恰逢其时正式开业。建筑大量短缺，政策规定建筑设计竞赛对全体芬兰公民开放[1]，这就使最具创造力和最贴近现实的作品得以脱颖而出，阿尔托和妻子在一系列设计竞赛中拔得头筹。1933年阿尔托将自己的事业从芬兰西南部图尔库（Turku）移师到首都赫尔辛基，杰作帕米欧肺病疗养院（Paimio Sanatorium，1930～1933年）已完成，这个项目将年轻的建筑师推往先锋前沿。1934年阿尔托夫妇开始设计一幢兼顾家居和工作室的自宅，两年后竣工，直到多年后又设计了一座专门的事务所，这里的工作室才变成私人之用。在建设自宅之时，载入建筑历史教科书的维堡图书馆也在酝酿，这是一个让阿尔托进入鼎盛的时代。阿尔托自宅是一个37岁建筑师的家，一双儿女，琴瑟和谐的中产阶级，家庭生活传统且舒适温暖，建筑要有“人情化”。他的建筑师妻子颇有见地：一个带着孩子的家庭很难在一间房生活，两间也不够，但同样的面积经过设计就可以满足工作、娱乐、睡眠、吃饭。可移动的家具使灵活性增多，空间看起来更大、更舒适，要比利用对称和轴线等控制的房间舒服得多[2]。家是有魅力的，没有任何夸张，“二战”中资源匮乏，建设自宅不容易，在北欧并不多见[1]。

图1 总图（阿尔托基金会）

基地位于赫尔辛基的郊区，建在一块可以俯瞰西南侧公园的斜坡上，平面开口朝南，靠近厨房区域开始修葺白色围墙，东北角与一条公共街道相邻（图1）。地上建筑面积205m^2，有大约150m^{2}的居住空间和约60m^{2}的工作室，二层，带地下室。垂直承重结构有些是砖墙，更多的是钢柱，钢筋混凝土楼面、居住部分大多是木板墙围护。建筑呈L形，一边是工作区，一边是生活区，局部地下室容纳了桑拿和储藏，内直角包裹着花园，餐厅、工作室和起居室均向花园独立开门。有一条洒满落叶的石路通向前门，入口是个很小的门廊，门宽1.2m，门前铺砌粗粝的石板，平静地等待先抑后扬的过程。

自宅的住宅部分贴近北侧，临街建造，开窗向东，靠街道的立面几乎是木盒子，非常封闭，但利用植物和各种材质进行了软化，这样处理既有利于保温抵抗北风，也便于塑造大虚大实的整体建筑形态（图2）。只要转到南面便顿时感觉豁然开朗，餐厅、起居室和屋顶花园都朝南，保证了良好的采光和最为充分的日照。

通过昏暗的入口进入采光充分的起居室、餐厅，空间用帘子分割，共用一个10.8m长、4.9m宽的大房间，墙内嵌入钢柱，划分了2：1的比例关系，起居室很宽阔，但层高很低，仅2.7m。餐厅外有个大露台，尺度延续了室内柱距，蓝色圆钢柱净宽3.6m，中间凭借棕绳攀爬葡萄架，在门廊下可以嗅着芬芳，安静地享用早餐。“餐厅—生活—工作”几乎是所有阿尔托住宅作品的指南。工作室可以再上几个踏步从主要接待厅抵达，高出地面标高0.5m，所以工作和家庭其他区域同样存在明确的区分。也可以从起居厅进入，两者之间是大滑门，必要的话空间全部共享。另有两个小的出入口直接与花园和屋顶花园相连，这么多的开口一律集中在东侧室内回廊之下，保证了工作空间的完整（图3）。工作室宽度4.2m，双向坡顶偏心汇水，最低点净高也是4.2m，坡顶下的剖面实则是一个方形。上下通高，单侧回廊净高仅2.1m，不仅衬托出主要绘图空间的重要性，而且依然存在1：2的竖向主从比例关系。建筑师在追求空间自由的背后，其实具有严格的比例概念支撑，体现了源自古典又不乏现代主义的理性观念。工作室闹中取静，

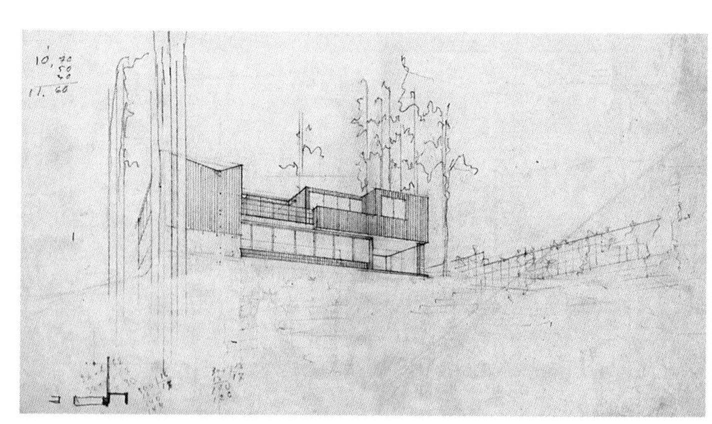

图2 面向院子的草图（阿尔托基金会）

图3 带回廊的工作室（自摄，2015年）

图4 阿尔托的空间（参考文献2）

西侧开高窗，避免外界干扰，窗下布置了两列画图桌。东南角窗是设计调整后的结果，乃最有神采的一笔，可映入盎然绿意或冬日剔透的皑皑白雪，阿尔托的图板就放在那里，安然工作了近20年（图4）。起居厅和工作室内均设计了壁炉，工作室尽端将绿化、壁炉和楼梯组成了视觉焦点，空间紧凑，形成了工作室的小型休息区，可直通二层阳台。

家庭活动空间设在二层，二层局部挑出50cm，争取了更大的室内面积，褐色松木勾勒出完整的形体。功能包括小型起居室和3间卧室、2个私人卫生间，小起居厅环绕着私人卧室，二层光线不足之处开了圆盘天窗引入天光。阿尔托对室内的管道系统深思熟虑，一、二层卫生间里藏有管道井，平屋面四面汇水至中心的落水口，室内保持了一贯的平整简洁。阿尔托将建筑视为家具、陈设和灯具的统一体，室内大量采用嵌入式家具，甚至连桌上摆放的花瓶均出自建筑师之手。1935年阿尔托夫妇和企业家朋友玛丽亚别墅的业主共同创立了阿尔特可（Artek）公司，专为阿尔托设计的家具、灯饰及纺织品做海外推广[3]。自宅中帕米欧椅、叠落圆凳、A331灯都能找到原型，家成为了展示窗口。这些产品已近“古董”，至今展现了技术和美学结合的生活真意，历久弥坚，它们可以诞生在80年前，也可以从现在开始80年后诞生。

阿尔托在建筑材料的选择方面深深根植于芬兰的传统，也时常潜藏着日本的影子，他是日本驻芬兰大使的朋友，二人共同创立了“日本—芬兰协会”[3]。在自宅的设计中，他采用砖、木、石、铜等自然材料，通过石灰水洗刷、风化侵蚀、草木荣衰等留下痕迹，有限材料具备了无限的可能性，也最大限度地尊重了材料的真实性。他的建筑是同时代大师中感觉最为“毛茸茸”的，非常柔软，譬如工作室西面白粉墙上有节奏地竖起白色立杆，秋日红枫与夏天的青藤目不暇接，体现了材料的组合与创造。

阿尔托的作品具有多中心性，起居厅、餐厅、工作室、户外都可以是中心，且彼此构筑了亲密的网络。与1948年完成的墨西哥建筑师巴拉甘自宅比较，巴拉甘的工作室和居住空间共用一个大花园，工作单元与居住空间通过一扇小门相连，工作具有高度的独立性；巴拉甘的花园保持了自然草木的原生状态，能触碰的部分并不多。阿尔托的建筑是多么人情化啊，他尽情享受着家庭的温暖和自然的芬芳。室外分为屋顶平台和花园两部分，南向屋顶花园呈“口袋状”被家庭私人空间所包围，木格栅雨棚微微扬起，既乡土又温馨。下面摆放简易桌椅，迎接南来的习习微风，是紧张工作后的放松一角，居住和工作互不相扰（图5）。妻子艾诺和阿尔托都是园丁，园艺是他们主要的放松方式（图6）。自宅初建之时，四周修葺了芬兰农庄常用的木篱笆。基地保留了松木、石墙，凭依矮墙还种植了火红的樱桃和苹果树，顺着粗石墙向下，苍松翠柏较为密集，周边的居民可以穿过矮墙边不经意设计的一条花园斜石路，从而到达附近的公园（图7）。花园设计有废墟的感觉，青苔微露、石板铺成的庭院斑斑驳驳，衬托着一汪盛满清泉的小池塘。

图5 摆放有萨伏伊花瓶形状陶盆的屋顶阳台（自摄，2015年）

图6 苹果树（阿尔托基金会）

图7 标高与总图（阿尔托基金会）

图8 面朝花园的全貌（自摄，2015年）

这座自宅包括居住和工作室两个部分。从外观上也可清楚地区别居住和办公，办公体量直接拉了出来，成为L一角，将红砖、木材涂成了白色，而居住部分纯木结构，上下层色彩、肌理有所区别（图8）。与玛丽亚别墅不同，自宅的建筑结构清晰，布局朴素、亲密。它没有仆人用房，生活、工作自给自足，具备北欧乡土建筑的痕迹，也全然具备现代主义建筑的身影。阿尔托的自宅与玛丽亚自宅距离很近，实施早两年，正是在1936年新家刚刚竣工的秋天，在这里诞生了玛丽亚别墅的设计图纸。玛丽亚别墅的业主不止一次表达了对阿尔托自宅的垂爱[4]，自宅是一张响当当的个人商业价值名片。

阿尔托的职业生涯获得了巨大的声誉，作为CIAM的成员，1929年与CIAM的秘书长、瑞士权威的评论家吉迪翁（Siegfried Giedion）相遇，并结下了深厚的友谊。在《时间、空间和建筑：一个新传统的生长》一书中，阿尔托的关注率超过了包括柯布西耶在内的其他人，吉迪翁宣称："芬兰永远伴着阿尔托，不论他到哪里。"[5]阿尔托在芬兰如雷贯耳，成为划时代的巨匠，此处自宅是阿尔托的第一个自宅，一直使用到1976年建筑师逝世。1994年他的第二任妻子离开人间，1998年建筑产权移交给阿尔瓦·阿尔托基金会，随即进行了维修，工作室的屋顶进行了改造。如今温暖的小家转变为开放的阿尔瓦·阿尔托博物馆，博物馆和阿尔瓦·阿尔托学院合作，通过参观、研究和教育、讲座不断强化传播，建筑师在设计上无止境的探索从未停下脚步。

参考文献

[1] 米切尔·特伦科尔. 阿尔托建筑作品与导游[M]. 北京：中国水利水电出版社，2007.

[2] T Maeda. The Meaning of The Form in 3 Houses: A Study on the Form-making Modifications in Aalto's Houses [R]. History and theory of Architecture. 2000.

[3] Elissa Aalto. 阿尔瓦·阿尔托全集第1卷·1922～1962年[M]. 北京：中国建筑工业出版社，2007.

[4] Scott Poole. The Villa Mairea 1938～39 An Unlikely Modern Masterpiece[M]. Routledge. 1994.

[5] Siegfried Giedion. Space-Time & Architecture the Growth of a New Tradition[M]. Harvard University Press. 2003.

从客厅看工作室一现状（自摄，2015年）

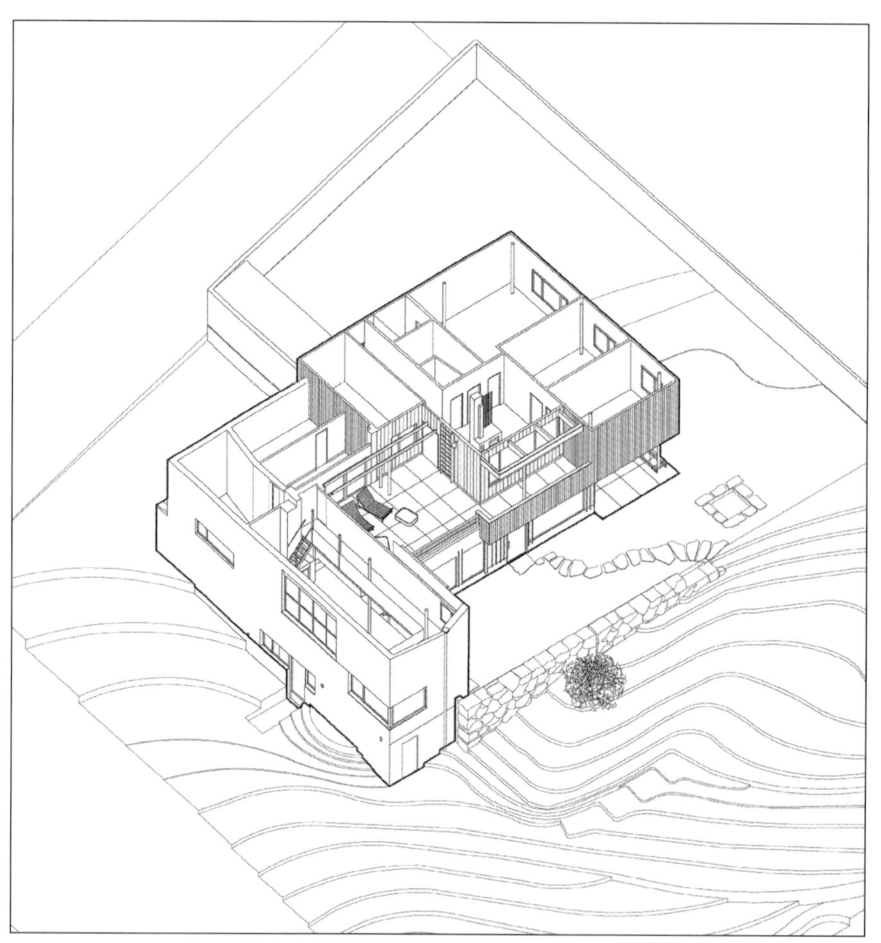
轴测（自绘）

带天窗的卫生间一现状（自摄，2015年）

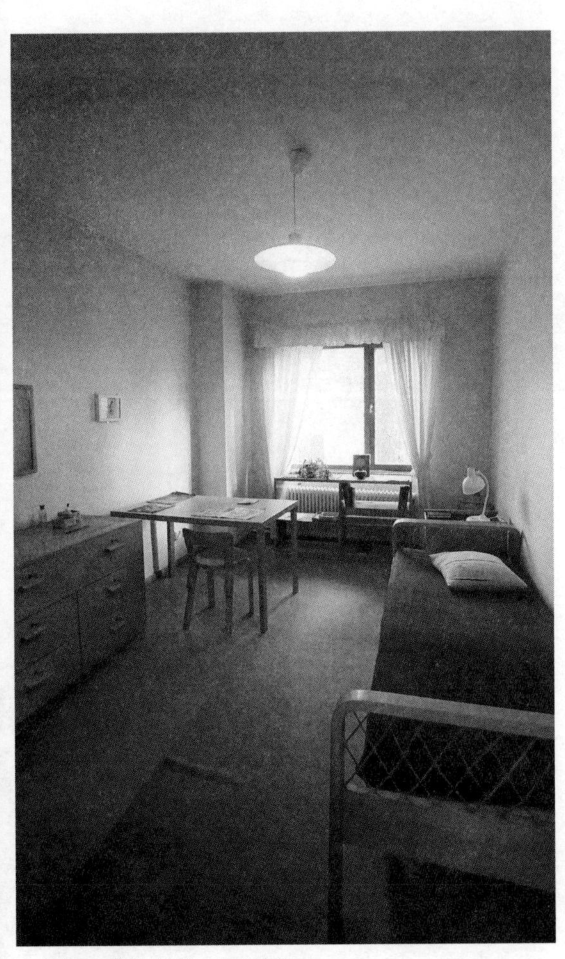

子女卧室一现状（自摄，2015年）

入口与车库

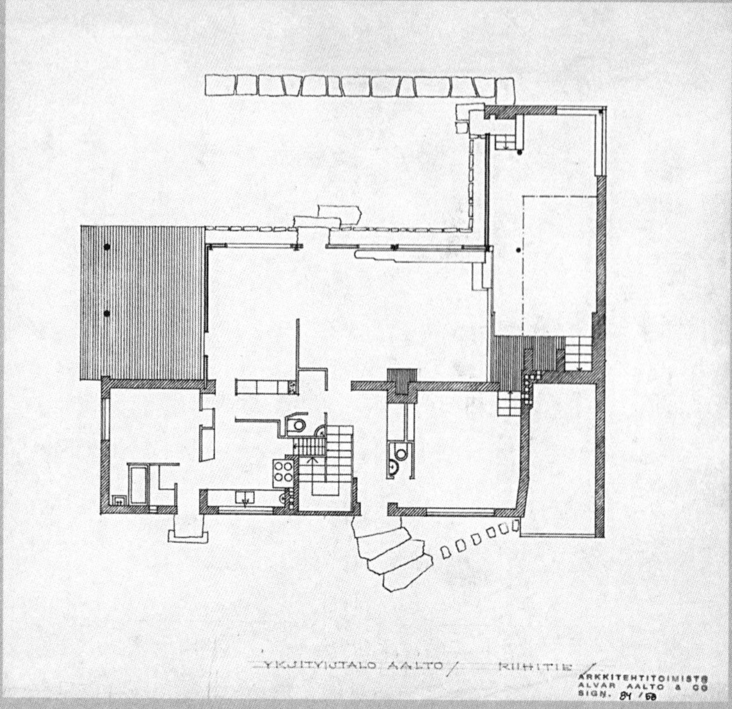

一层平面（卫生间内藏有管道井和屋顶回水口）—历史信息（阿尔托基金会）

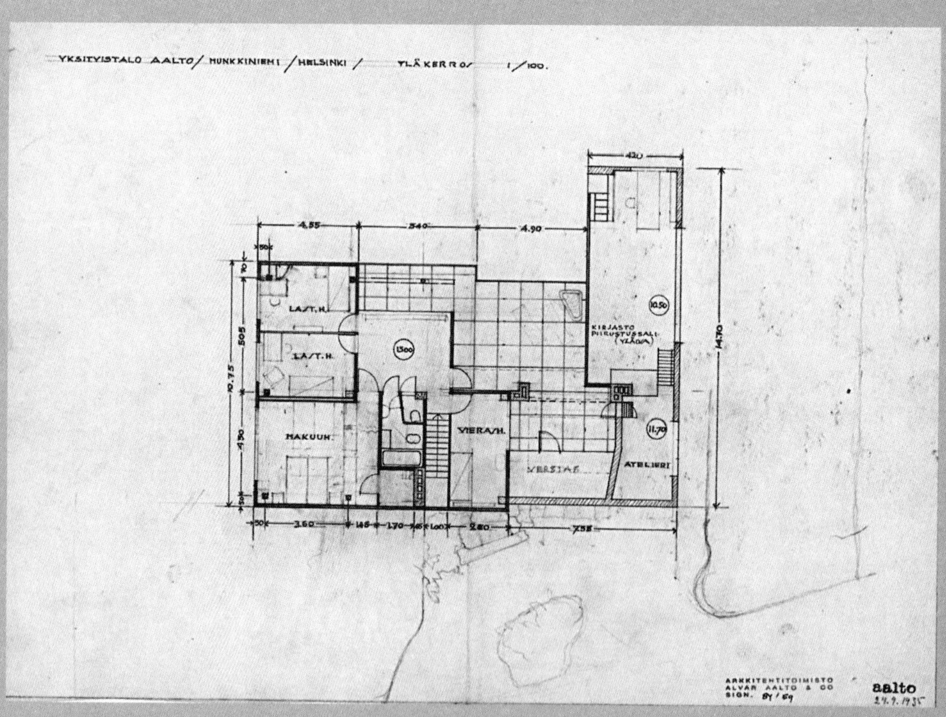

二层平面—历史信息（阿尔托基金会）

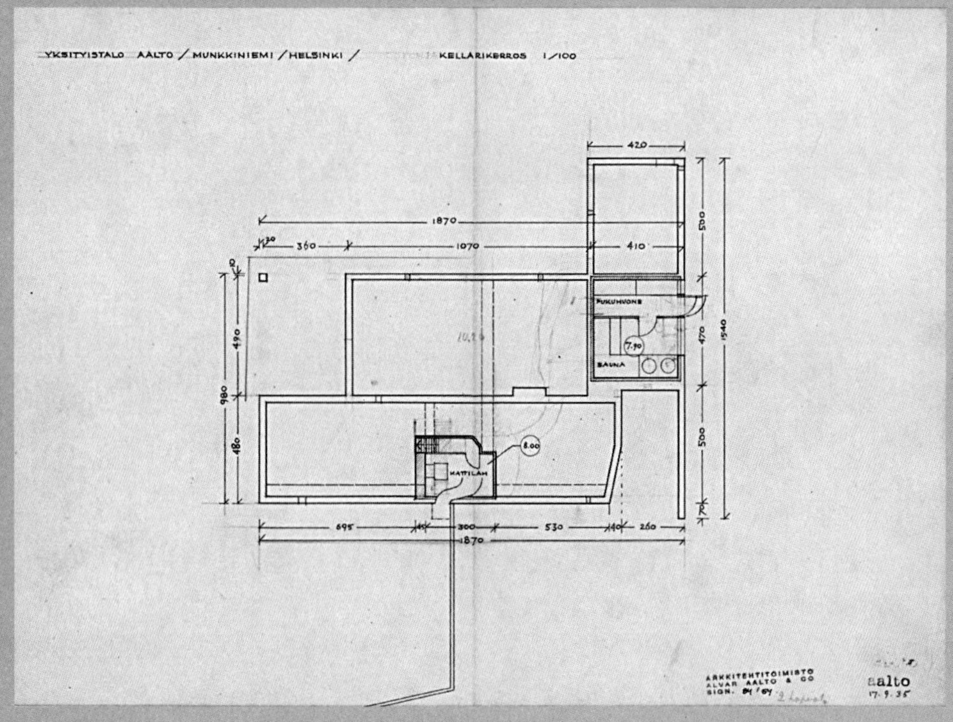

地下室平面—历史信息（阿尔托基金会）

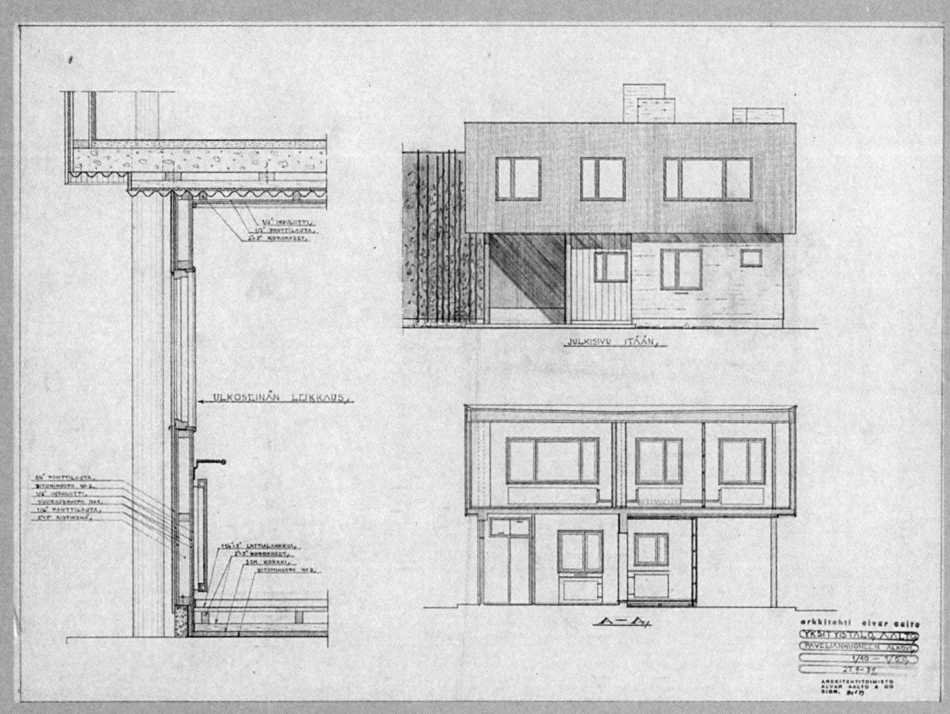

起居厅木壁板与保温屋面、采暖—历史信息（阿尔托基金会）

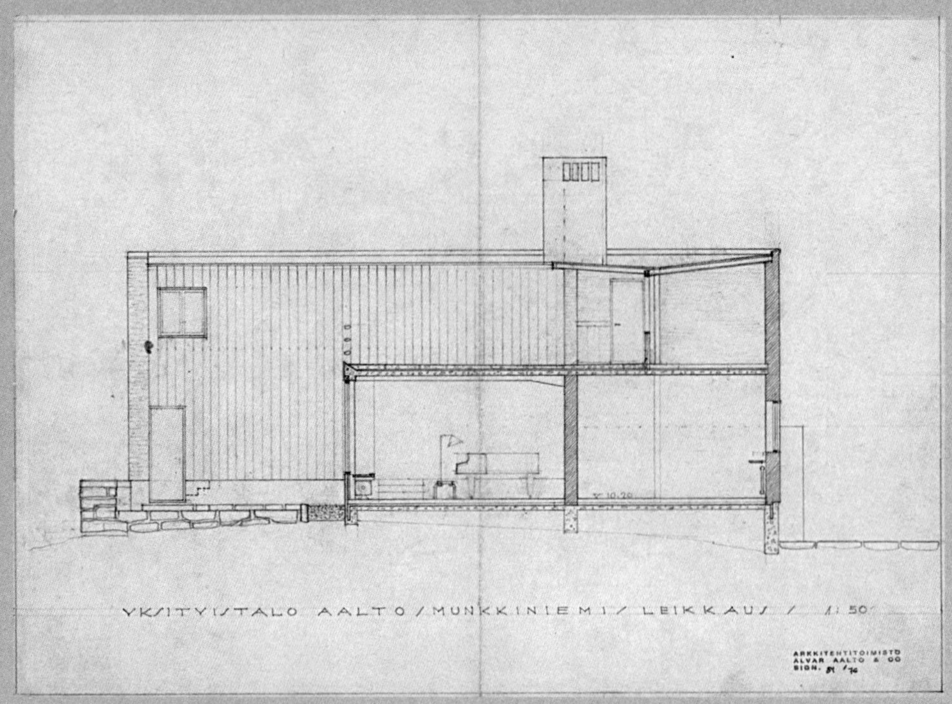

二层挑廊—历史信息（阿尔托基金会）

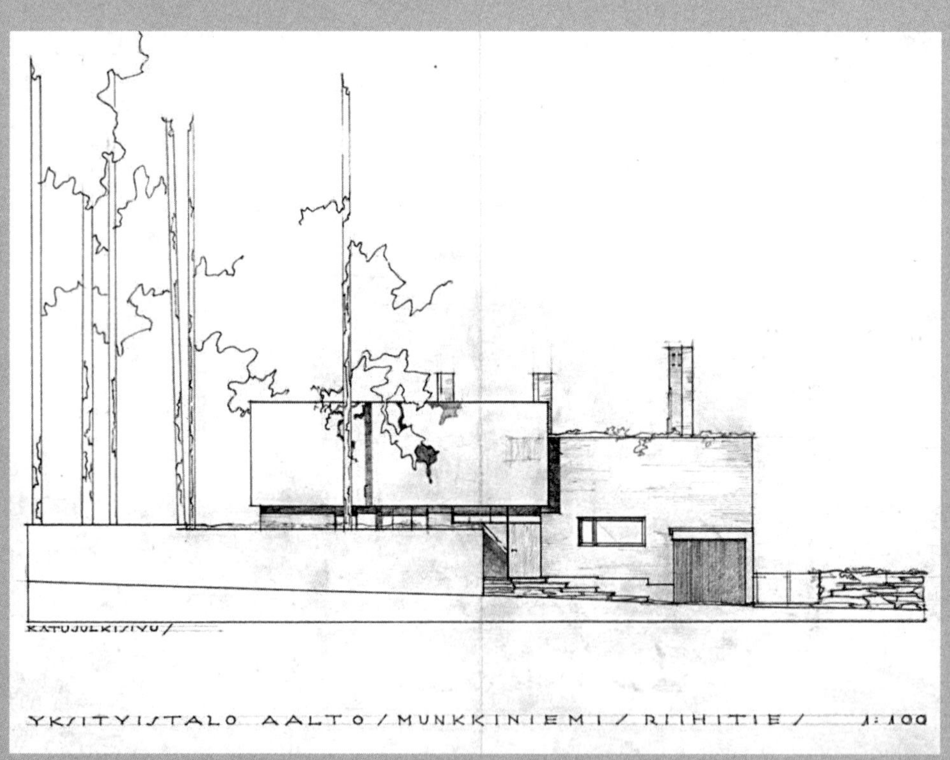

东北立面—历史信息（阿尔托基金会）

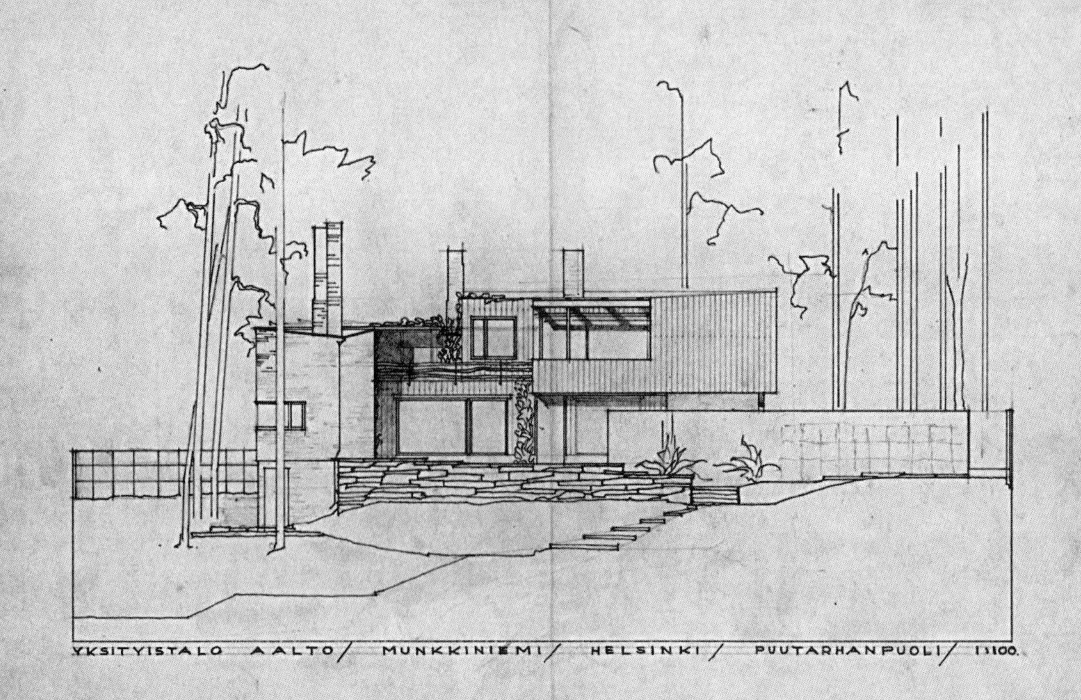

东南立面一历史信息（阿尔托基金会）

秋景—历史信息（阿尔托基金会）

阿尔托父女—历史信息（阿尔托基金会）

6

［英国］

帕特里克·温格：一人一生一宅

Patrick Gwynne（1913 ~ 2003）
Life is Everything

The Homewood, Escher, Surrey, U.K., 1938

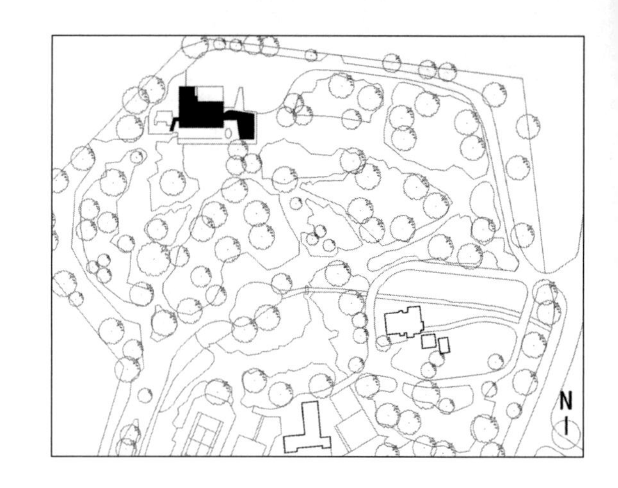

温格的一生不复杂。

英国人温格1913年出生，出身优渥，父亲是海军高级军官，他本人也曾参加皇家空军，但坚守的梦想却是做一名建筑师。20世纪30年代左右，现代建筑运动抵达英国并开始流行，1926年德国建筑师贝伦斯（Peter Behrens）的方案“牛维思”住宅区（New Ways Dwellings）以简单的立方体造型在北安普敦登陆，是现代建筑进入英国的先声之一[1]。最初来自中欧和北美的建筑师构成了中坚力量，温格从加拿大人韦尔斯·科特斯（Wells Coates）在伦敦的事务所起步。1890年开业的科特斯资格很老，与路易斯·沙利文和赖特深度交往，后又成为柯布西耶的密友。他加入CIAM，在英国创建组织“统一”（Unite One），推动现代建筑运动在英国开展，特别关注青年建筑师的成长。1934～1936年温格在科特斯的事务所任建筑师，曾专程赴德国参观魏森霍夫住宅区[1]。自宅拟请导师协助，但因为意见相左，最终所有的建造和细节均为温格独立完成。英国小住宅对钢筋混凝土接受来得很晚，当世界各地多把混凝土当成万能的建材时，英国却几乎仅用之于建造大型建筑和浇筑低层住宅的首层地面，大部分英国小型建筑承包公司依然对混凝土建造很陌生[2]。因此，刚满25岁的建筑师坦陈如果没有在科特斯事务所的工作经历，建筑可能永远建不起来[3]。

1 魏森霍夫住宅区（Weissenhof Siedlung）位于德国斯图加特郊区，1927年德意志制造联盟组织的现代建筑群展，以居住为主题，密斯负责总图及总体策划，柯布西耶、陶特、密斯、夏隆等16位建筑大师均有作品。

图1 风景如画的全貌（参考文献3）

自宅位于英国东南部的萨里郡，地处交通要道，乡村风景如画，与伦敦联系便捷，实为庄园（图1）。在父母的

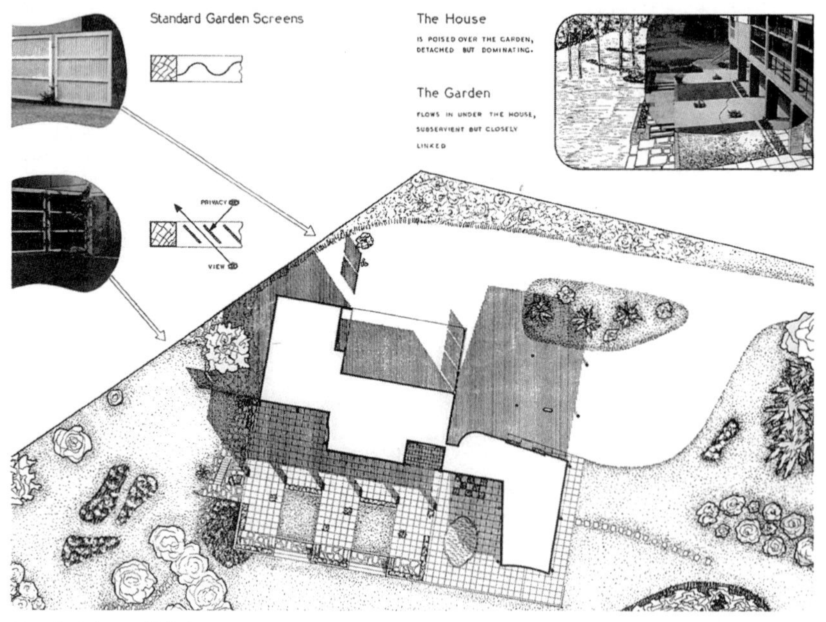

图2 总图（RIBA档案）

鼎力支持下，温格推倒了宅基地上的维多利亚老宅，代之以全新的现代建筑和大花园，取名“家·木”，1938年5月“二战”时期竣工（图2）。战时建材极度匮乏，住宅造价一般在400英镑以下，而为了这所精致的住宅，家族不得不举债一万英镑，这算是很大一笔钱了。可以比较一下同期美国建筑师赖特设计的“第一尤松尼亚住宅”（Jacobs House，USONIA1），它登上了1938年1月的《建筑论坛》杂志，成千上万的美国人难以相信照片上的家，面积150m^2，造价仅有5500美元[4]，这样比较温格自宅标准之高，后继者无法匹敌。温格与祖母、双亲和妹妹共同生活，即便在战时也坚守于此，1943年后建筑师独居，直至2003年享年90去世。温格的客户大多非富即贵，他的作品某些已登录为保护建筑，由于建筑师为人低调且从事的私人项目比较多，所以并不广为人知[5]。“家·木”成为英国早期完整阐述“新建筑五点”的经典案例[6]，堪称英国现代居住建筑历史中的重要一笔。

钢筋混凝土框架结构漂浮在缓坡上，建筑面积710m^2，局部二层架空，温格坚持各个房间都要与户外花园产生联系。底层有工作室、设备与服务用房，配有4辆车车位。建筑师是富二代，特立独行，偏爱埃斯顿马丁跑车，专门设计了底层的行车路线，可下车后直达工作室。转到正门可见裸露红砖柱与上层白粉墙产生对比，直跑楼梯飞架在游泳池上，通向二楼餐厅平台，主要生活区与服务用房均在二层。2.4万m^2（6acre）的花园是亮点，第二次世界大战后建筑师尽心打理，花园中点缀着自然的湖泊与池塘，遍植杜鹃、桦木、金雀花和羽扇豆。东南角保留了少量原来的维多利亚风格乡村农舍，溪流从历史建筑之间穿过，风景如画的英国园林是其他现代主义建筑师家中极少可见的。柯布西耶更喜欢屋顶花园，但温格的“家·木”将钢筋混凝土建筑底层架空，建筑如同海绵具有了吸附过滤的功能，花园与建筑视线通透更为水乳交融（图3）。

入口浅蓝色平屋顶，10.1cm（4in）见方玻璃砖构筑墙面，灰黑色与橙色相间的马赛克拼出这房子和建筑师的名字。进门后是如同贝壳般的奶白色楼梯，南北穿透，楼梯正对的喷泉和圆形水池由丹尼斯·拉斯登爵士（Denys Lasdun）设计，他们曾同为科斯特事务所的同事，拉斯登最重要的作品即为伫立于泰晤士南岸的一类战后登录建筑英国皇家剧院。

建筑平面犹如支在柱上的字母J，分开两翼，家庭生活靠一边，厨房和仆人间靠另一边。仆人区域可以为4个仆人提供住房，服务区设有高窗，避免仆人的工作受到干扰。宽绰的起居厅被家具分成6个部分，包括棋牌、钢琴、闲聊、酒吧等功能。推开镶嵌有烟熏色玻璃的双扇皮革门，弹簧枫木地板在11m（36ft）长的空间中熠熠发亮，20世纪40~50年代客厅通

图3 楼梯的直与圆（Pinterest）

常作为高朋满座的舞厅使用。南向三面落地窗，另一面是带壁炉的印度桧木墙面，夏天面朝大花园，冬日以壁炉为焦点。紧靠黑色大理石壁炉，客厅镶嵌着褶皱盒柜，拉出来形成一个倾斜的酒吧，滑门内隐藏着酒品、玻璃杯和音响，有点像詹姆斯·邦德的秘密武器，不费力又很别致（图4）。中式屏风分割了起居室和餐厅，餐厅外的大阳台饰以爬满常春藤的白色栏杆，放眼望去是花园里火红的郁金香、银色的白桦和紫红色的石楠。用餐完毕可直接通过楼梯抵达花园散步休憩，也有一个小型螺旋楼梯可达屋顶平台，因此餐厅是温格着墨最多，联系内外、上下的节点，空间美学升华为感官体验。

贝壳旋转楼梯盘旋而上，二楼有6间卧室，4个卫生间，2个卧室之间还配有带凹阳台的更衣室或妇人会客厅，门均为5.5cm（2in）厚的洪都拉斯桃花心木，非常考究。与明亮的起居厅相比，除了两间主卧外，其余卧室偏小，但十分注重不同卧室面对花园的效果（图5）。值得一提的是干湿分

图4 倾斜酒吧（参考文献7）

离的套件卫浴甚为豪华，提供了超高卫生标准，也是舒适度的衡量刻度。

“模数赋予我们衡量与统一的能力”，温格秉承严格的现代建筑理性原则，其立面的推敲颇有逻辑性，四个立面由标准的水平单元A（1ft.8in.、50cm）和垂直单元B（4ft、122cm）控制，A：B为5：12，所有墙的高度和窗户尺寸均固定在A、B组合上。如窗台高度根据功能在3ft.4in.（2A、100cm）、5ft.（3A、150cm）中选择，窗高8ft.4in.（5A、250cm），如起居厅这样的大房间窗高达到10ft（6A、300cm）[3]（图6）。温格控制着建筑的立面与体量构成，造型上的“规则性”来自对比例的控制，它们是感官和谐、理性严谨的，但未必在使用上获得满意的回报。南向起居厅巨幅的单层窗极端耗能，形式没有追随功能，现代建筑运动中实则有诸多争鸣之处。

家与家具永远相伴，现代生活是流动的，固定和嵌入的家具尽可能节省空间。“家·木”外表白净，内部皮革、桦木、加蓬红木、法国胡桃木、黄铜和日本夏布创造了丰富的色彩和纹理，一切均为营造意境。温格在自宅中设计了很多家具，包括嵌入式壁柜和边桌，如芬兰阿尔托一样，家具尽可能与室内柱子结合，青年建筑师的风格已经有所显现。早在1966年，英国的一篇建筑学

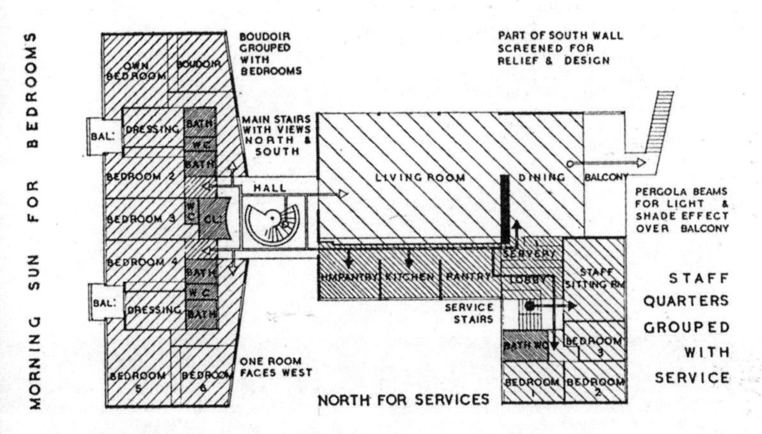

图5 功能关系图（参考文献3）

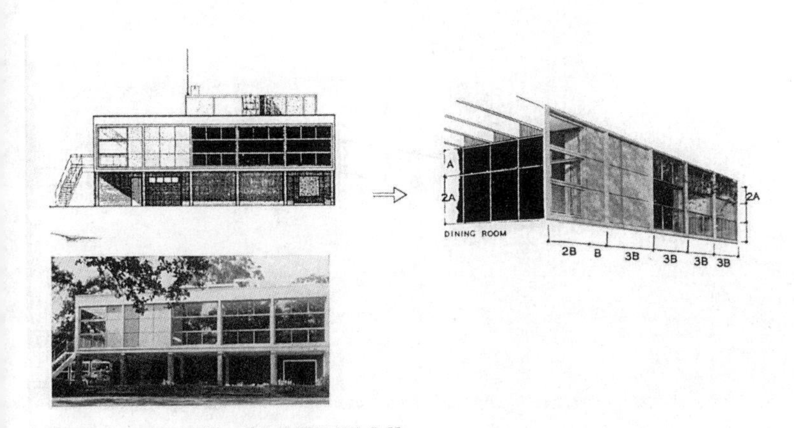

图6 南立面窗户的比例关系（参考文献3）

博士论文研究了科斯特的设计生涯，并展示了其一系列商店室内及代表作BBC录音室。与博士论文比较后可明显发现，温格的早期设计受到导师科斯特的极大影响[7]，甚至某些造型相当近似，简洁、有品质直至松弛惬意（图7）。

温格不断地修正设计，1946年后建筑师将一部分仆人房改造为厨房，他父母的房间被改成自己的工作室。此后三十年添加了一些壁画和家具，这里成为家、工作室、档案室和朋友聚会的天堂。建筑师将水彩、照片、钢笔画和线条图组合，三维表现清晰地反映了建筑师的创作意图，是基本功的又一佐证。战后诞生了很多私人住宅，因不愿意发表，成为20世纪遗产的未知领域，温格的图纸形成了珍贵的系列档案，这一过程长达60年。

自宅目前是英国Ⅱ*类登录建筑[1]。早在1993年，温格与国家信托开始磋商捐赠房产，条件是他去世前可一直居留，房子至少六个月对外开放，一周一天。之所以温格希望将家托付给国家信托是有历史渊源的，1895年三位大慈善家创立国家信托，距今已运营了110年，目前是全英公信力最高的遗产保护团体。1937年颁布的议会特别法令《信托乡村住房计划》（the

1 英格兰采用了I、II*、II的登录建筑体系，其中II类数量最大，I、II*仅占44万件登录建筑的6.5%。

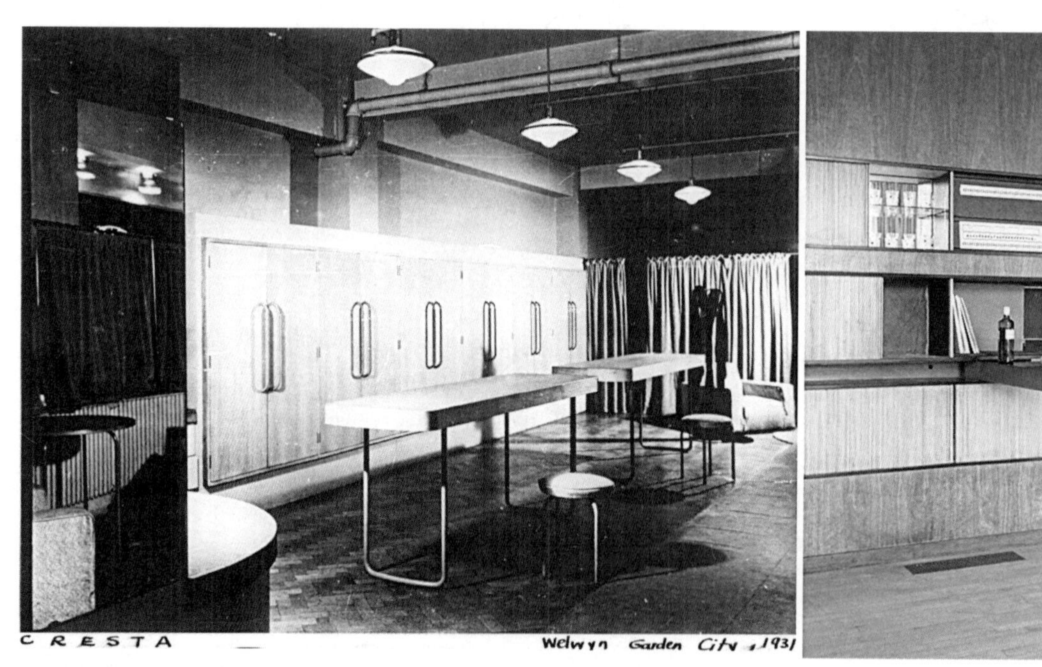

图7 科斯特与温格家具比较（参考文献7，the National Trust）

Trust's Country House Scheme）采纳了国家信托的建议，敦促很多贵族将财产捐赠给国家信托，是百年品牌的转折点[8]。威廉·莫里斯的代表作红屋同为国家信托托管，近亲可在捐赠后连续三代居住在建筑中，并在规定时间内承担讲解的责任。1994年国家信托获得“家·木”，该建筑是全英唯一向公众开放的“新建筑五点”式现代主义建筑，1994～2004年国家信托启动了80万英镑的修复计划。耄耋之年的建筑师全程参与了修复设计的讨论，坚持将工作室再变回父母在世时候的模样。那是年轻的温格为父母设计的家，将至终点，一切要回归源头。温格沉默寡言，具有无可挑剔的贵族风度，接待了一批批来访者。他深知在冰冷的钢铁玻璃背后，该怎样生活才会使家更为自信优雅。整整一年，温格就居住在吵闹肮脏的工地上，一人一生一宅，家就是建筑师的实验室。温格过世后，国家信托启动了租客计划，登报寻找愿意在现代建筑精品中体验一年的租客。房租不菲，遭遇金融风暴的英国银行家沃克（Steve Walker）厌倦了都市生活，带着妻女在参观过“家·木”后决定一试，一年耗下来略微沮丧。不说一周要有一天待在这里接待游客，单说内排水不便维修，壁炉账单如雪片飞来就很恼人[9]。倒是花园是两岁女儿热爱的探险之地……如果在天堂居住，你必须有所付出。艺术品和私人收藏，谁能配得上“家·木”奢华的生活方式呢？建筑师有权进入英国现代建筑的圣殿，晚年获得了RIBA的金质奖章。温格终身未婚，没有后代，46年营造了属于自己的家，他的品位和艺术血脉成就了绝美。

参考文献

[1] Art Dictionary. Peter Brehrens. http://www.behrens-peter.com/works.shtml,访问时间:2016-10-30.

[2] 亚当·梅纽吉. 英格兰风土建筑的研究历程[J]. 陈曦译. 建筑遗产，2016(3).

[3] Patrick Gwynne, Wells Coates. House at Esher [J]. Architecture Review 1939(9).

[4] Richard Weston. The House in the Twentieth Century[M]. Laurence King Publishing. 2002.

[5] Aldington, Peter. Post-War Houses: Twentieth Century Architecture 4[M]. Paul Holberton. 2006.

[6] English Heritage. Designation Listing Selection Guide Domestic 4: The Modern House &Housing [R]. 2011.

[7] Farouk Hafiz Elgohary. Wells Coats: Beginning of the Modern Movement in England [D]. University of London Thesis of Ph.D. in Architecture. 1966.

[8] 朱晓明. 当代英国建筑遗产保护[M]. 上海：同济大学出版社，2007.

[9] The National Trust. The Homewood Modern Residence in Escher Surrey [R]. 2006.

园林中的现代建筑一现状（the National Trust）

入口一现状（the National Trust）

窗户细部—现状（the National Trust）

庭院—现状（the National Trust）

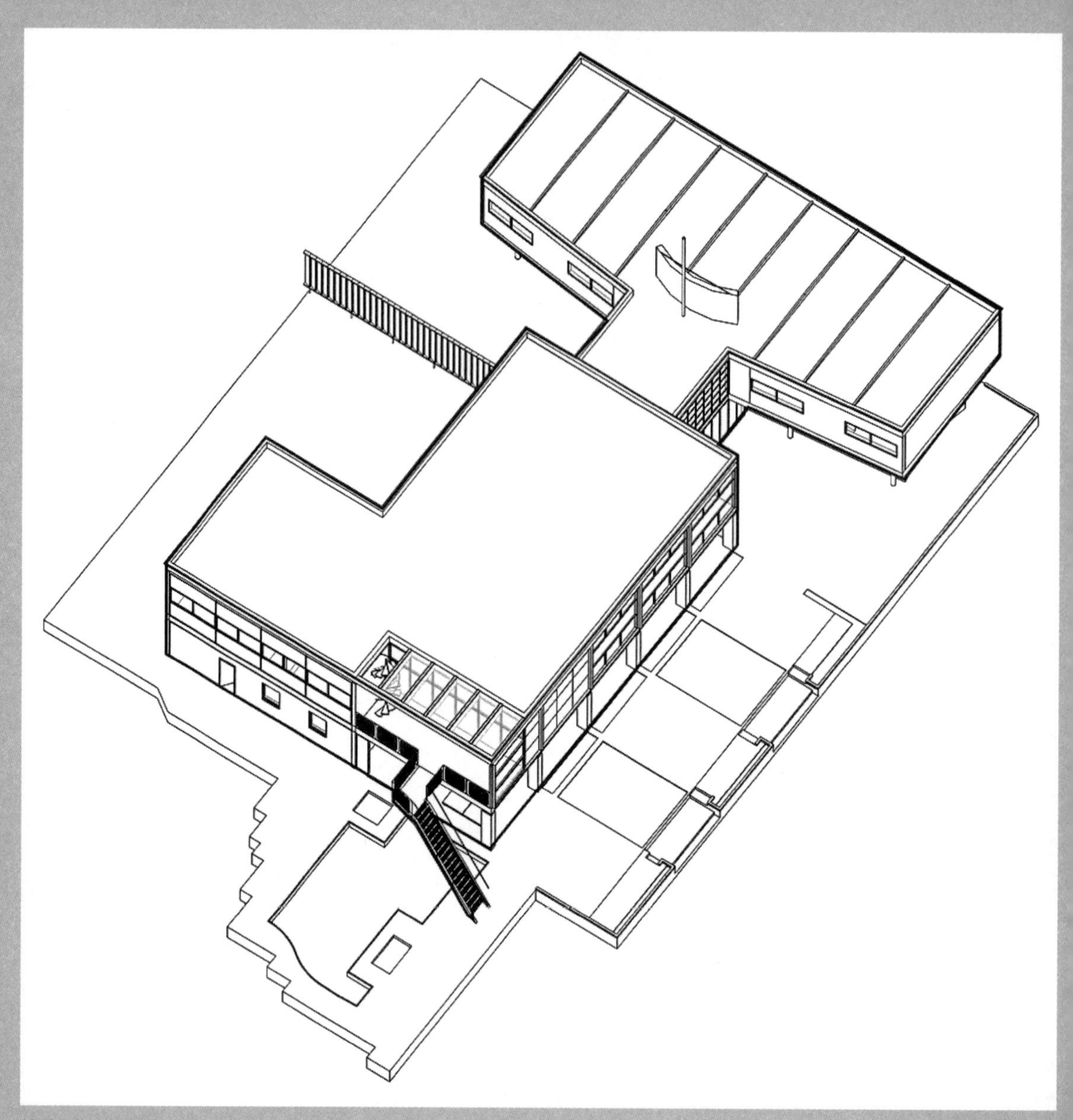

轴测（自绘）

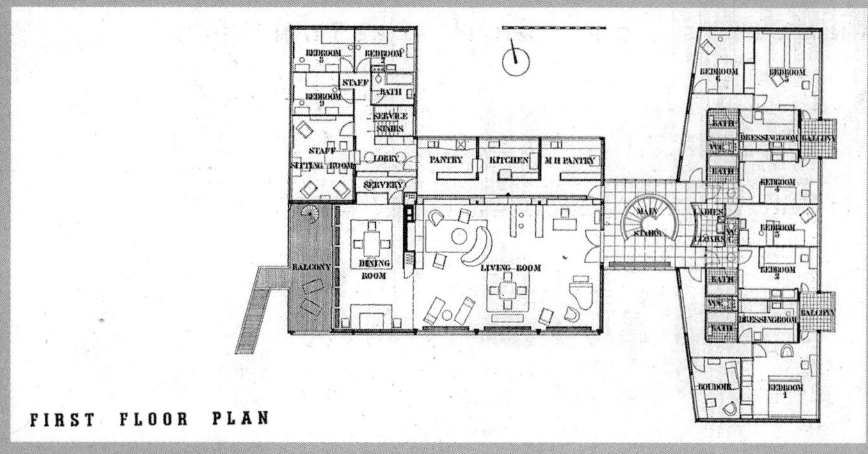

二层平面—历史信息（参考文献3）

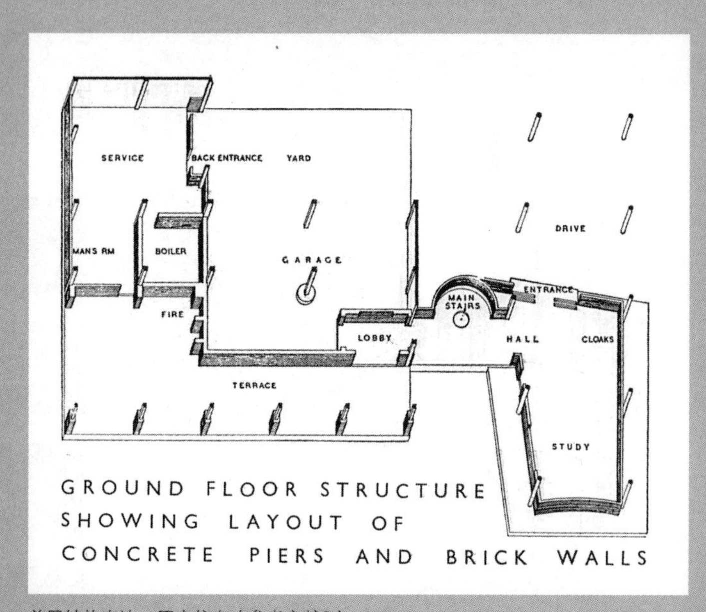

首层结构表达—历史信息（参考文献3）

The Terrace

LINKS HOUSE & GARDEN AS AN OUTDOOR LIVING SPACE WITH A FIREPLACE FOR USE ON COOL BUT PLEASANT DAYS.

The Pool

IS PURELY DECORATIVE, A PATTERN OF WATER.

THE MAIN WAY FROM HALL & STAIRS TO TERRACE & TO GARAGE.
THE DESIGN IS MADE FORMAL BUT EASY-FLOWING.

The Ways from House to Garden

综合性的图纸表达（入口平台）—历史信息（参考文献3）

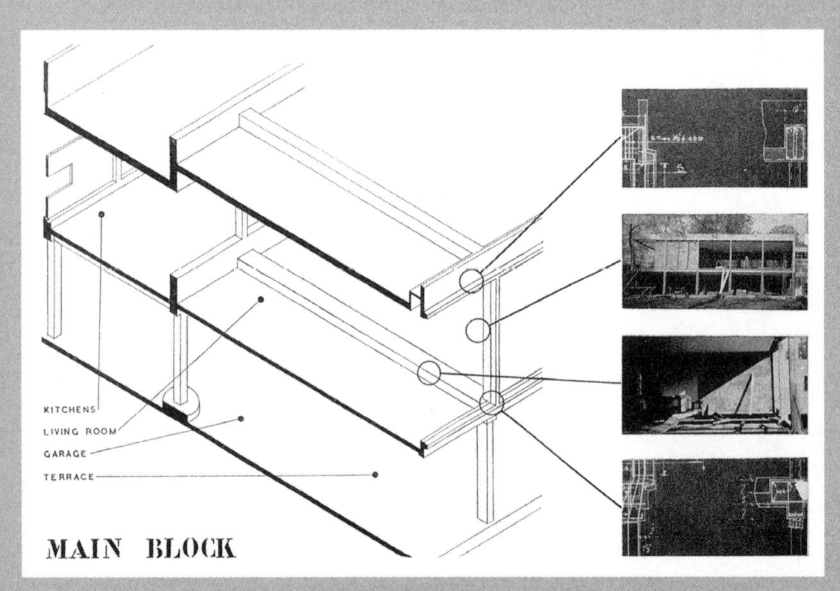

综合性的图纸表达（构造细部）—历史信息（参考文献3）

1939年竣工全貌—历史信息（参考文献7）

1939年车库与卧室部分—历史信息（参考文献7）

7

［南非］

马提森：生活中的立体主义

Distin Martienssen（1904～1942）
Cubism in Living

The Martienssen House, La Casa de Martienssen, No.500 Cruden Bay Road Greenside, Johannesburg, South Africa, 1940

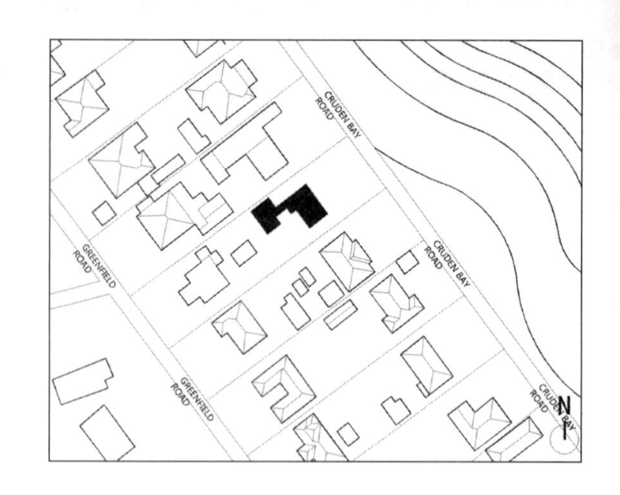
CRUDEN BAY ROAD
GREENFIELD ROAD
CRUDEN BAY ROAD
GREENFIELD ROAD
CRUDEN BAY ROAD
N

1 卢西奥·科斯塔（Lucio Costa，1902~1998年），他被当时的巴西政府委任为位于里约热内卢的国家美术学院（National School of Fine Arts）院长。

1902年南非约翰内斯堡附近发现了金矿，吸引了大量的投资，矿业城镇的建设促使建筑教育培训提到日程。1922年威特沃特斯建筑学院（Wits School of Architecture）创立，1927年南非建筑师协会（Institute of South African Architects）成立，它成为英国最大的海外建筑师团体[1]。威特沃特斯建筑学院四年制的教学体系广泛吸收了英美、加拿大的教学成果，偏向英国传统民居、希腊和罗马的古典样式[2]，这导致现代建筑通过英国建筑师传播到南非，在攻城略地方面却受到了限制，并不顺利。1937年柯布西耶将触角伸到南非，无法像在巴西遇到卢西奥·科斯塔（Lucio Costa）[1]此类的领军人物，也没有碰上诸如巴西教育和卫生部大楼这样的实际大项目。若论现代建筑在南非落籍生花的代言人当首推马提森，1930年他从威特沃特斯建筑学院毕业后做过建筑师，1934年返回母校任高级讲师，同年当选RIBA的准会员，任教期间曾短暂担任系主任。1932年马提森成为《南非建筑实录》(*the South African Architectural Record*)的编辑，凭此阵地发表了大量与希腊、文艺复兴和现代建筑相关的文章。马提森是学者型的多面手，1940年以"希腊建筑的空间观念"（*The Idea of Space in Greek Architecture*）为题获得文学博士学位（D.Litt），历史学家赞誉他是研究希腊建筑色彩的顶级专家[3]，独到见解令人向若而叹。他与柯布西耶在巴黎和约翰内斯堡两次谋面，1937年被柯布西耶亲自提名为CIAM成员。马提森1934年正式开业，是"二战"前南非最为活跃的建筑师之一，1940年竣工的马提森自宅是现代建筑在南非应用的范例，一个严谨的史论学者可以在创作领域取得异乎寻常的成就。

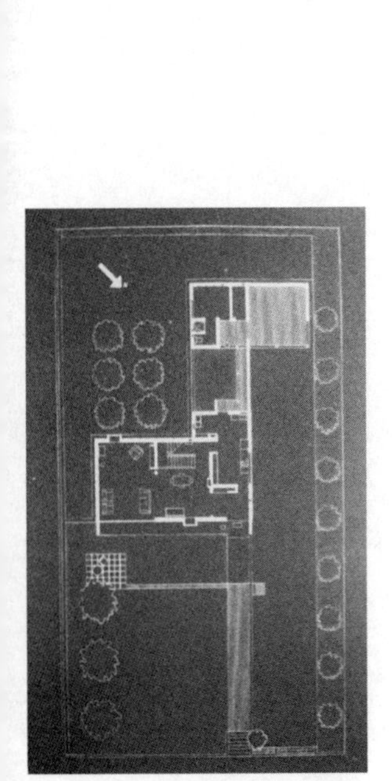

图1 带三棵白杨树的总图（参考文献4）

自宅位于约翰内斯堡郊区绿缘（Greenside），为一片联排住房中的独栋别墅，紧临街道，面朝公园，坐落在老城区一块矩形缓坡上。这是传统的富人区、文化气息浓郁的地区，正如它的名字一样，greenside，街道绿树成阴，环境郁郁葱葱。周围邻居背靠背面对平行的街道，很多人家里有游泳池。马提森自宅总建筑面积165m²，二层钢筋混凝土平板结构，带空心腔双层砖墙，除特别注明外，现浇楼板均为0.18m（7in）厚。建筑由连廊分成"工"型两部分，前面是家庭起居，后部是二层车库和仆人的辅助用房，各有一个花园（图1）。经过6步台阶，一条笔直的抬高铺路通向东北面的门厅，沿着混凝土坡道，从室外自然过渡到室内。正如马提森研究的希腊建筑一样，铺地在陶立克神庙中很重要，它将分散的体块整合成一个神圣的空间[4]。红赭石色金属柱和大陶罐装点了入口，成为控制空间的要素。为了体现这一古典式的空间场景，建筑师在起居厅外没有设硬质铺装，而是保留了大片草坪，仅在侧翼种了三棵杨树，使一小片独立的休闲区萦绕在树阴下，不干扰轴线序列。马提森没有运用任何“拍扁”的历史符号，而是在精神层面向古典靠拢。

主体13.7m（45ft）长，7m（23ft）宽，一层层高3.1m（10ft.3in.），二层层高2.7m（9ft），体现了经济合理，又要最大限度灵活适用的原则（图2）。起居与餐厅贯通，楼上是书房和两间卧室、盥洗室，布局紧凑，走廊短小，充分为既定目的服务。建筑师多次提到法国几何抽象主义的先驱莱热（Fernand Léger）[1]，自宅客厅内悬挂着莱热的作品，受其影响关注色彩：“颜色是一种生存需要，就像生活需要水和火，这是一种基本的原则”。室内有很多为形式服务的色彩，黄色为主，红色其次，两者调和再次。楼梯铺设0.15m（6in）缸砖，混凝土柱及一组混凝土组合柜共同构

1 法国人F.莱热原为建筑师后成为立体主义画家，1943年与理论家吉迪翁及西班牙建筑师J.L.塞尔特三人在CIAM上共同撰写“纪念性九要点”（Nine Points on Monumentality）。

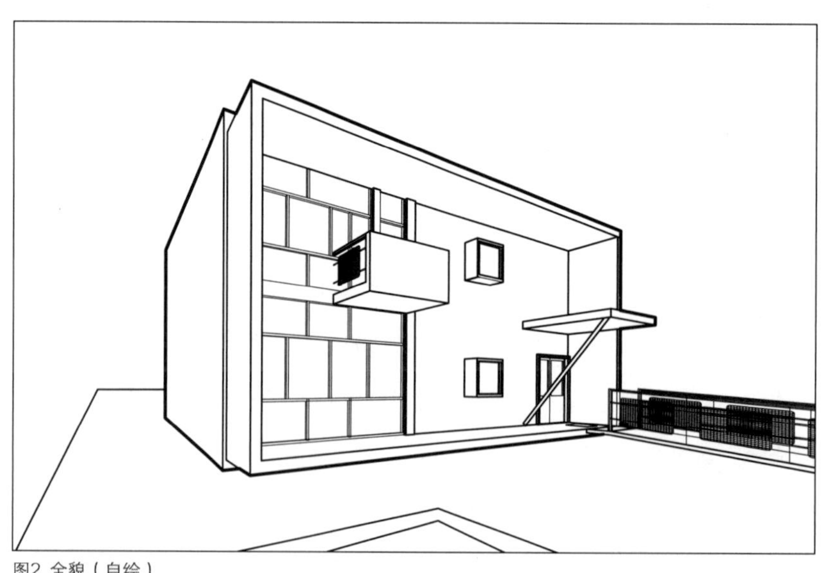

图2 全貌（自绘）

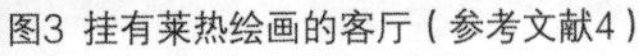

图3 挂有莱热绘画的客厅（参考文献4）

图4 设计草图（参考文献1）

成了兼具实用和构成性的起居厅元素，色彩和形态相得益彰（图3）。

形式和光、色彩相关，建筑立面受到内部功能和立体主义绘画的双重影响，光影变化在墙面上造就了新的立体构成。1m（3ft）的白色混凝土边框从主立面凸出，挺拔的建筑物不仅清晰地从翠绿柔软的草地上站了起来，而且营造出略微漂浮的意味。起居厅和书房被4.5m（15ft）宽的东北向玻璃墙贯通，玻璃窗划分追求比例关系，格构垂直交错，方框宽度1.14m（3ft.9in.），二层书房出挑1.1m（3ft.6in.）的阳台恰好从金属框中探出来。阳台前壁和底面原设计是蓝色和红赭石色主立面剩下的部分是6m（20ft）宽的砖实墙，其上两个小方窗镶嵌了0.12m（12in）宽的白色边框（图4）。其中一个运用了肋骨玻璃，衬托着南非雕塑家亨德里克（W.Hendrikz）的雕像作品（图5）。比例和密度、位置与色彩决定了整体形态的协调，立面不是自由的，受到了室内外的很多控制。

1942年马提森在《南非建筑实录》上发表“建筑师自宅的演进”一文，是目前可知最早以“建筑师自宅”为题讨论现代建筑的学者。他视通千里，先介绍了德绍大师自宅（1925年）、伦敦陆贝肯（Berthold Lubetkin）[1]在惠普斯奈德的家（1935年），阿尔托自宅（1936年）、布劳耶自宅（1939

1 现代主义建筑师鲁贝肯俄国出生、伦敦发展，与中欧青年建筑师成立了“建筑”（希腊语，Tecton）小组，所设计的伦敦动物园企鹅馆为建筑师带来了极大的声誉。鲁贝肯1933~1936年设计的自宅目前健在，II*登录建筑，但不对外开放。

年）等国际大腕的作品。随后笔墨集中在自己的居所：“家如同剧场，在空间中发生每日的生活，带来新的活力。这就促使我用一种视觉愉悦的心态来做建筑，如秋风扫落叶一样剔除装饰，成为‘生活中的艺术家’（artists in living），让家成为多重展示的舞台。”[5]马提森自宅是为数不多的南非早期现代建筑，评价其成就有必要再回到与柯布西耶的直接渊源。1936年9月23日柯布西耶翻阅《南非建筑实录》后颇为感动，提笔在巴黎写了一封信：*“亲爱的马提森……在遥远的非洲，在另一端的热带雨林，竟然有着如此年轻的信念……打破‘学派’的观念（‘柯布’学派不逊于‘维尼奥拉’学派），摒弃教条、技巧，没有窍门。我们正处在现时代建筑探索的开端，随时随处都会涌现新鲜的主张。在一个世纪的时间跨度内我们敢于谈论风格，但现在我们不敢，我们思考的是何为风格本身（of style），即一种精神的格调，每项作品都是伦理廉洁并能真实建造的……建筑是思维方式，而非专业。”*[6]这段话表达了柯布西耶的勃勃雄心，现代建筑目前不存在定论，更没有程式化，需要集结年轻的力量，不断地加以创新。事实确实如此，现代建筑具有大量的表现形式，马提森自宅保留了体块的概念，关注几何体量和空间的纯粹性，通过立体主义解决立面及细部问题，是对柯布西耶所谓“风格本身”的演绎。从马提森的自述还可知，创造源于建筑师对艺术和家庭生活的无限热爱，马提森的太太是他的同事，建筑师兼历史学家，后来成为母校首位女教授——马提森的家是理论、理想和爱人的家园。

图5 凸窗（参考文献2）

有一种青春叫做战火纷飞。新家建成两年，中尉马提森于“二战”中在南非空军服役，1942年阵亡。他与意大利理性主义的先锋建筑师泰拉尼（Giuseppe Terragni）[1]享年均为38岁，天不假人，战争毁掉了年轻的天才。德兰士瓦建筑协会（Transvaal Institute of Architects）是南非开展现代建筑的团体，1939年马提森成为协会主席，1944年10月英国杂志《建筑评论》（AR）被授权登文宣布该协会解散，其寿命要比CIAM更短。马提森的离世令人扼腕痛惜，《南非建筑实录》发表了整整一期追忆文章，在整个南非建筑历史上他都有一席之地[7]。家园破碎，人与时代的相遇使人唏嘘感慨。

1 泰拉尼为意大利理性主义建筑运动的代表人物，法西斯办公楼的设计者，后作为法西斯士兵，殁。

南非开业建筑师有将图纸捐赠给母校的传统，马提森也不例外，建筑师的图档是可移动的“口袋博物馆”，反映了设计的完整构思过程。目前以威特沃特斯建筑学院图书馆为代表的机构苦心钩沉，致力于将建筑师的各类文献、历史照片数字化供后人学习乃至膜拜，分享经验和知识，并创造属于南非现代建筑的新价值[8]。在威特沃特斯建筑学院的官方网站上可下载马提森的所有历史图纸和绝大部分的重要文献，它们业已成为欧美、南美顶级建筑学院的研究素材。目前，马提森自宅依然作为居住使用，保存相当完好，2018年房主菲利浦正忙于装修，现状色彩有所改变，不接受参观。

参考文献

[1] Nicholas Clarke, Roger Fisher. Architectural Guide South Africa [M]. Dom publisher. 2014.

[2] Bryer, M. The Faculty of Architecture of the Witwatersrand, Johannesburg and its role in the community[R]. Faculty of Architecture. University of the Witwatersrand. 1977.

[3] Jose'Luis Caivano. Research on Color in Architecture and Environmental Design: Brief History, Current Developments, and Possible Future[D]. Master Thesis of University of Buenos Aires and National Council for Research. 2006.

[4] Roger Miralles. La idea d'espai enl'arqui tectura de Martienssen, la case a Greenside[D]. ETSAB. UPC. Department de projects arquitectonics. 2011.

[5] R.D. Martienssen, D. Litt. Evolution of an Architect's House[J]. South African Architectural Record. 1942(2).

[6] Arthur Barker. A Mediated Modern Movement: Le Corbusier, South Africa and Gabriël Fagan[J]. SAJAH, Volume 30. 2015 (4).

[7] Rex Distin Martienssen: In Memoria[J]. South Africa Architectural Record. 1942(11).

[8] Johnson, Johanna. Knowledge Management for the South African Architectural Profession, Based on a Local Case Study[J]. Arts Collection. 2008(3).

现状1—现状（自摄，2018年）

现状2—现状（自摄，2018年）

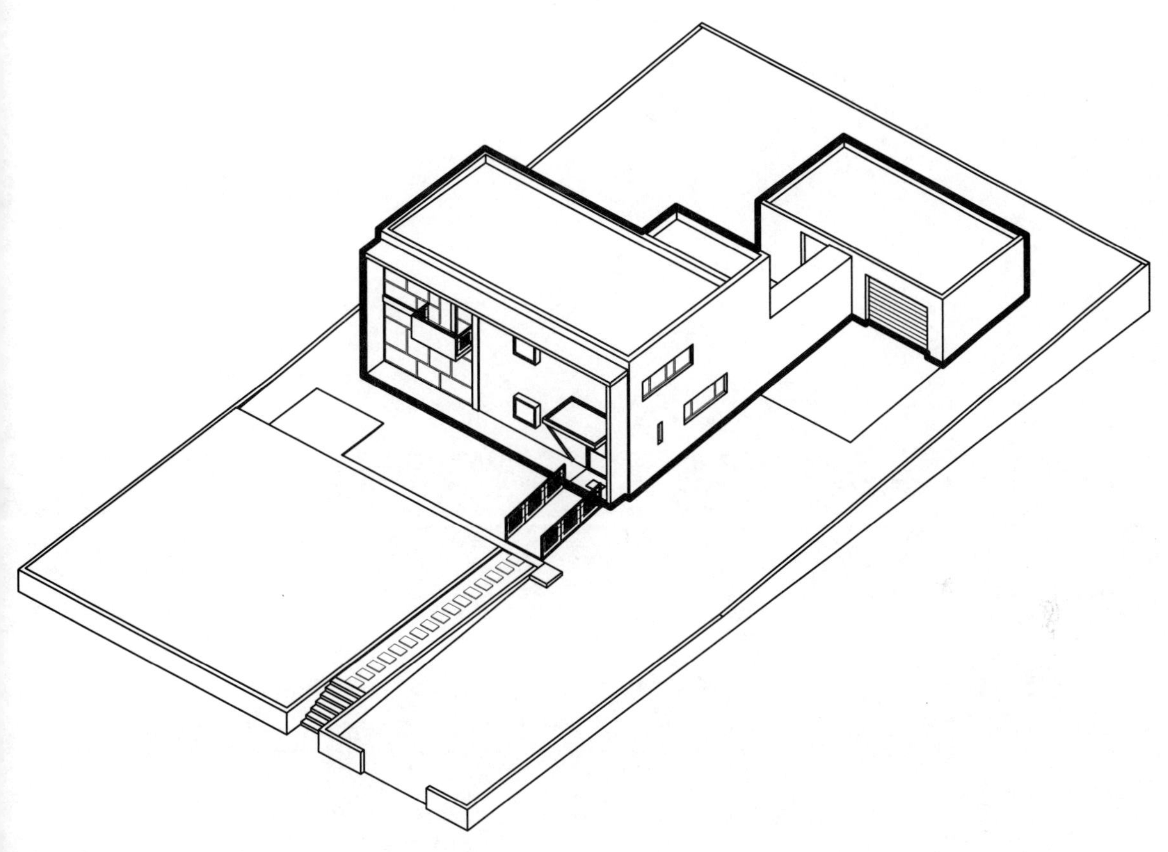

廊道—现状（自绘）

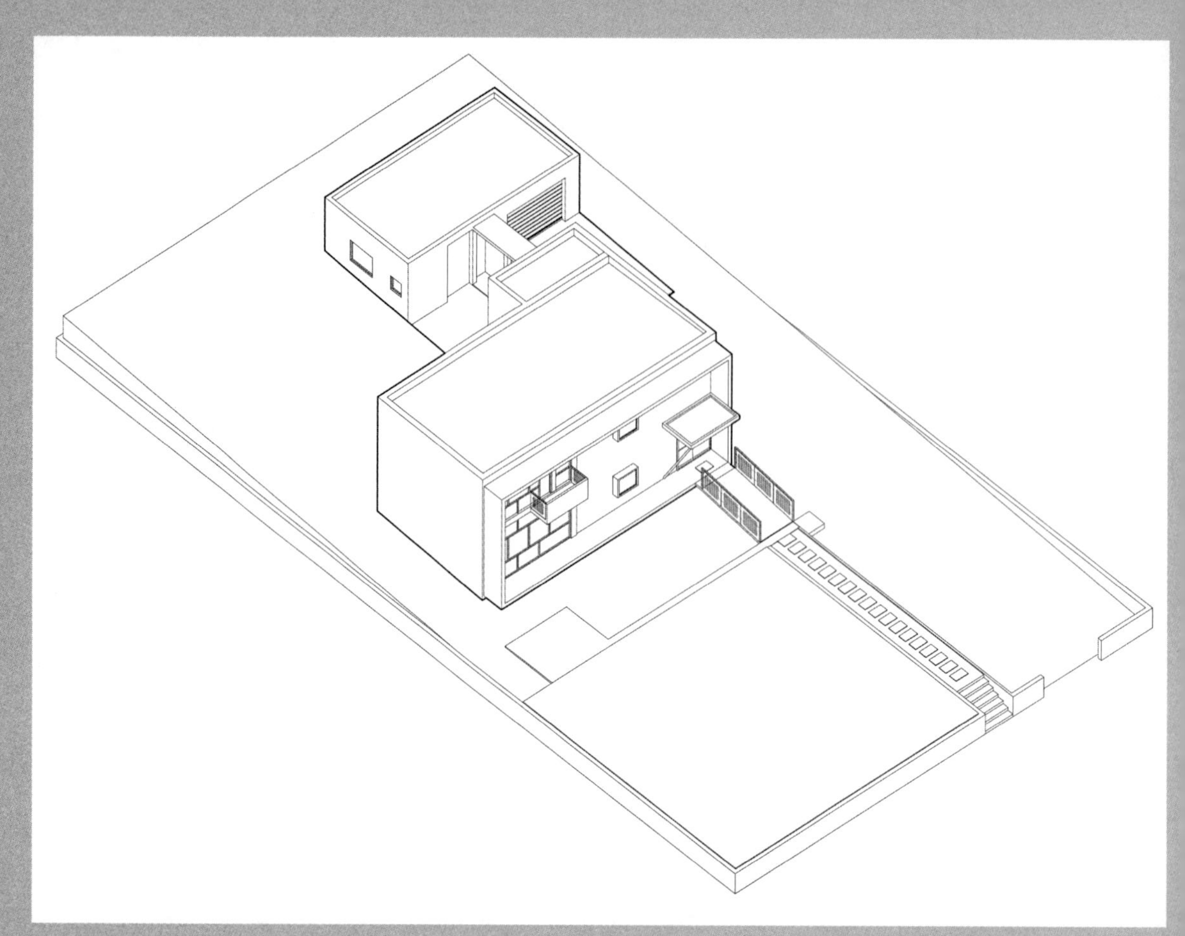

轴测（自绘）

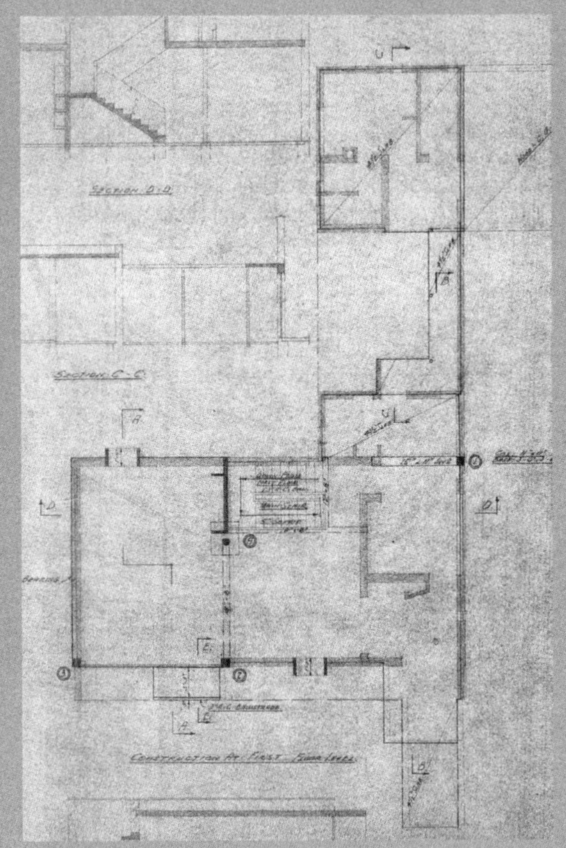

一层平面—历史信息（威特沃特斯建筑学院）

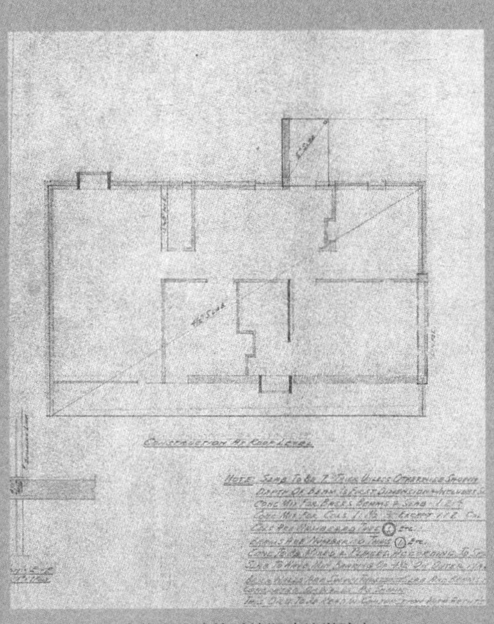

二层平面—历史信息（威特沃特斯建筑学院）

1940年原貌—历史信息（威特沃特斯建筑学院）

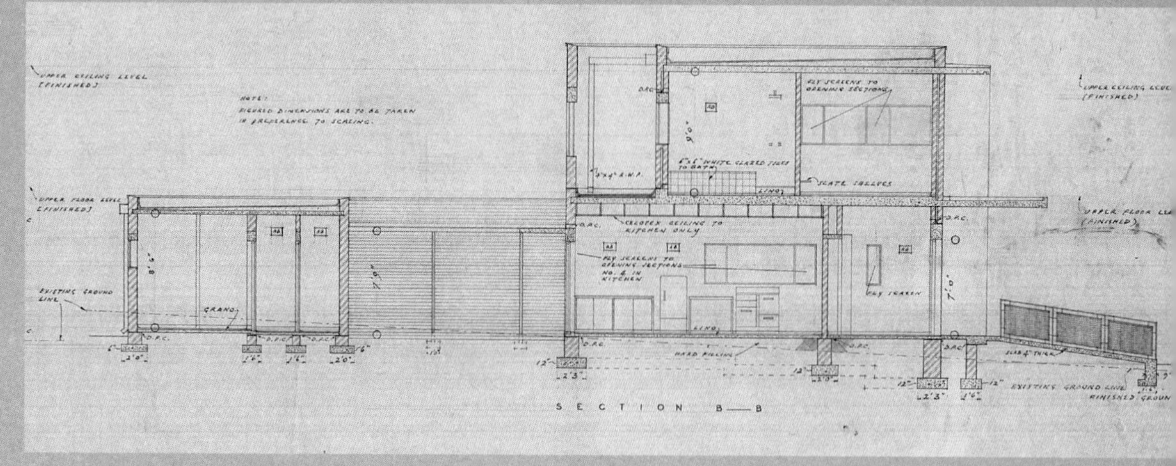

横剖面一历史信息（威特沃特斯建筑学院）

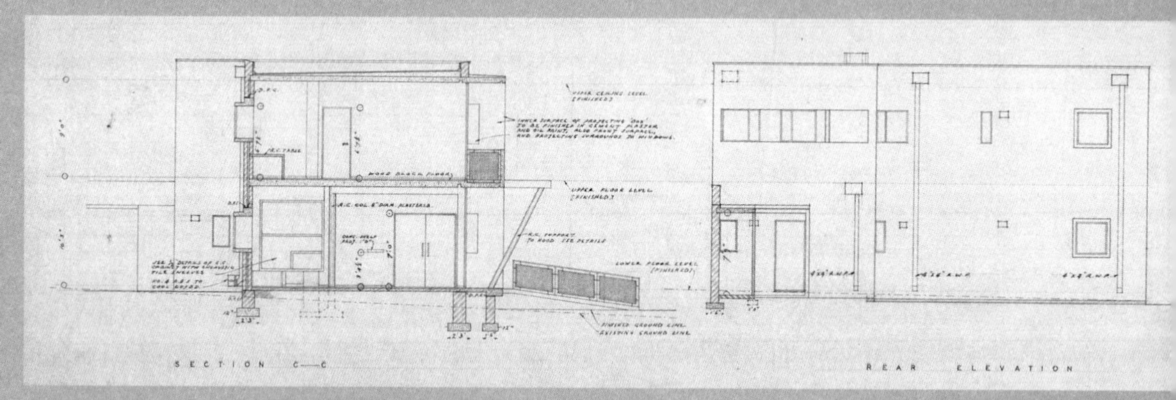

纵剖面与后立面一历史信息（威特沃特斯建筑学院）

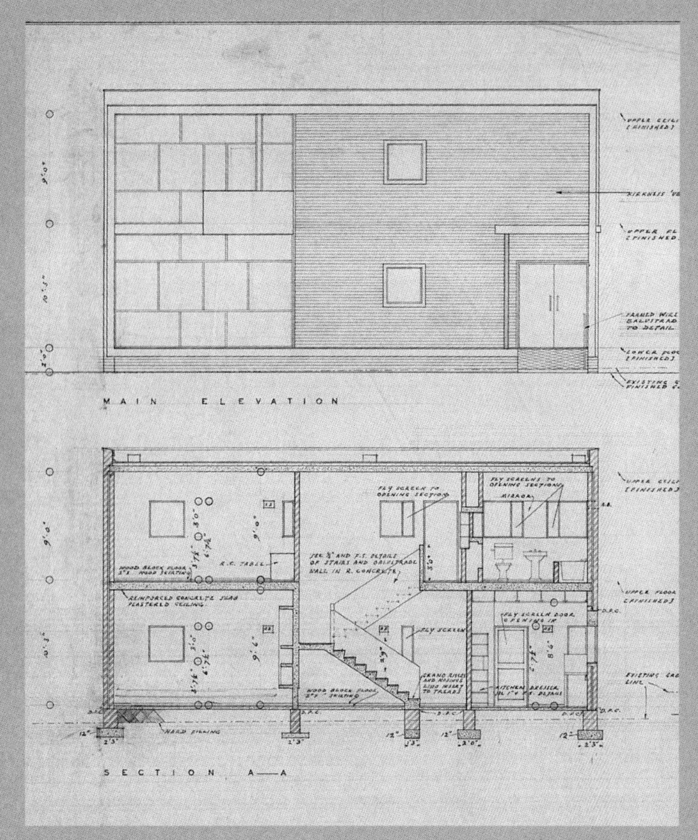

主立面与剖面—历史信息（威特沃特斯建筑学院）

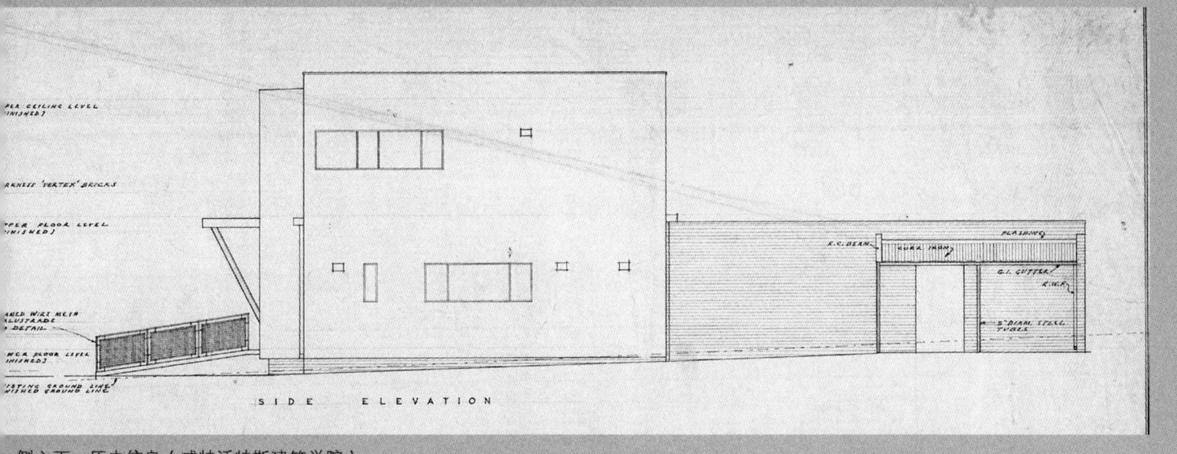

侧立面—历史信息（威特沃特斯建筑学院）

8

［日本］

前川国男：30坪

Maekawa Kunio（1905 ~ 1985）
30 Ping

前川国男自邸，品川大崎
Maekawa Kunio House, Shinagawa Osaki Japan, 1941~1942

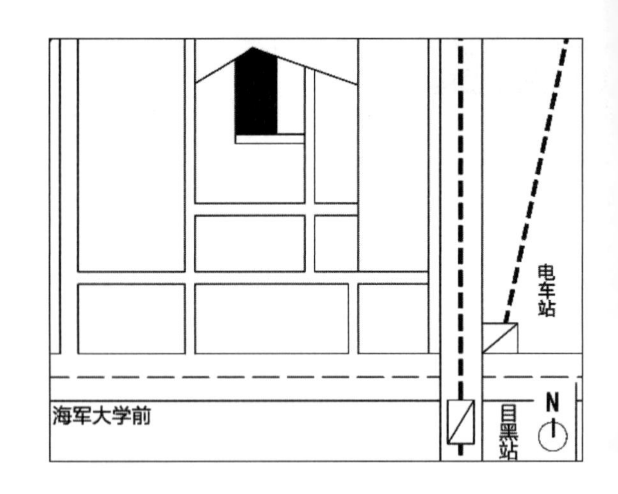
电车站
海军大学前
目黑站
N

前川国男1905年（明治38年）出生于一个技术官僚之家，母亲的次兄是位外交官，舅父当时是帝国联盟事务局局长，家世跻身上流社会。前川1925年4月入读东京帝国大学（东京大学）工学部的建筑学专业，能考入者凤毛麟角，对普通家庭而言当时绝非易事。期间前川自学法语，广泛阅读了有关柯布西耶的期刊，下定留学决心。1928～1930年他在柯布西耶巴黎的工作室实习，尽管明治维新伊始很多日本青年到达欧洲包括包豪斯学习现代建筑，但前川是第一个追随柯布西耶学习建筑的日本人。回国后，经恩师佐野利器（Sano Riko）[1]引介，1930～1935年在雷蒙德（Antonin and Noemi Raymond）事务所任草图设计师。捷克建筑师雷蒙德在日、美长期生活，曾在帝国饭店的设计中做导师赖特的助手，与美国建筑师辛德勒同时期与赖特发生过交集。他是一位通晓中西的早期现代主义建筑大师，为推动日本建筑现代化起到了积极作用[1]。从名师影响尤著，此间前川国男独立参赛“东京帝室博物馆设计方案”[2]，所提交的国际式风格作品落选。小宇宙爆发，他在《国际建筑》1931年6月号上发表著名的檄文“胜者王侯，败者寇”[2]，日本独特的民族性之一极端性体现得淋漓尽致，也迅速确立了他现代主义建筑师的标杆地位。1935年离开雷蒙德事务所后前川国男另起炉灶，创立事务所（Mayekawa Kunio Associates，Architects & Engineers）。1937年中日战争爆发，前川国男接受了许多工厂和军用建筑订单，由于日本本土设计任务快速减少，向海外殖民地和占领地发展成为当时日本建筑师的主要去向。前川远赴满洲开疆拓土，先后在上海、奉天（沈阳）开设设计分部。恰逢战争期间，日本国内对钢材、木材等实施统管，与军需无关的建筑活动基本停止。1937年公布《钢铁工作物铸造许可规则》，命令在军需工程之外禁止使用钢铁，这一不容忽视的事实形成了建筑创作的约束条件。国内的建设项目少得可怜，1938年前川与爱徒丹下健三共同设计了笠间邸（Kasama House），丹下负责的是建筑基地布局，其余由前川国男主持。乡土气息充满了对日本风雨等条件的尊重[3]，想必对不久后的自宅构思具有潜移默化的影响。1941年前川国男着手一处自宅，他在满洲的业务十分繁忙，次年自宅竣工，恰逢37岁的单身汉喜结连理。

1 东京帝国大学教授，著名的建筑抗震专家，曾直接参与了台湾、满洲的规划。曾任日本建筑学会会长，著名施工企业清水组的副社长。

2 渡湧人作获得首奖，十位获奖者的方案全部公布在民国《建筑月刊》（Vol3. No.1 1935）上，可见竞赛的国际影响力。

战争中风雨飘摇，喜悦总是转瞬即逝。因在银座的事务所在空袭中被烧毁，这里承担了办公和起居的双重功能，北面花园也搭建了工作室，直至战后1954年四谷的事务所成立，自宅才又重新回到家庭生活的轨道，此时的前川已是名满天下的现代主义建筑师（图1）。

图1 笠间邸与前川国男自宅（东京大学档案）

现代主义学习了日本传统，日本建筑师又学习了现代主义（图2），从柯布西耶、雷蒙德事务所起步，前川国男始终在为探索日本现代建筑的本土化而跋涉。他的自宅外表是坡屋顶和传统材料，受制于文化、气候、制度与经济条件看起来并不现代，空间设计的理念却是现代的，堪称现代主义全盛期开出的一朵奇葩，可作为欧洲之外一处现代建筑多样性的案例来分析。

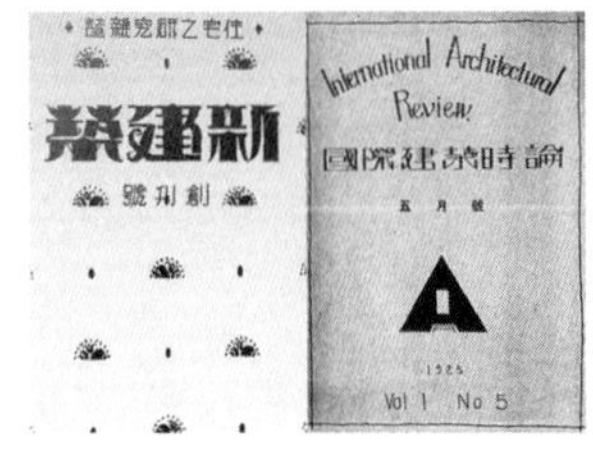

图2 日本关于现代建筑的杂志（参考文献1）

1942年日本住宅营团成立，重点探索平民化的住宅，后由西山卯三博士提出了“食寝分离论”。无论多么狭小拥挤的住宅，也应将就餐空间和就寝空间分开，这是对卫生舒适度的基本探讨[4]。前川国男自宅谈不上拥挤，面积94m^2（30坪）也不算宽裕，甚至比上海标准的里弄住宅95～110m^{2}还要略小，不过无论是寝食分离的便利度，还是空间的完整优美性均属匠心独运。

自宅为两层坡顶木造，因缺乏钢铁及混凝土等必要建材采用了梁柱木结构，取材杉木和松木。以二层挑高的起居厅为中心，两边布置2间卧室及2处西式卫浴、1个高配置厨房。前川家没有院门，两道L型的2.13m（7ft）高的混凝土墙遮住了外界视线，从某个特定角度可以从大门外隐约望见主屋后的庭院（图3）。按照当时的审美观点，南北庭院要一样大，但前川邸有一条笔直的铺地通向北向玄关，周围是一个遍植秋枫的方形花园，比南向要开阔，树木遮挡住了厨房的杂物小院（图4）。南侧的不规则庭院则种植着春樱，衬托出灰瓦素柱的日式上流社会住宅。通过紧邻管家室的小玄关，挂好外衣，推开左手边十分别致的相拼木转门，光线由暗渐

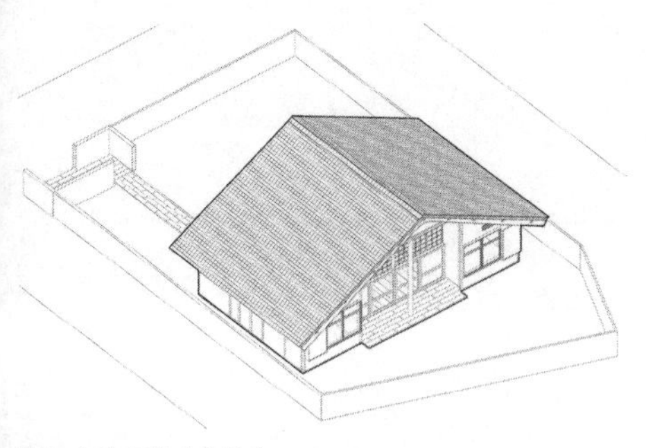

图3 自宅鸟瞰（自绘）

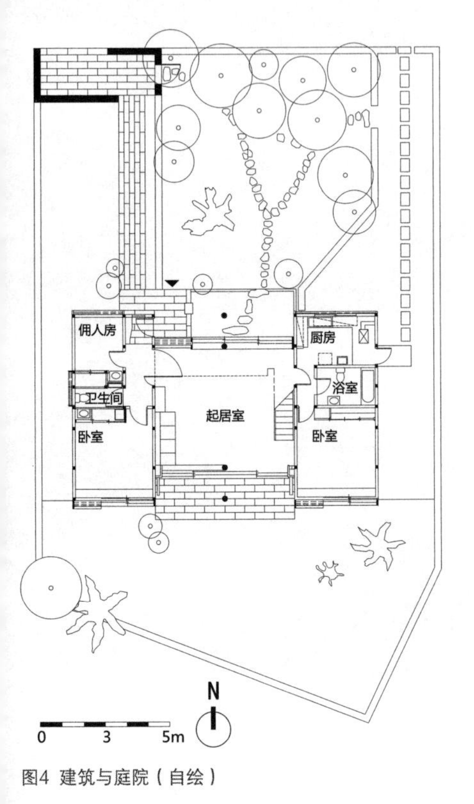

图4 建筑与庭院（自绘）

明，空间由低渐高，进入洒满阳光的起居厅，二层是书房阁楼，与起居厅视线上下贯通。起居厅5.48m×6.40m（18ft×21ft），二层空间明亮开敞，屋架下净高4.86m（16ft）；左右卧室面宽减少至3.65m（12ft），层高也降低到2.5m（8.5ft），高度对比鲜明，同时卧室也符合榻榻米的生活习惯[5]。好的设计秉持的出发点是人的舒适，可以通过合理控制建筑高度，塑造阁楼，提高使用功效。建筑师在灰色和褐色中选择了亮黄和墨绿色系，桌椅和灯具也是建筑师设计的，整体非常静谧。与美国伊姆斯住宅一样，乳白色的野口纸灯是重点灯具，其余两盏照明恰如其分勾勒出就餐和会客的空间领域感（图5）。

室内没有采用惯用的榻榻米，而是木地板铺地，更为灵活自如。从前川国男的前期草图可见坡屋顶的对称形态从未改变，但曾设想将平面三等分，东侧一切四块，对称布局餐厅、厨房、管家和卫生间；北向经花园直接进入客厅，楼梯东西向，设计初期背立面中柱的构思并未出现（图6）。在随后的方案调整中，路径先抑后扬，起居厅呈大开间，辅助房间朝北，起居厅、卧室均朝南，空间体验与建筑功能安排明显优化。前川视起居室为沙龙，兼具餐厅和会客室的功能，餐桌前光影婆娑，推开幛子就是惬意的小院。大师对比例非常在意，虚实相间的建筑形体对称，中轴线上4根立柱为结构所需，或藏或显。屋面保持1：2的高宽比，出檐亦如此；无论卧室还是起居厅高宽比均接近黄金比例（图7）。“传统是建筑创作的出发点而不是归宿之处”，带有模仿伊势神宫独立柱的立面常被误以为是正立面，其实是背立面。德国建筑师陶特（Bruno Taut）系统研究和整理了日本乡土建筑的风格，重新发现伊势神宫“栋持柱”的魅力[6]，神宫建筑不使用础石，而是直接将木柱竖立在地面，耐久性并不高，它赋予了建筑传统观念而非结构上的意义[1]。前川国男自宅采用了

1 中国传统民居广泛使用栋柱、栋梁，“栋”最原始的含义来源于山脊，即两坡相交的最高处，重点表示的是位置关系。

图5 装饰有野口灯的客厅（前川国男建筑设计事务所）

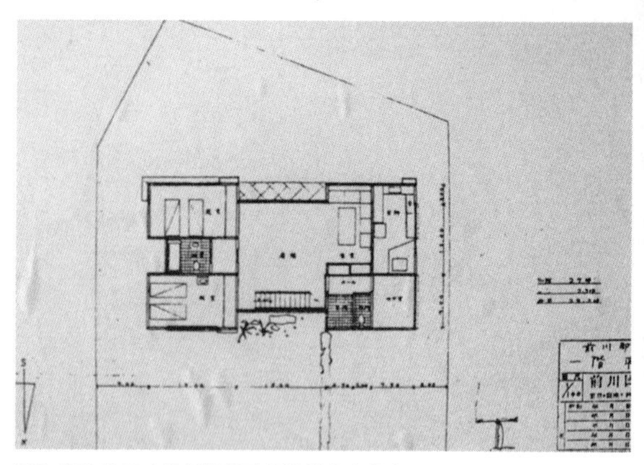

图6 原始构思（前川国男建筑设计事务所）

图7 背立面（自绘）

独立的栋柱，且精心做了柱脚防潮处理，用在背立面亦别有深意，家不是神社，需要自然放松，不需要太多礼制束缚，同时又能充分体现出日本文化的安定感。

日本地处自然灾害频发的地带，1923年日本关东大地震后建筑技术，尤其是结构技术被放在首位。以地震专家佐野利器教授为代表的“结构技术派”成为日本建筑发展的主导力量，现代建筑思潮及样式开始登上日本建筑舞台。在经济极端约束的条件下，近代“结构技术派”的特征根植于

1 本书作者2015年对路秉杰先生的访谈。

前川国男的自宅中，权当一个时代小小的缩影吧[7]。木结构与混凝土、砌体结构相比，若无天然疵病等影响，木材的柔韧性极其利于抗震，故建筑师获益于长期的木结构教育与实践。对木结构而言，防雨、防潮必然成为建筑重点考虑的对象，檐部出挑深远以防雨水打湿墙面，硬山有利于防风，建筑底部抬高架空45cm（1ft.5.7in.）以利防潮。在没有空调的昭和时代，前川在细节上下了许多功夫，室内结合长条家具有为暖气设计的专门空间，阁楼设计了小型换气扇，开洞大小和所附材质控制着光线的节奏，调整着空气的流通。

前川国男是将东瀛现代主义建筑推向世界舞台的灵魂人物之一，包括1961年的东京文化会馆等均产生了广泛的影响。建筑师在上海开设事务所期间曾承担过上海华兴银行职员宿舍的设计，1940年完成，20世纪90年代被拆除。同济大学建筑历史专家路秉杰教授访学东京大学之时，年近八旬的前川国男依旧对在上海的作品念念不忘[1]。前川国男自宅20世纪90年代因城市扩建而拆除，与上海项目命运不同的是，1996年它被搬迁到江户东京建筑园（Edo-Tokyo Open Air Architectural Museum）。园内异地保存、集中展示了从原址移至的27幢历史建筑，露天博物馆在欧美、中国均很受欢迎。日本有个制度值得关注，规定需公开出版《复原工事报告书》。秉承资料公开的原则，按照统一体例详细记录了从调查研究到方案设计，施工管理和维护监测的过程乃至数据，前川国男自宅的复原有详细的过程记录[8]。通过文献、实物与施工日志，分享原始资料、接受公众监督，弘扬遗产价值，“透明性”和“递推性”的修复记录是颇为值得中国学习的经验。

参考文献

[1] Yolsglosguen. Towards a Definition of Antonin Raymond's Architectural Identity [D]. Master Degree Thesis of Kyoto University. Feb. 2008.

[2] 越泽明．伪满洲国首都规划[M]．北京：社会科学文献出版社，2012.

[3] 森田元志．前川國男邸のデザインルーツについて山口文象、坂倉準三の作品を交えて [R]．2011年度日本建築学会関東支部研究報告集1.2012.

[4] 胡惠琴．居住学的研究视角——日本住居学先驱性研究成果和方法解析[J]．建筑学报，2006(4).

[5] 藤木，庸介．名作住宅で学ぶ建築製図[M]．学芸出版社，2008.

[6] 林鹤．西方20世纪别墅二十讲[M]．北京：三联书店出版社，2007.

[7] Jonathan M. Maekawa Kunio and the Emergence of Japanese Modernism[M]. Reynolds, Berkeley and Los Angeles. University of California Press. 2001.

[8] 東京都歴史文化財団．江戸東京たてもの園前川國男邸復元工事報告書[R]．1999.

L形入口一现状（自摄，2014年）

从客厅看庭院一现状（自摄，2014年）

卫生间与开窗—现状（自摄，2014年）

落水管细部—现状（自摄，2014年）

轴测（自绘）

立面—历史信息（前川国男建筑设计事务所）

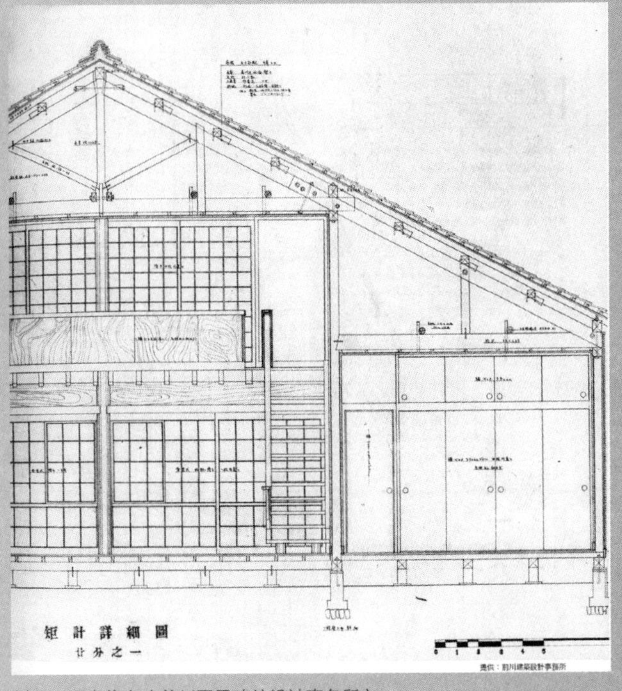

剖面—历史信息（前川国男建筑设计事务所）

1951年柯布西耶在前川的建筑事务所—历史信息（前川国男建筑设计事务所）

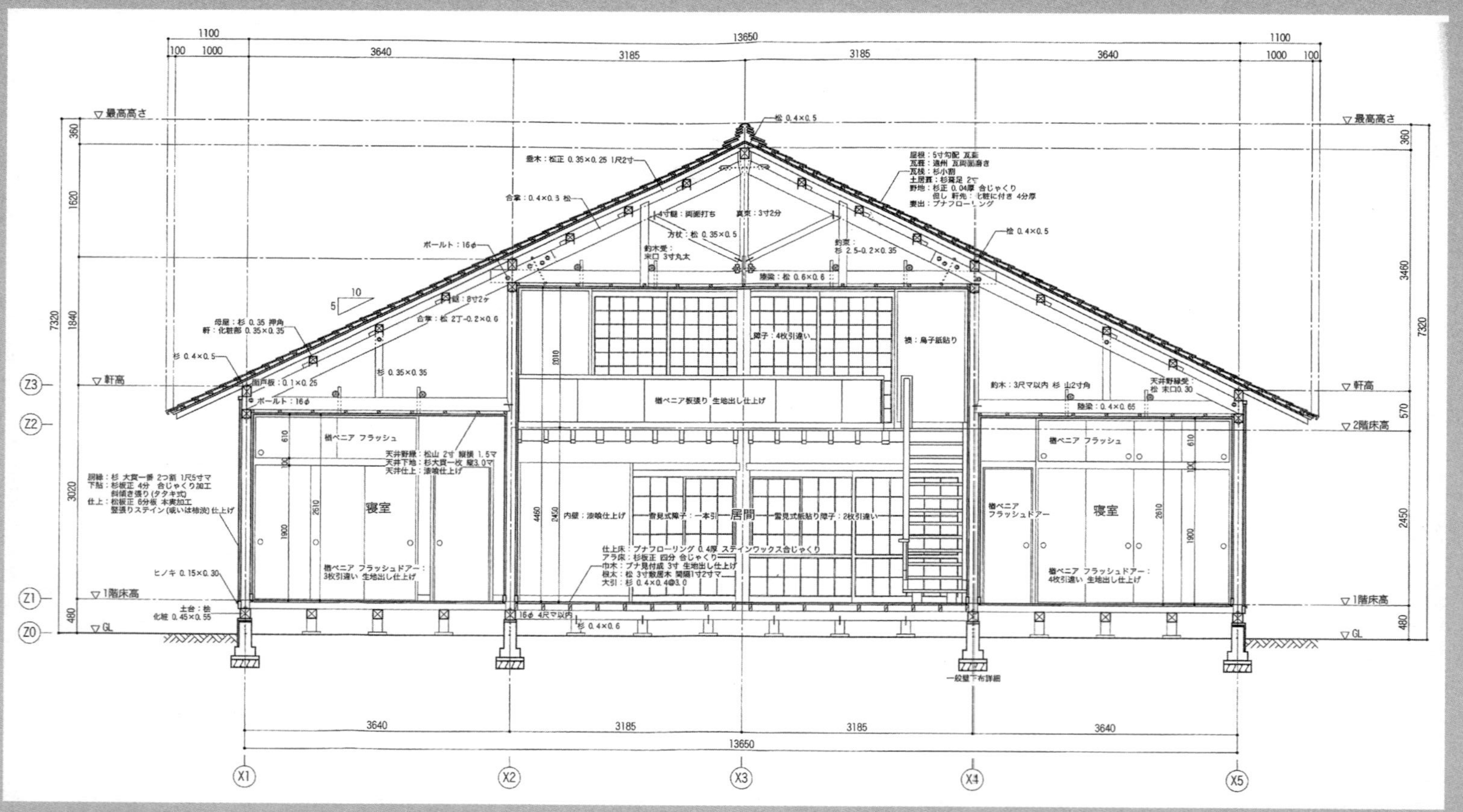

剖面—参考文献5

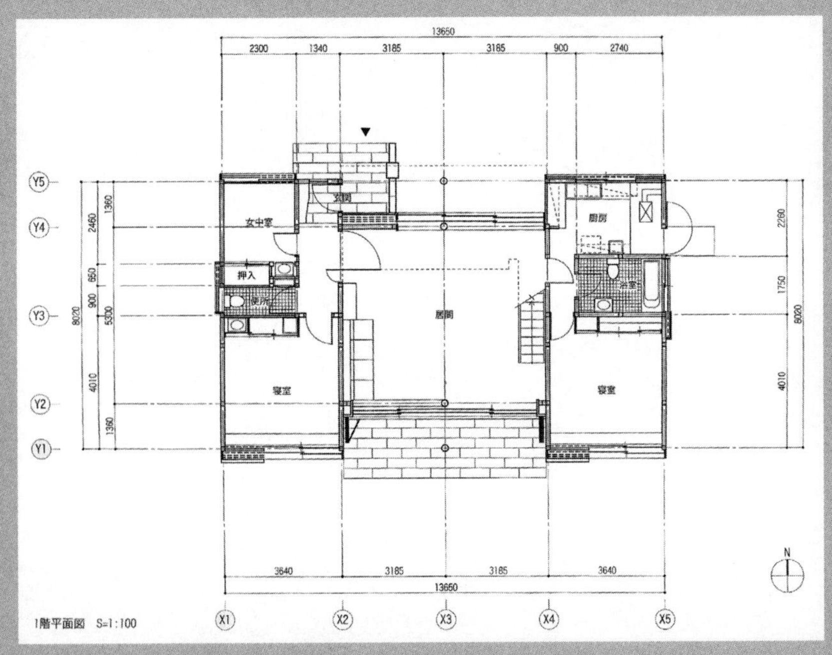

一层平面—参考文献5

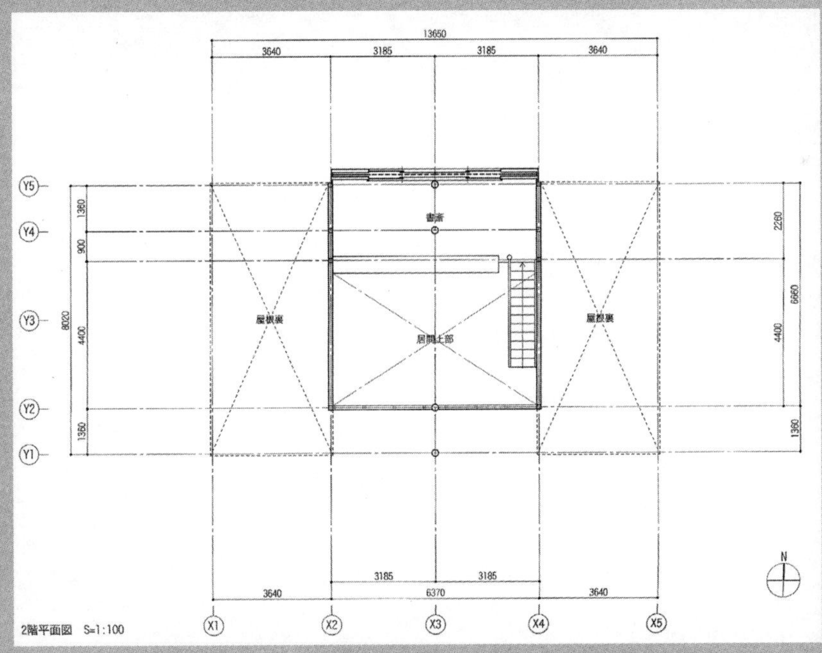

二层平面—参考文献5

9

［阿根廷］

阿曼西奥·威廉姆斯：溪上屋

Amancio Williams（1913～1989）
The House over the Brook

The Casa Sobre el Arroyo, Mar del Plata, Argentina, 1943~1945

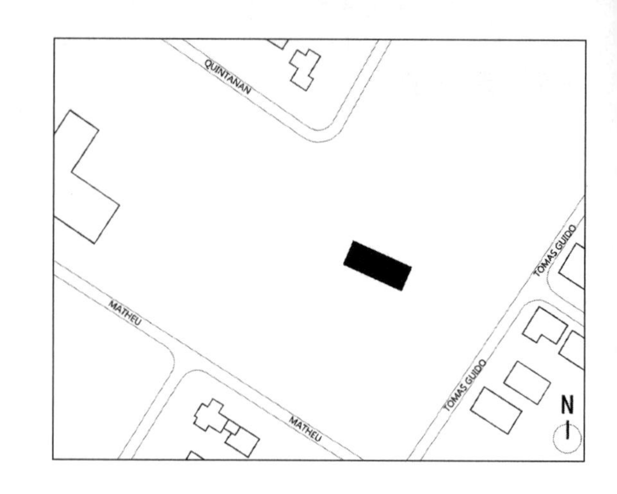
QUINTANAN
MATHEU
MATHEU
TOMAS GUIDO
TOMAS GUIDO
N

南美很神秘，对它的想象多于了解。阿根廷其实是具有高度贸易、移民和殖民历程的世界第八大国家，从一开始它和欧洲的关系就比南美大陆上任何其他地方都更密切，大部分居民的祖籍都是欧洲。阿根廷也是一个等级分明的国家，作为金字塔尖的上流社会至少要追溯五代。阿曼西奥·威廉姆斯出生于优渥的纯粹阿根廷家族，成长在一个具备鲜明民族意识的环境。父亲（Alberto Williams）是闻名遐迩的音乐理论家和作曲家，创立了以自己名字命名的音乐学院，被视为阿根廷音乐之父。威廉姆斯的出身具备了两个特征：对欧美建筑潮流比较关心，也热衷于被卷进去；保持自己家族强烈的独立性，这影响了其自宅的核心方面。

布宜诺斯艾利斯是威廉姆斯出生、求学最终施展才华之所，他起初选择学习工程，三年后转投布宜诺斯艾利斯建筑学院，1941年毕业。尽管在中国鲜有提及，但威廉姆斯享有较高声誉，被认为是20世纪上半叶重要的建筑师之一。他是CIAM的阿根廷代表，1948年到达巴黎柯布西耶的工作室参观学习。1949～1953年柯布西耶钦点威廉姆斯与之合作，负责现场监工，建造了位于港口城市拉普拉塔（La Plata）的库如切特住宅（the Curutchet House）[1]，是大师在南美留下的唯一作品，如今已跻身于柯布西耶全球17处世界文化遗产的名录。1951～1955年威廉姆斯在哈佛客座讲学，格罗皮乌斯主持的研究生院（GSD）为他举行了作品展。1974年后建筑师致力于超级城市综合体的研究，利用其发明的混凝土空心柱将建筑架起以节省土地资源。威廉姆斯不负众望一生设计了大量项目，他的理念超前，只个别得以实施，为何柯布西耶会对初出茅庐的他投出信任票，监造自己的作品？这要从威廉姆斯刚刚毕业，1943～1945年耗时两年为他父亲建造的“溪上屋”说起。

佩雷拉公园（Pereyra Iraola Park）位于布宜诺斯艾利斯的黄金地段，1943年老威廉姆斯拟在此建造自宅之时，公园属于佩雷拉家族的财产，1949年军管后向市民开放。目前公园占地225hm^2，为该地区最大的城市公园，教育、生态科研、动植物保护、文化生活的中心。从山谷缓流而下的一条20m宽的溪水穿越公园，“溪上屋”占地2hm^2，就选择在一片靠近公园边界的树林中。它的选址独树一帜，溪水的声音、树顶的鸟鸣、植物的气息都是重要的景观要素。一片混凝土弧形拱桥横跨在溪流上，拱桥支撑着另一片水平混凝土板，水平向的带形窗围绕在混凝土平板四周，上面再加了一片特别处理的屋面。桥的结构、水平向盒子、屋顶平台产生了一种独特的空间感，“你站在桥上（下）看风景，看风景的人在楼上看你”成为家的栖息状态。通过反差和对立，自然与人工融合，与周围的树林、溪流保持着亲密的对话（图1）。

家包括两个部分，“溪上屋”和附近一个小的服务庭院[2]及1/4环状、游牧式的附属建筑，“溪上屋”是分析的重点。在桥体两边开出对称的楼梯间，通过左右各一昏暗的入口，带访客到达中间明亮的起居空间，始觉被树木环绕的独特之所，桥也随之不见了，到达过程展现了有趣的层次感。建筑面积270m^2，二楼外框27m长、9m宽、2.8m高，基于类型学，平面采用当地传统的“香肠房屋”布局。即室内分成三部分，南向一排卧室与厨卫、北向是全开敞的起居厅，中间是直跑楼梯，通过位于厨房间的楼梯可达屋顶平台。整个客厅极为流动，卧室和卫生间则封闭私密，5口之家老威廉姆斯夫妇、女儿、儿子和儿媳各得其所，卫浴和储藏配备充足。桥的中心并不是建筑的中心，客厅以壁炉和钢琴为双核，构成两个集中的活动空间，尤以西侧林荫茂密之处为重。室内档案照片不多，但从护栏、楼梯、壁灯、扶手，还是可以看出精良设计，米黄色木护壁上开有通风方孔，板壁在工厂预制后现场组装（图2）。威廉姆斯要融入现代技术的洪流中，做一幢真正的建筑和一个真正建筑师的建筑[2]。一位曾经学到三年级的工程专业学生使出洪荒之力，将建筑和结构融合为一，营建进入痴迷阶段（图3）。建筑无论大小都不可能在办公室完成，要去现场，现场具有至关深

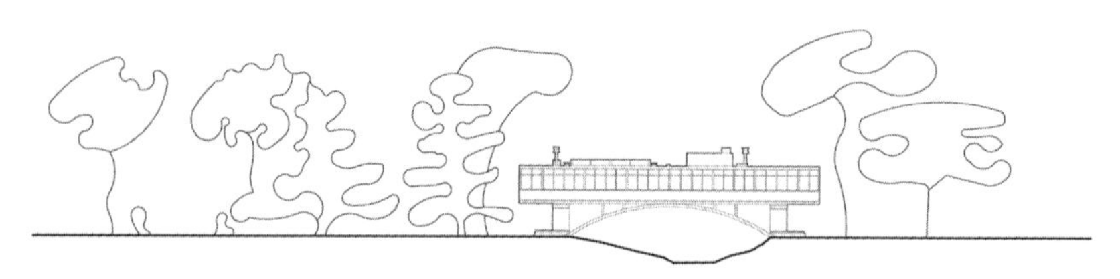

图1 溪上屋（自绘）

图2 1946年精美的室内（威廉姆斯家族档案）

图3 施工复原模型（参考文献3）

图4 屋顶摆件（参考文献2）

刻的影响。建筑师为此绘制了400张图纸，长途奔袭工地120多次，日夜监工430天，数量不等于伟大，但数量显示了力量。威廉姆斯自豪地宣称最终的结果是结构尺度误差0.5m，小部件的误差2mm[2]。

耗时两年，最难的是材料、构造、设备和结构。钢筋混凝土当然是主角儿，它与陶土和木头一样直接可裸露，抹面是多余的。威廉姆斯采用了两脚拱卵石混凝土基础，基础主要受压，受力条件单一方便计算。用鹅卵石可以在同等配比的情况下获得较好的坍落度和流动性，这在20世纪40年代中没有外加剂与掺合料的情况下是适宜的。但卵石混凝土的抗压和抗拉强度明显低于碎石，为得到优良的级配，威廉姆斯在实验室多次做了动荷载及抗化学变化的试验，最终成品增加了和周围自然环境的和谐关系，建筑也更为耐看、有味道。威廉姆斯进一步创造性地将设备与构造综合起来考虑，布宜诺斯艾利斯冬季温和、夏季高温多雨。建筑师设计了空腔混凝土楼板，高出二楼楼板的屋顶面层坐落在一个个砌体小支墩上，架空层便于隔热通风，且转角为防渗做了构造处理。厨卫及走廊上均设置了圆形的带风帽的通风孔，卧室储藏间上方有一列矩形天窗，可与木护壁上的通风孔洞对流。屋顶常为藏污纳垢之所，“溪上屋”的屋顶却堪称精美，天窗、水箱和灯柱等“摆件”井然有序，矩形天窗与水箱形成的序列强调了建筑的中轴，打破了“香肠屋”的三段组合方式，空间美学灵活不失逻辑，设备完美地与最严格的技术和功能吻合（图4）。夜晚“溪上屋”屋顶洋溢着折射或漫射的灯光，与夜空群星相映成趣。

更难的是桥与建筑的位移处理。年轻人需要交学费，由于桥拱建造时的偏差，已经建造大半的建筑不得不拆除重建，造价也使父亲大伤脑筋[3]。楼板位于桥弧形曲线的切线上，双脚拱，桥拱平板厚22cm，左右各一带牛腿状悬挑的矩形腔（同时担当入口），4片位于拱与水平楼板之间的9m跨度的短墙共同发挥结构作用。结构师卡洛斯·特雷拉（Carlos Treglia）通过意大利工程师A.卡斯蒂利亚诺（Carlo Alberto Castigliano）提出的"卡氏定理"[4]分析了建筑的整体位移，垂直荷载通过平板拱将推力传至基础。经受了模板受潮、自制卵石混凝土开裂、支模偏差，在多次调整方案后，1944年9月21日，紧张的建筑师终于看到了梦寐以求的瞬间。至于桥上柯布西耶式的纯正体块，威廉姆斯则采用了钢筋混凝土平板结构，而不是大多数现代主义建筑师所采取的框架结构。铸铁柱体现了密斯式的精美，位于环绕建筑一周的混凝土窗台板上，上部无梁、端部略放大承担了部分北向荷载，但整个室内没有形成柱网。南向则通过厨房和卫生间的混凝土剪力墙抗侧推力，承接屋面荷载。天花板未吊顶，洁白平整，不施灯具。与大师密斯在"激进的空间美学和保守的建构原则"[5]中挣扎不同，威廉姆斯室内外所有的结构、材料均真实地加以展现，这一切都基于逻辑清晰的建造过程。建筑师专注于空间的比例关系，平面图和剖面图都由成对的黄金比例矩形组成（图5），现代性与古典拼贴并置，桥拱镜像出溪水的倾斜岸堤，使建筑看起来要比现实距离地面更空灵。

"溪上屋"由建筑师的妹妹居住至她1966年离世，此后被一家地方广播电台购买，不久又被建筑师回购，威廉姆斯本人一直住到1989年逝去。1997年自宅被登录为国家历史古迹（National Historic Monument Site），但建筑保护不到位，一场火灾烧毁了大部分的室内陈设，将古迹推向了存亡的边缘。2012年"溪上屋"登上世界古迹观察站（World Monument Watch，WMF）[1]的名单（图6），世界古迹基金会主持的名单十

1 该观察站是1965年成立的非政府组织"世界古迹基金会"（World Monuments Fund）旗下的一个全球项目，1995年为拯救濒危的重要遗产而成立，直接提供资金和技术支持。

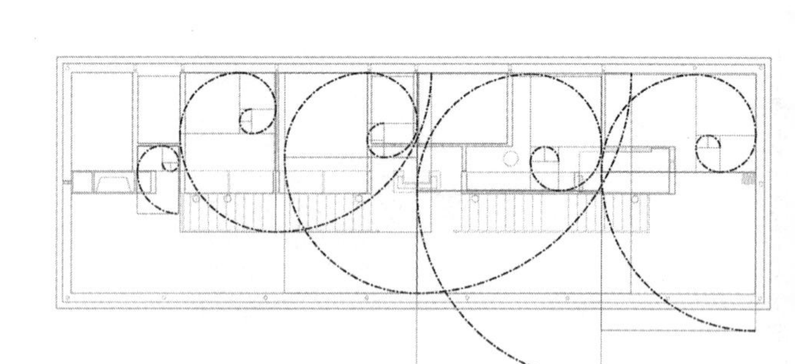

图5 黄金比例（自绘）

图6 现状（WMF）

分权威，2002年古巴艺术学校在长期遭到废弃后再度得到国际社会的高度关注，同样登上该榜单[1]，另一幢“打榜”建筑则是辛德勒自宅。此后当地政府与联邦政府联合重新购买了“溪上屋”，2013年部分建筑和周围的景观终于经简单整修后对公众开放。人们尽享自然美景，游弋艺术展览，在“溪上屋”内聆听老威廉姆斯创作的作品。好事多磨，一波三折，2015年政府主持的修复工作刚启动即因故再度搁置，建筑师团体奔走呼号以助度过难关。幸运的是修复工作档案基础雄厚，大小威廉姆斯的曲谱手稿和历史图纸、不同历史时期不同载体的“家族档案”均保存于家族博物馆中，这项工作的前瞻性可从另一个侧面佐证：拉美现代建筑在世界建筑舞台上发挥着重要作用，它并不是一个新的跨国研究领域，近期越来越多鲜为人知的建筑师横空出世，归功于档案工程。人们开始重新审视因语言隔阂、地域差异而被忽略的“他者”，不可否认也源于西方话语对其文化在殖民地演变发展的兴趣。威廉姆斯的价值与其家族休戚相关，和柯布西耶的光环共同笼罩，自宅具备精巧的结构和精细的施工，代表了早期现代建筑的高水准，“溪上屋”留下了真实的阿根廷现代建筑足印，念念不忘，必有回响。

1 1961年开始建设的古巴艺术学校位于哈瓦那，是古巴革命杰出的建筑成就之一，在经济约束条件下，利用传统加泰罗尼亚拱创造的拉美建筑精品，1965年后受到政治风云影响逐渐被废弃。

参考文献

[1] A Lapunzina. Le Corbusier's Maison Curutchet [M]. Princeton: Princeton Architectural Press. 1997.

[2] Daniei Tiozzo. 溪水上的房屋. 马德普拉塔 [J]. Domus 099. July 2015.

[3] Juan Rey Rey, Daniel Merro Johnston. La Estructura De La Casa Sobre El Arroyo[J]. Instituto Eduardo Torroja. 2013(3).

[4] 韩家栋. 关于卡氏定理的讨论与研究[J]. 教材通讯，1985（1）.

[5] 傅杰. 激进的空间美学与保守的建构原则[J]. 华中建筑，2010（5）.

远眺—现状（WMF）

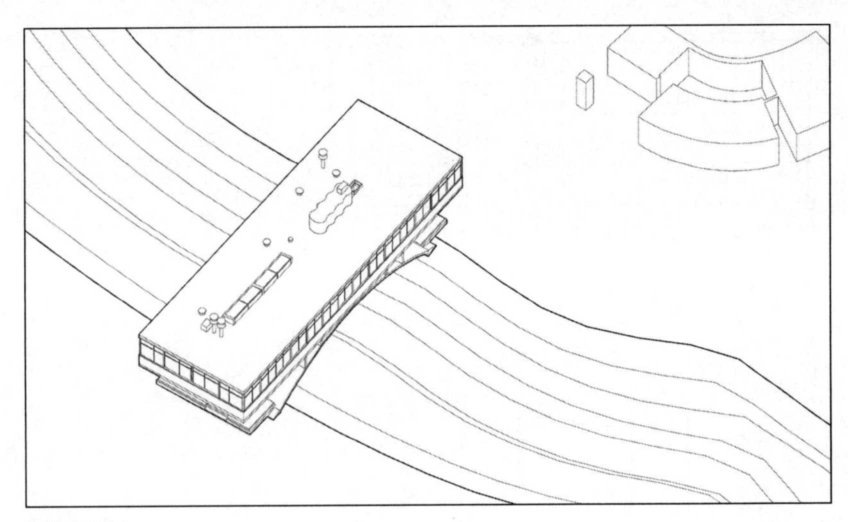
鸟瞰（自绘）

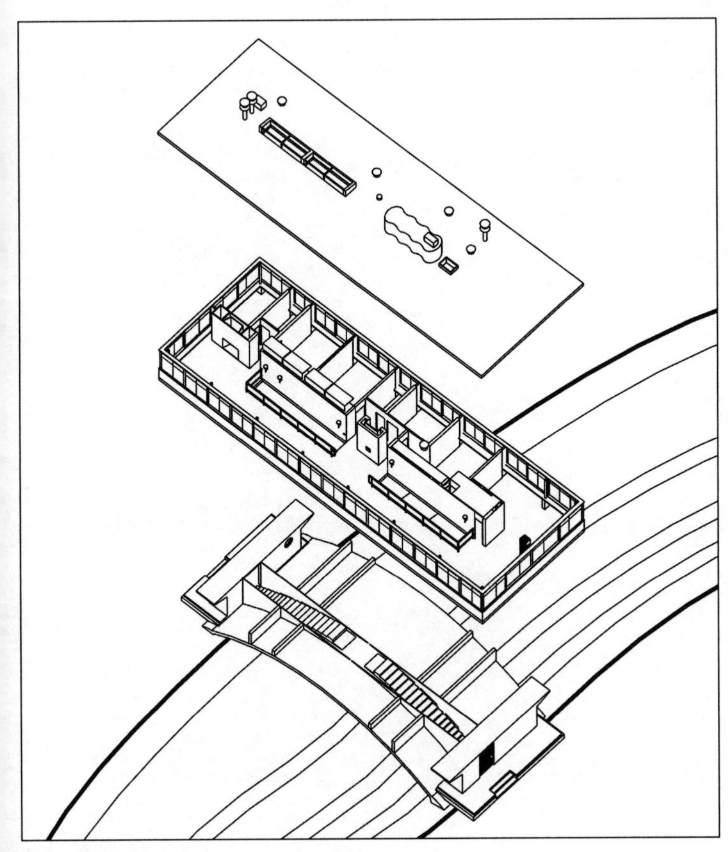
轴测（自绘）

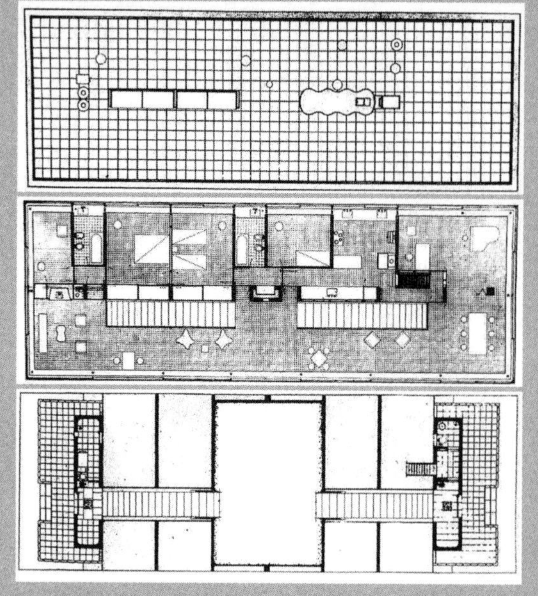

平面—历史信息（参考文献2）

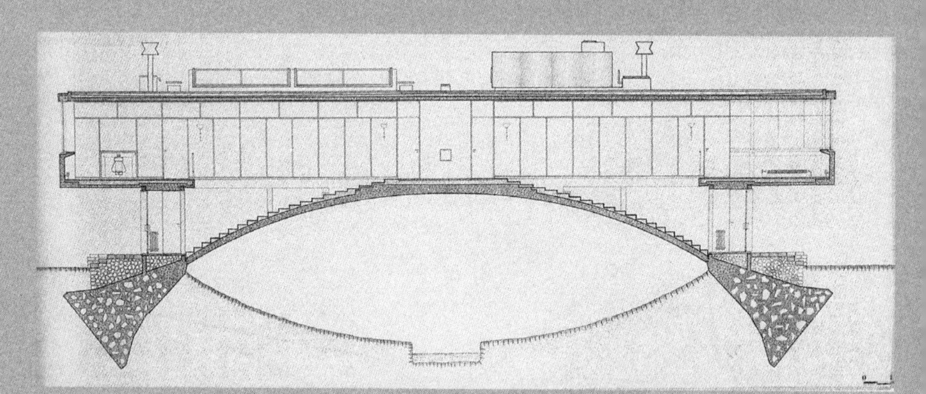

纵剖面—历史信息（参考文献2）

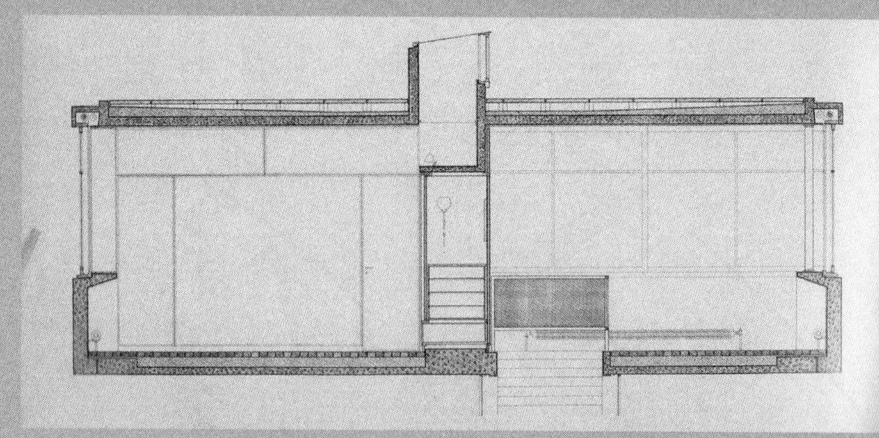

横剖面—历史信息（参考文献2）

转角—历史信息（WMF）

鹅卵石混凝土墙面—历史信息（参考文献2）

平板结构—历史信息（参考文献2）

［美国］

伊姆斯夫妇：案例8

Charles Eames（1907～1978）

Eames: Case Study House #8

The Eames House, Pacific Palisades, California, USA, 1947~1949

CHANTAUQUA BOULEVARD
WEST CHANNAL ROAD
PACIFIC COAST HIGHWAY
PACIFIC COAST HIGHWAY
N

“什么是house？它是人类最基本的需求，也是流水线上的梦想，预制化是一种技术创新，能让人们快速地抵达设计产业化的高峰，营造一个属于自己的家。”这是1944年1月发表在美国《艺术与建筑》杂志上的评论[1]。杂志出版人和主编恩腾扎（John Entenza）比同侪更有远见，敏锐地意识到“二战”后大量低收入者涌入城市，人口急速增长对住房迫切的需求。站在国家角度，新住房的诞生势不可挡，急务是大量重建而不是讲究风格和意匠，由此恩腾扎一直在杂志上密切关注着住宅预制化的成果。镜头回放到1944年2月，也就是战争结束前夜，恩腾扎和他的编辑助理伊姆斯同有知趣，针对战后建筑频繁讨论，得到沙里宁和富勒（Eero Saarinen，Buckminster Fuller）的鼎力支持。杂志果断地启动了“案例研究住宅项目”（The Case Study House Program），拟为8个美国家庭建设真实的、可负担住宅，根据地在加利福尼亚，每个住房都将充分考虑业主或假想人的特殊需要。这8位建筑师经过遴选，包括皮埃尔·科恩格（Pierre Koenig）1、理查德·诺伊特拉（Richard Neutra）2、埃罗·沙里宁等新老建筑师，作品将按照先后顺序进行编号。在为期八个月甚至更长的时间内，建筑师将陈述方案细节并控制预算，预算规定每平方英尺10美金，并考虑了通货膨胀的因素，当时典型的美国住宅是一平方英尺11.5美元，总之确保建筑可以真实建造、拎包入住[2]。建筑师们拥有很大的自主权，允许调整方案，可以自由选择材料，但力求通过挖掘新材料和新技术寻找创作灵感，禁止使用旧建材。案例研究最初对整体规划也有所考虑，选址与社区、学校、工作地点联系便捷，实验性住宅通过完整性增加辨识度。住宅必须可以复制，同时又是个性化产品——案例研究的目的是想发现一些普适性、合理的解决方式。

事实上，前几个案例1945年2～11月发表后就没了下文，既没有合适的户主也无法真实建造，甚至连地段也是假的，只有4个最终找到了合适的业主，被换到全新地点得以实施。1949年案例8和案例9（the Eames house and the Enzenta house）竣工，也就是伊姆斯夫妇和项目发起人恩腾扎自己的家。尽管设计方案前后变化极大，但是案例8是第一个找到户

1 皮埃尔·科恩格以设计钢和玻璃的私人住宅闻名，20世纪50年代中后期在案例研究中贡献了2件作品，凭此获得了事业成功，目前有网上建筑师档案。

2 理查德·诺伊特拉奥地利人，与辛德勒曾合办建筑事务所，短暂居住过辛德勒自宅，以设计住宅闻名，在前期案例研究中贡献了3个建成作品。早在1949年8月即登上了《时代周刊》的封面，是加利福尼亚现代建筑的代表人物。

主并建立起来的作品。“案例研究项目”初期艰难跋涉，终于完成了6件，遂迎来超过36万人参观，一直持续到1966年合计21年，共有30位建筑师参与，发表案例37个[3]，大多数位于洛杉矶，一个在凤凰城。这个实验性住宅研究为新锐杂志带来了极大的声誉，英国《建筑评论》在20世纪40年代系统介绍过它的先锋性。“案例”在电视尚未普及时注重传播媒介，黑白照是名师朱利斯·舒尔曼（Julius Shulman）所摄。1942年12月项目尚未开启之前他已成为杂志摄影团队的一员，早在七十年前，建筑摄影已经进入了图文并置的开放体系，而不是仅仅记录，设计巧思及光影变化更容易被摄影捕捉到，从而起到强大的传媒作用——如今建筑与摄影界的最高奖项即为朱利斯·舒尔曼大奖（Julian Schulman Prize）。实验性住宅为建筑师提供了职业生涯的不凡舞台，成为加利福尼亚现代主义（Californian Modernism）[1]的光辉篇章，战后预制化成为急速成长的战后技术领域。其中最具开创性的无疑是“伊姆斯之家”，也叫“案例8”住宅，她镌刻着建筑师一生的奋斗故事，成为现代建筑的一个里程碑。这对夫妇的建筑作品并不多，用一生厮守了这幢房子，成就了无法复制的传奇。

1940年，抽象艺术画家蕾在密歇根与比自己大五岁的伊姆斯不期而遇。伊姆斯是华盛顿大学建筑系的肄业生，1935年成立了建筑事务所，他在欧洲旅行中拜谒了柯布西耶、密斯和格罗皮乌斯的作品。两人结婚后，蕾随丈夫永久居住于洛杉矶。他们二人的事业均与《艺术与建筑》杂志有瓜葛，蕾凭为杂志设计过封面，伊姆斯是恩腾扎在杂志社的重要助手，因此他们有机会被选中为参展建筑师。

“伊姆斯之家”坐落在可俯瞰太平洋的峭壁上，基地约0.56hm²（1.4acre），通向太平洋的草坡点缀着野花，春天恣意地盛开，灌木和桉树高低搭配，绿油油的黑麦在秋天将慢慢被染上柠檬黄色……业主定位是一对设计师或插图艺术家，孩子不在身边，体现了“在工作中生活”（life in work）的理念。原本的设计叫“桥宅”（bridge house），由伊姆斯与沙里宁共同设计，是一所架空的玻璃和钢盒子[4]（图1）。但由于战时物资紧张，材料匮乏耽搁了实施，恰是这段时间令他们多了份思考。原方案还是被扔

1 自辛德勒开始逐渐进入了黄金期，诞生了一批现代主义建筑师，展现了一种特殊气候条件下的轻松休闲的加利福尼亚生活方式，是加州建筑师对工业化住宅体系的探索，美国本土现代主义文化的产物。

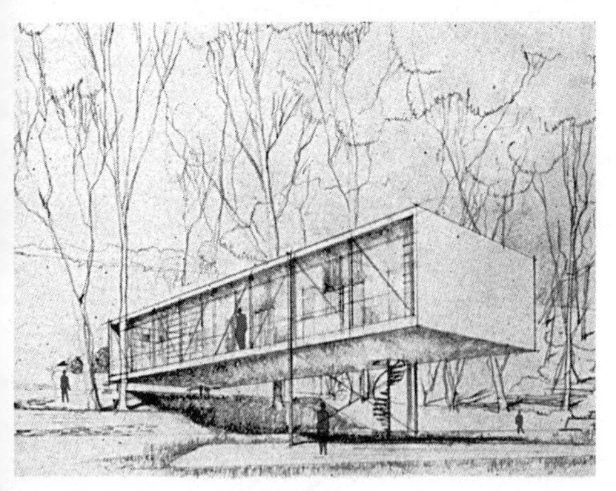

图1 原始设计桥宅（参考文献4）

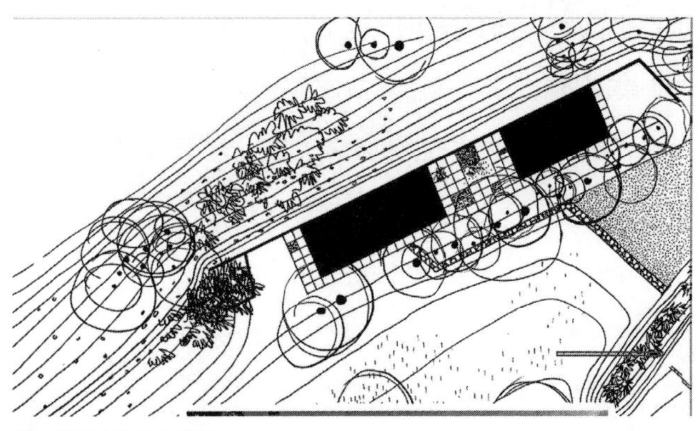

图2 总图（参考文献7）

进了纸篓，新的方案坐落在山坡脚，为了保留桉树，在山体里挖出了新的基址，山体前竖立起了60m长（200ft）、2.4m（8ft）高的混凝土挡土墙，建筑与自然融为一体，而不再是鹤立鸡群（图2）。

建筑位于挡土墙和茂盛的桉树形成的屏风之间，挖出的土方堆积而成“案例9”基地中的景观山丘。建筑体量是几乎对称的立方体，内庭院将生活和工作分开，工作室93m^{2}比居住部分139m^{2}要小一点，总计建筑面积232m^2。两排平行的100mm（4in）H柱构成了纵、横跨，跨距2.23m（7ft 6in），起居室7跨、外悬挑1跨、中心庭院4跨、工作室5跨，合计17个标准单元，形成了6m（20ft）宽和5.43m（18ft）高的整体空间[5]（图3）。

一段预制的、带有厚胶合板踏步的精致螺旋楼梯位于建筑中部，正对入口，出入均极为方便。楼梯采用了夹丝玻璃抛光屋顶天窗，工作室三面封闭，二层通高，隔离喧嚣，只向种有一棵大乔木的草坪开口，墙面运用了密西西比抛光夹丝玻璃。处于另一翼的起居厅朝南通高，野口纸灯（Noguchi）是起居厅的装饰亮点，钢推拉窗和实心门板分割空间。西边为防西晒而封闭，南向悬挑，为起居厅提供了大量的阴影。伊姆斯之家创造了一个分割工作和生活的内部庭院，对天空敞开，对自己的家庭开放，表达出引入自然和保证私密的强烈愿望。夫妻二人的喜悦如飒飒清风，快乐从两翼展开的建筑中飘出，自宅被媒体形象地比喻为“中国风筝”。

二层有两间卧室、衣帽间和两个卫浴，在工作室区域配备了二层储藏室。卧室可以俯瞰通高的起居厅，室内除了床外还有固定的座椅和书架。

客房和起居厅之间有滑门，也采取了一种当时美国塑料公司生产的新玻璃布产品。仿日式屏风的隔板能够自由滑动，通过它可以调节光线。二层露天平台铺就海蓝色的沃特橡胶砖，一种当时刚研发出来的防水建材。案例研究本身是新型产品的传达器，通身从一开始就具有商业推广价值。此外，立面被纤细的黑色钢窗框界定，钢结构内外都能看到，结构骨骼很清晰。透明的或半透明的夹丝玻璃以及不透明的木材、石棉板等厚镶板作为填充材料，组合在一起营造了不同的光线效果。为了体现多样性，立面形成了一些连续的彩色面板，它们镶嵌在钢柱之间，还有在石膏上面覆盖金箔的入口板材。现存的一排桉树保护着外墙面，形成阴影并与立面产生对比，“看起来如同在洛杉矶草地上的蒙德里安风格组合”[6]。

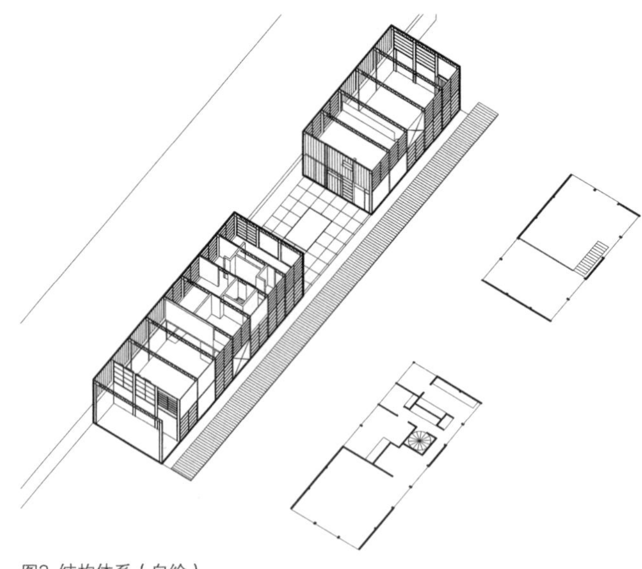

图3 结构体系（自绘）

图4 施工中（伊姆斯基金会）

按照预想，自宅本该是个快速建造的作品，5个人16个小时可以升起钢架，1个人3天可以完成屋顶，11.5t的钢框架一天半就能竖立起来[7]。伊姆斯夫妇希望运用标准化零配件，尽可能使用工厂预制的钢窗以及屋面板，新方案只需要一个附加的梁。然而现实很骨感，限于当时的生产条件，诸多钢构件必须手工完成，一整年伊姆斯事务所的员工都一头扎在工地上敲打窗户。人工费和设计费不计，建筑配件也忽略不计，即便如此显然还是超支了。不过伊姆斯之家能用上四十年又真是再便宜不过，好的设计带来一切附加值（图4）。

图5 1952年的和式布局（伊姆斯基金会）

1 卓别林在完成《城市之光》、《舞台生涯》等名片后，在全美反共浪潮中于1952年启程去伦敦。

1949年圣诞，夫妻乔迁新居，他们用尽了积蓄，房子很长时间就这么空着。伊姆斯住宅竣工不久，夫妻俩陆续发明了模数墙单元（Modular Wall Units）、伊姆斯储藏单元（Eames Storage Units，ESU）[8]，连同平价时髦的“伊姆斯椅”装点了家居生活。1952年房间中有了榻榻米，他们决定清空房屋，做一场查理·卓别林离开美国[1]前的日式party（图5）。爱侣生活在创造力中，风滚草是二人在度蜜月的路上发现的，挂在了演员罗伯特·马瑟韦尔（Robert Motherwell）的画作旁边。家里的风筝、面具和玩具集腋成裘，有些也是朋友的作品，从开始建造到终生为伴，这座建筑承载了数不清的故事和话题。

他们拍摄了一部10分钟的短片“生活过五年的家”（House After Five Years of Living），镜头慢慢移动，画面中有音乐无旁白，特殊的声音关系立刻构成富于感染力的空间，建筑与影像对话是对空间多样性的极致追求。1978年伊姆斯之家从美国建筑师协会捧起了“25年建筑奖”，褒奖那些经过长期的时间检验，对全美建筑做出巅峰贡献的作品。夫妻两人还是

图6 风靡全球的伊姆斯家具（tumblr历史图库）

电影制作人和摄影师，1977年所摄彩色版影片“十的力量”（Powers of Ten），每10秒拉动10米的平方之距离，从人的皮肤跨越到宇宙，堪称“可视化”的开端，这是多么了不起的成就。夫妻的事业版图雄伟，波音、宝丽来和IBM均是客户，放心让其工作室解决难题，诸多设计具有巨大的商业价值[1]（图6）。

1978年伊姆斯离世，1988年蕾的生命画上句号，夫妻竟然在相隔十年的同月同日离世。传奇落幕，工作室关闭，家族将近百万的照片、幻灯片、图纸和手稿捐赠给美国国会图书馆，家具原型赠予德国莱茵河畔的维特拉博物馆[2]。该设计博物馆可谓知音，不仅大量生产伊姆斯家具，而且鼎力支持了2004年创立的伊姆斯基金会（Eames Foundation）。此后，家族几乎没有犹豫就决定开放自宅，孙辈坦言：“一直生活在博物馆里，这种感觉令人眩晕。就如同十分熟悉的环境却经常被断章取义，虽然我们很喜欢房间的温暖。”[9]如今伊姆斯之家是美国国家古迹（National Historic Landmark），伊姆斯基金会负责房子的参观、教育和展示活动，有设计公

1 1964～1965年纽约世界博览为纪念纽约建城三百周年而举办，伊姆斯夫妇和埃罗·沙里宁联合设计的IBM国际机器展厅吸引了众多目光。是美国走向计算机产业发展的代言人。

2 位于德国，世界顶尖的家具和建筑私人博物馆之一。

司在住宅中日常办公，近期启动了150万美金的维修项目（Eames House Conservation Project），维修项目将与世界分享经验。故事尚在继续，正如西班牙保护理论家和艺术家派洛斯（Jorge Otero Pailos）在建筑师约翰逊的玻璃屋中秘制了经典的气味组装，保留了大烟民夫妻的体味一样[10]。伊姆斯之家不仅是博物馆，而且是长期生活的具有樟脑味道、烟火味道的生活空间，味道是建筑完整性的一部分。那么，由此展开，声音也是建筑属性的一部分，看不见又能感受到的温度同样构成了具有魔力的变奏，伊姆斯之家渴望让每一位观者都能短暂置身在大师的世界里。

参考文献

[1] Arts and Architecture. The Case Study House Program Announcement [J]. January1945.

[2] 杨鹏．最幸运的普通人——两座尤松尼亚住宅[J]．三联周刊，2014(8).

[3] 陈晓娟．解读住宅案例研究计划——兼论“二战”后加利福尼亚现代主义居住建筑的发展[D]．南京：东南大学硕士学位论文．2012.

[4] Charles Eames and Eero Saarinen. Architects. Case Study Houses 8 and 9 [J]. Arts and Architecture. 1945(2).

[5] 周超．工业化构件的设计转变思维——埃姆斯住宅和普鲁威住宅的启示[J]．新建筑，2007（5）.

[6] Neil Jackson. The Modern Steel House[M]. New York.Wiley. 1996.

[7] Designed by Charles Eames. Case Study House for 1949[J]. Art and Architecture. 1950(1).

[8] Albrecht, Donald, Ed. The Work of Charles and Ray Eames: A Legacy of Invention[M]. New York: Harry N. Abrams, Inc., 1997.

[9] Eames House Conservation Project[R]. the Getty Conservation Institute. Jan. 2015.

[10] Richard McCoy. The Ethics of Dust: A Conversation with Jorge Otero-Pailos. Art 21. Dec 15, 2009.

桉树笼罩下的外观—现状（自摄，2016年）

庭院—现状（自摄，2016年）

目前的工作室—现状（自摄，2016年）

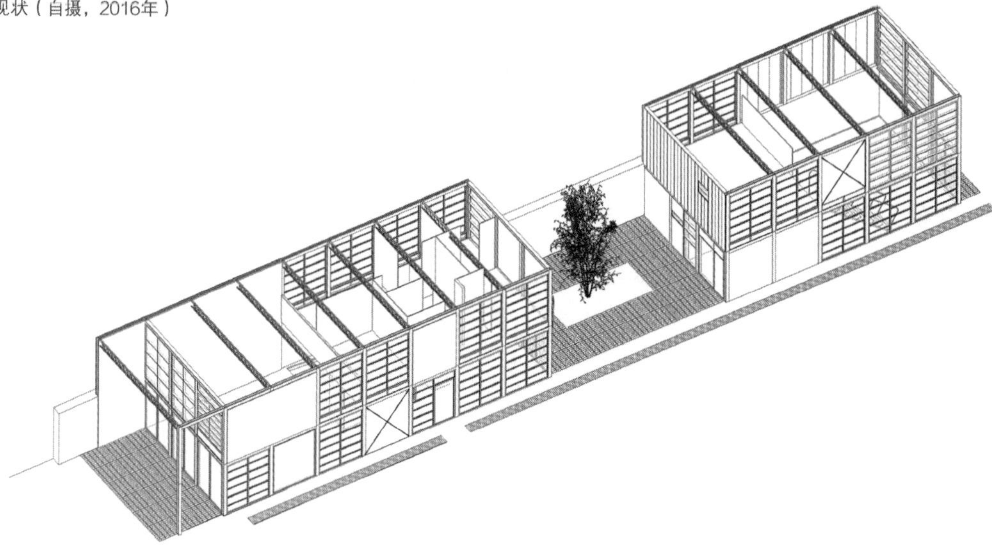

轴测（自绘）

坡角下—历史信息（LIFE）

通高客厅—历史信息（LIFE）

艺术收藏—历史信息（LIFE）

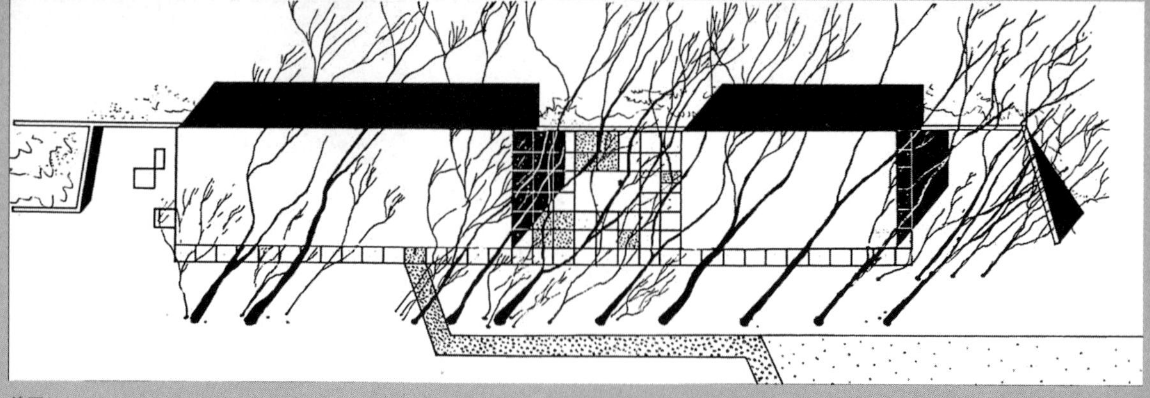

总图

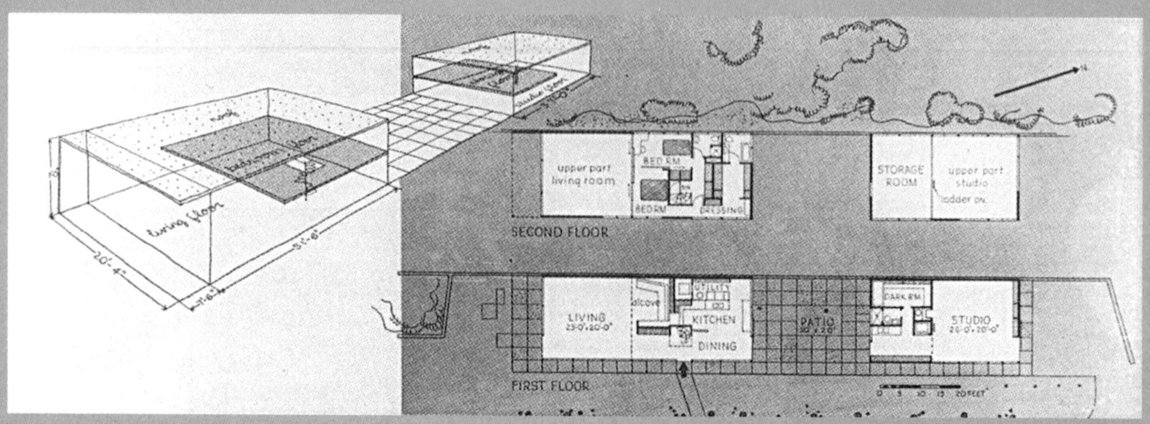

设计方案构思—历史信息（参考文献7）

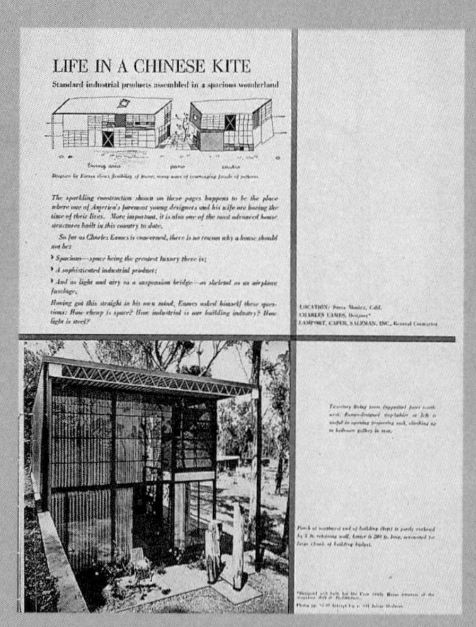

LIFE IN A CHINESE KITE

Standard industrial products assembled in a spacious wonderland

The sparkling construction shown on these pages happens to be the place where one of America's foremost young designers and his wife are having the time of their lives. More important, it is also one of the most advanced house structures built in this country to date.

So far as Charles Eames is concerned, there is no reason why a house should not be:

- *Spacious—space being the greatest luxury there is;*
- *A sophisticated industrial product;*
- *And as light and airy as a suspension bridge—as skeletal as an airplane fuselage.*

Having got this straight in his own mind, Eames asked himself these questions: How cheap is space? How industrial is our building industry? How light is steel?

LOCATION: Santa Monica, Calif.
CHARLES EAMES, Designer*
LAMPORT, CAFER, SALZMAN, INC., General Contractor

报道“住在中国风筝里”—历史信息（LIFE）

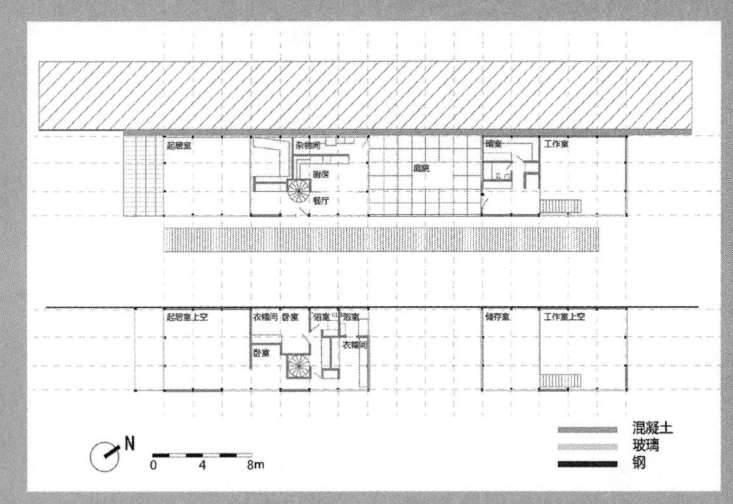

平面材料分析（自绘）

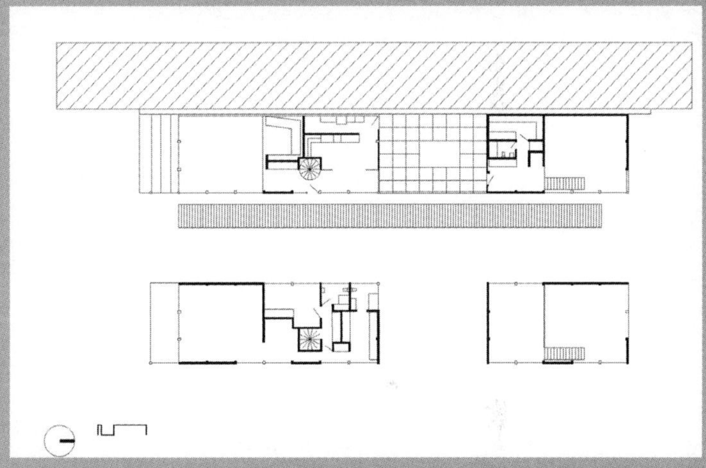

平面图（自绘）

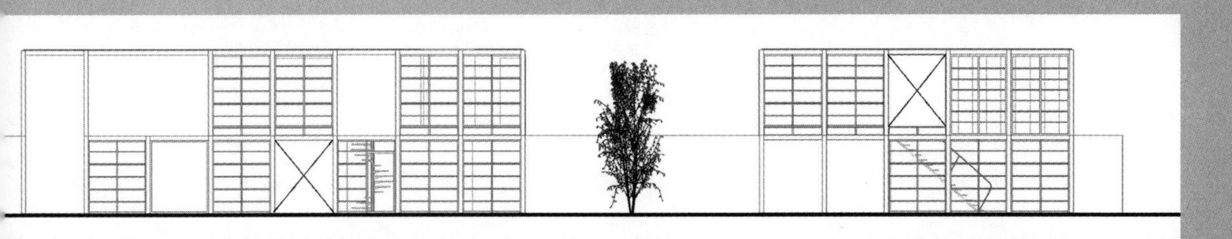

正立面（自绘）

11

［澳大利亚］

哈利·赛德勒：热浪里的阴影

Harry Seidler（1923~2006）
Shadow in Heatwave

Rose Seidler House, Wahroonga, Sydney, Australia, 1948~1950

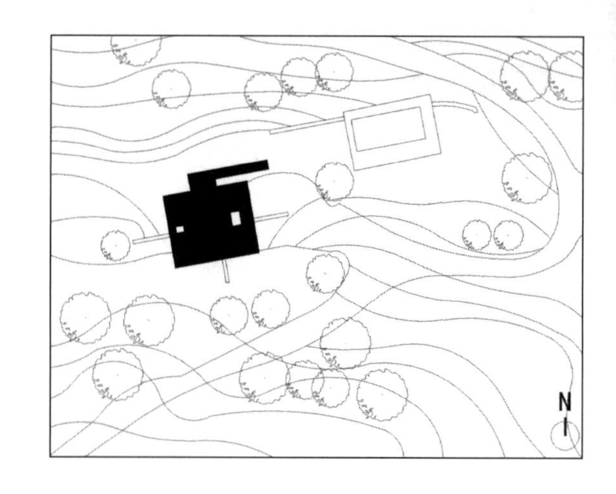
N

战后澳大利亚是一处不可思议的地方，72万移民涌向澳洲带来了各类技术人才，国家基础差、生活不富裕，但年轻且雄心勃勃，在世界范围内寻找认同感，价值观具有鲜明的美国指向。各类刊物呼吁澳大利亚不要惧怕新住宅，要向欧美看齐[1]（图1）。简言之，这是一个为现代建筑抵达已经做好了一定准备的国家，遥远的国度静待领军人物出现，哈利·赛德勒就是不可或缺的主角。

赛德勒出生在奥地利，童年辗转于家乡、英国和加拿大，身为犹太人在“二战”中颠沛流离，到了20岁终获奖学金，来到格罗皮乌斯执掌的哈佛设计研究生院（GSD）学习建筑。1945～1946年暑假，赛德勒临近毕业在阿尔瓦·阿尔托位于美国的建筑师事务所实习，参与了MIT贝克学生公寓楼的图纸绘制。毕业后顺利加入导师兼知名建筑师布劳耶的事务所，一干就是三年。20世纪40～50年代，距离纽约不远的新英格兰成为现代建筑的重镇，格罗皮乌斯和布劳耶等人在那里设计了几十幢现代建筑。1948年左右，布劳耶着手设计位于新英格兰的新家（Breauer house Ⅱ），方盒子大悬挑、流动空间带来很强的震撼力。建造之际布劳耶恰在南美，实施交由赛德勒和一个同伴操办，赛德勒是主要的绘图者，通过绘图系统学习了布劳耶的设计方法和造型原则[2]。但小住宅深受原设计缺陷之苦，结构工程师很难解决大悬挑，后来不得不在施工中加墙支撑，这从一开始就为赛德勒的自宅设计鸣响了警钟。也是1948年，赛德勒的父母移民澳大利亚，意气风发的建筑师漂洋过海到达巴西，在尼迈耶的事务所中度过了一个难忘的工作假期，当时尼迈耶正穿梭于纽约忙于联合国总部的设计。短暂的旅程令赛德勒感触颇深，巴西混凝土建筑的雕塑感，在特殊气候条件下重视遮阳，它们给建筑师的日后积累做出了极好的铺垫。赛德勒初出茅庐，精心编织着精英圈子，与布劳耶、尼迈耶、奈尔维等前辈大师都是终生朋友，一直走在正确的成长道路上，业精于勤，对未来有很高的理想诉求。他不是一般的移民，出生于富裕的中产犹太商人家庭，因为美国哈佛毕业生的身份，一到澳大利亚就受到关注，从纸上建筑师蜕变为一名实践者。1948年9月尚在巴西实习之时，风华正茂25岁的酷哥已经勇敢地组建了小型

图1 澳大利亚战后刊物（新南威尔士历史住宅信托）

事务所，罗斯·赛德勒自宅成为一路打拼的起点。

初到澳洲，父母居无定所，一直梦想拥有自己的住房。他们在悉尼近郊的塔勒马拉尼购买了0.8hm^2（2英亩）的用地。房子从一开始就是有故事的，当时澳大利亚建筑界传统和现代的交锋分外猛烈，罗斯住宅出现在这个历史转折的舞台[3]。地方规划当局借不得违反住宅规则（building regulation）之名，对建筑的材料、形体和采光不断质询。材料短缺年代规范规定以木结构为主，面积控制在111m^{2}以下（1200ft^2），而罗斯住宅是超标的200m^2（2150ft^2），采用了平顶、钢筋混凝土与石材的混合结构，无论细节、建筑方法还是材料均与现存规范均不符。针对超标面积，赛德勒以他和哥哥居住在此家庭人口多据理以争，工程断断续续持续了两年。几经波折，赛德勒以斗士的姿态出场，诉诸法庭："我一定要让我的设计无罪，注重形式和空间是我一贯的想法。"[4]打赢官司后，家族购买了6.5hm^{2}朝向国家公园的土地，成为该地块最大的业主。赛德勒一口气设计了父母的罗斯住宅（Rose Seidler，1948）、哥哥的朱利安住宅（Julian Rose House，1949）、叔叔的马库斯住宅（Marcus Seidler House，1951）。罗斯住宅1950年12月竣工，造价8000英镑，基本不输给英国的温格自宅，很贵了。

罗斯住宅除二层北向钢筋混凝土结构外，大多为木板墙外围护结构，木屋顶双层通风屋面、钢筋混凝土楼板，底层架空合计二层，底层入口净高2.2m，室内二层净高2.7m。它坐落在一块粗糙倾斜的坡地上，门前绿草氤氲，笼罩在桉树的阴影中。由于布劳耶的新英格兰木结构住房过度运用了木结构悬挑，造成了一些麻烦，赛德勒自宅从始至终既要谨慎从事，又要达到足够轻巧的视觉效果。体块漂浮在6根等距纤细的钢柱和3片砂石墙之上，盒子采用了木结构，既符合当时的规范，也意在减轻自重，由澳洲老牌的结构公司麦克米伦（R.E.McMillan）为结构保驾护航（图2）。北立面使用了落地玻璃，其他各个房间均能获得良好的采光，并能欣赏到逶迤的国家公园风光。建筑对外有非常多的开门，合计六扇，通向室外就餐、游戏、菜园和服务场地，但均没有面向街道，而是开在社区内部，使用兼顾了方便与安全。有两个主要出入口，除了从底层车库直达起居厅外，北

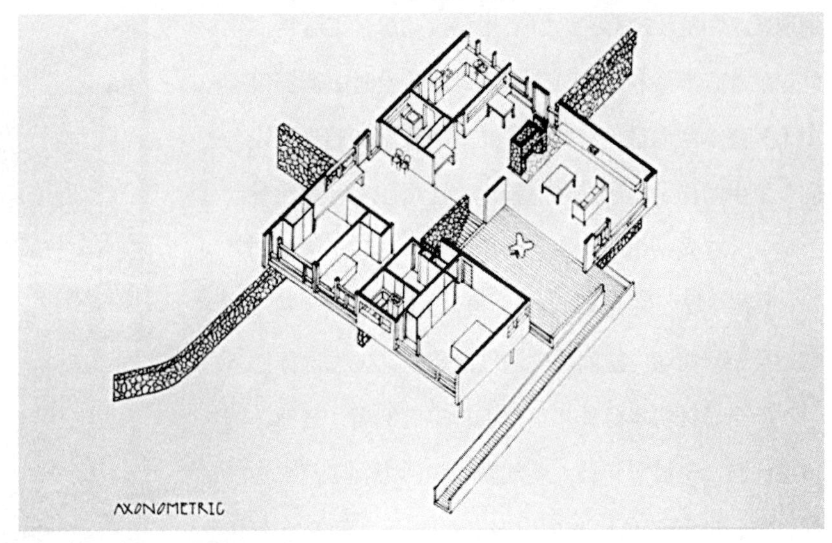

图2 承重结构体系（赛德勒建筑事务所）

向木坡道引导至另一个颇为大胆的红门。建筑是一个典型的布劳耶盒子，屋檐外挑80cm，建筑整体形成景框。U型平面，卧室一端，起居厅另一端，它们均为4.9m的大面宽，中间是3.5m宽的开放木平台，符合布劳耶的双核设计原则（Binuclear plan concept）。凹口平台画龙点睛，犹如宽阔的甲板，一侧联系坡道，另一侧与楼梯井相隔1.37m，上下层可以做到视线贯通。赛德勒模仿柯布西耶在平台的墙面上创作了一幅壁画，几何构图，颜色、质感蓝橙互补。开放空间用于接待朋友，容纳聚会中必不可少的音乐，实际上平台也夹在主卧和客厅之间，有门直通卧室，与客厅滑门相连，历史图纸上标记为“户外起居厅”（图3）。

开放停车库和小型工作室在底层，室内入口正对直跑楼梯，楼梯以毛石墙为支点，石墙同样从室外贯穿进室内作为结构支撑，为充分保证结构的稳定性，朝西的起居厅外墙内部加了斜撑。二层进门正对面就是布劳耶式的壁炉，开口高达1.8m（6ft），堪称巨炉，略显笨拙，它分割了餐厅和起居室，屋内四壁光滑，壁炉毛石粗粝。正如埃罗·沙里宁（Eero Saarinen）觉得壁炉实在是“浪漫得近乎荒谬”一样，日后建筑师不得不承认壁炉用处不大，必须采用移动的加热

图3 带沙里宁帆布椅的户外客厅（自摄，2017年）

炉取暖。功能上3间卧室，1个儿童游戏房，主卧带卫生间，配备有淋浴和盆浴，天窗通风，在当时的澳洲设施属于先进。室内铺地有两种，儿童游戏室和厨房、设备间、卫生间均采用了马赛克铺地，起居厅、卧室和餐厅为地毯，首先是出于功能上防滑、耐磨及易于清洗的考虑，其次体现了关照度，母亲（祖母）要做家务，孩子近在咫尺便于照顾，空间的关联度决定了铺装的选择性。

除凸显材料本色外，室内色彩丰富饱满，赛德勒的用色大胆，彰显了年轻人朝气勃勃的活力。四门被漆成红、黄、棕和蓝色，室内有灰、褐、蓝、黄等冷灰色系，并通过灯槽、天鹅颈灯、郁金香灯营造出温暖的格调。赛德勒在图纸中对所有光源的位置和光照范围均进行了详细的图示，包括大壁炉上也设计了壁灯（图4）。可圈可点的还有电器，澳大利亚的物资当时较为匮乏，但室内设计了时髦的电视。厨房的品位和设施显示出妇女的地位，自宅厨房的标准非常高，便于在没有仆人的条件下保证舒适。1940年来自瑞典的住房研究学院（the homes research institute），也是今天的瑞典消费者协会（Swedish consumer agency）即对厨房设备的标准化进行了研究，易于清洁、开放空间、体系化操作的厨房得到追捧[5]。赛德勒的厨房花费甚巨，有来自维也纳最现代化的厨具，包括冰箱、垃圾处理器、洗碗机、排风扇和报警器，几乎构成了一部20世纪50年代的时髦电器史，而其时澳大利亚根据本国的条件提倡的是轻装备（light filled），标准确实低了许多[6]。这一作品包含了母亲对儿子的宠爱，没有比妈妈更好的客户了，她同意出售维也纳的老家什，这样至少大件家具可以满足赛德勒喷薄的设计欲望吧，咖啡桌、餐桌、书架、嵌入式柜子均是量身定做，建筑师习惯家具配合镜面使用，实用性和视野都进一步扩大，已形成了自身的风格（图5）。户外搭配

图4 布劳耶式的壁炉与赛德勒壁炉自宅比较（布劳耶档案，自摄，2017年）

图5 各类质感配合镜面使用营造室内环境（自摄，2017年）

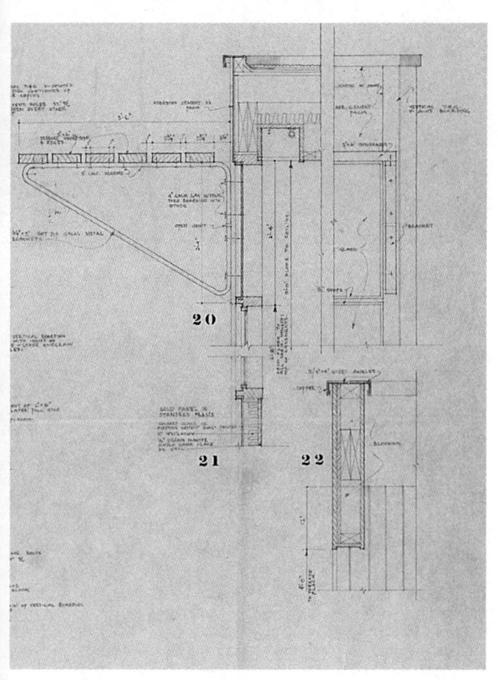

图6 百叶窗与遮阳（参考文献1）

了沙里宁设计的经典帆布椅，沙里宁为悉尼歌剧院评标远赴澳洲，曾于罗斯住宅做客，惬意地眺望旖旎风景。

热舒适性是另一难点，赛德勒从开始就试图牢牢掌控，以开放的平面、地方性材料和遮阳为处理气候特征的中心。自宅平台笼罩在酷热中的巨大阴影下，室内空间灵活隔断保证了最佳通风散热，拖地长窗帘遮挡午后的烈日，花园再次平添了茵萌，创造出微气候。不过，年轻的赛德勒还是严重低估了炽热的阳光，仅仅在局部设置木百叶是不够的，1952年的图片显示窗户均增设了柔性百叶窗（图6）。即便如此，在室内参观的时候窗户洞开，依然感到闷热。1991年古稀之年的建筑师在接受澳大利亚广播电台采访时反思道："建筑除了北面，整个都是木板，不能完全适应气候的变化，南半球的太阳实在太厉害了。"[7]这也促使他日后不断探索预制遮阳构件的技术和美学性能。

1948～1951年赛德勒设计的三个家均被登录为澳大利亚保护建筑，白色方盒子伫立于绿荫灌木林之中，中间以一个小池塘为中心（图7）。它们是澳洲半郊区化向城郊演进的典型居住例证，是建筑师职业生涯的重要里程碑，代表了澳大利亚的文化自信，又再现了来自美国的现代主义建筑风格[8]（图8）。20世纪50年代建筑师一直居住在罗斯住宅，1967年其父去世后房子被出租。1988年建筑师将自宅和家具陈设捐献给新南威尔士的历史住宅信托（Historic Houses Trust of NSW），对1980年创建的该慈善组织推动极大。2013年信托更名为悉尼活态博物馆（Sydney Living Museum），如今档案与历史图片日趋齐全，特别是一档黑白电影"50年庆典"（50 years fair）记录了罗斯住宅的原貌[9]。自1991年起，罗斯住宅每周日对外开放，2008年建筑进行了彻底修复，赛德勒母亲勤于耕耘的果木园如今依然有产出，作为慈善商店的货品用于募捐。可容纳200人参加的花园派对成为社区纽带，每到周末就有附近三三两两的居民在草坡上铺块棉布享受日光浴，半个世纪前的家庭场景具有了广阔的社会价值（图9）。

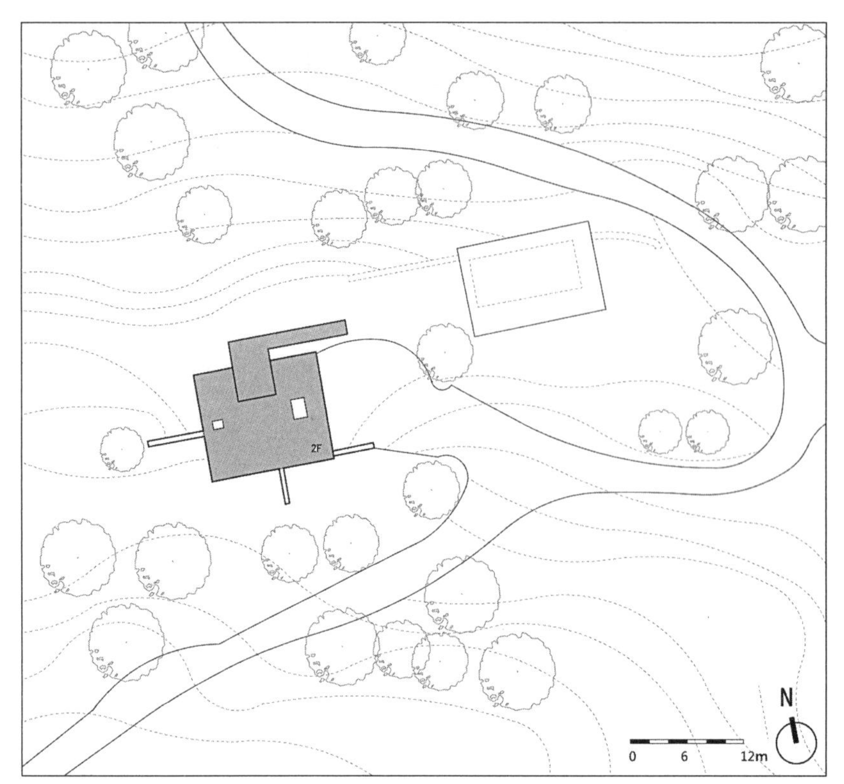

图7 1948~1951年赛德勒的住宅设计（自绘）

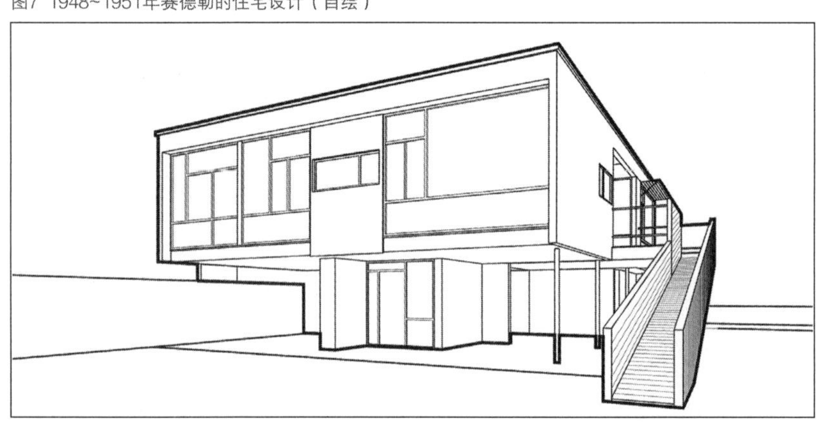

图8 自宅全貌（自绘）

黑白照片时代，罗斯住宅于1950年登上了《美好生活》杂志彩页发表，这是一本国际软装杂志，赖特也曾和流水别墅的主人考夫曼一起通过该杂志推销设计的家具，故传媒影响力颇大。自宅经广泛报道成为当时悉尼津津乐道的明星级住宅[10]，1952年获得所罗门奖（Sulman Award），多年后又戴上了“澳大利亚50年建筑金奖”的桂冠，至今被视为澳洲现代建筑的

图9 周末野餐（自摄，2017年）

图10 1950年登上《美好家庭》的封面

经典之作。赛德勒被尊为澳大利亚现代主义建筑的教父，与第一个作品赢得的巨大成功不无关联（图10）。世间存在距离，赛德勒主动与现代建筑靠拢，同期澳大利亚身处巨大的建筑市场，建筑师对现代建筑的回应却不尽相同。如博伊德（Robin Boyd，1919～1971年）1958年完成了沃尔什街自宅（Walsh Street house），1969年建筑师获得澳大利亚建筑师协会的金质奖章，自2005年后自宅归其基金会所有，并对外做了很多研究工作。博伊德从未主动粘合现代建筑，业主的要求至上贯穿在其所有作品的深处，包括他本人的家，赛德勒是标签鲜明的名师。

参考文献

[1] Johnson, Donald Lesilie. Australian Architecture 1901 ~ 51: Sources of Modernism[M]. University of Sydney Library.2002.

[2] Marcel Breuer , Cranston Jones. Marcel Breuer: Buildings and Projects 1921 ~ 1961[R]. F. A. Praeger.1962.

[3] http://www.sl.nsw.gov.au/stories/rose-seidler-house. 访问时间2016-10-30.

[4] Harry Seidler. Architects' own house [J]. Architecture in Australia. April 1968.

[5] TA Deutsch. Memories of Mothers in the Kitchen: Gender, Local Foods, and the Work of History[J]. Radical History Review. Special Issue on Food.2011(4).

[6] W.Watson Sharp. Your Post-War Home [M]. Sydney. Eight Shillings & Slxpenge Publishing. 1945.

[7] Harry Seidler. Houses & Interiors and1[M]. Sydney: Images Publishing Group Pty Ltd. 2003.

[8] Australian Institute of Architects. Nationally Significant 29th-Century Architcture[R]. Revised 06/04/2010.

[9] Alexandra Teague. Conservation and Social Value: Rose Seidler House [J]. Journal of Architectural Conservation.No2. July 2001.

[10] Cooper, Nora. Sydney showpiece [J]. Australian Home Beautiful. Feb 1951.

面朝国家公园—现状（自摄，2017年）

厨房与后院—现状（自摄，2017年）

入口—现状（自摄，2017年）

遮阳一现状（自摄，2017年）

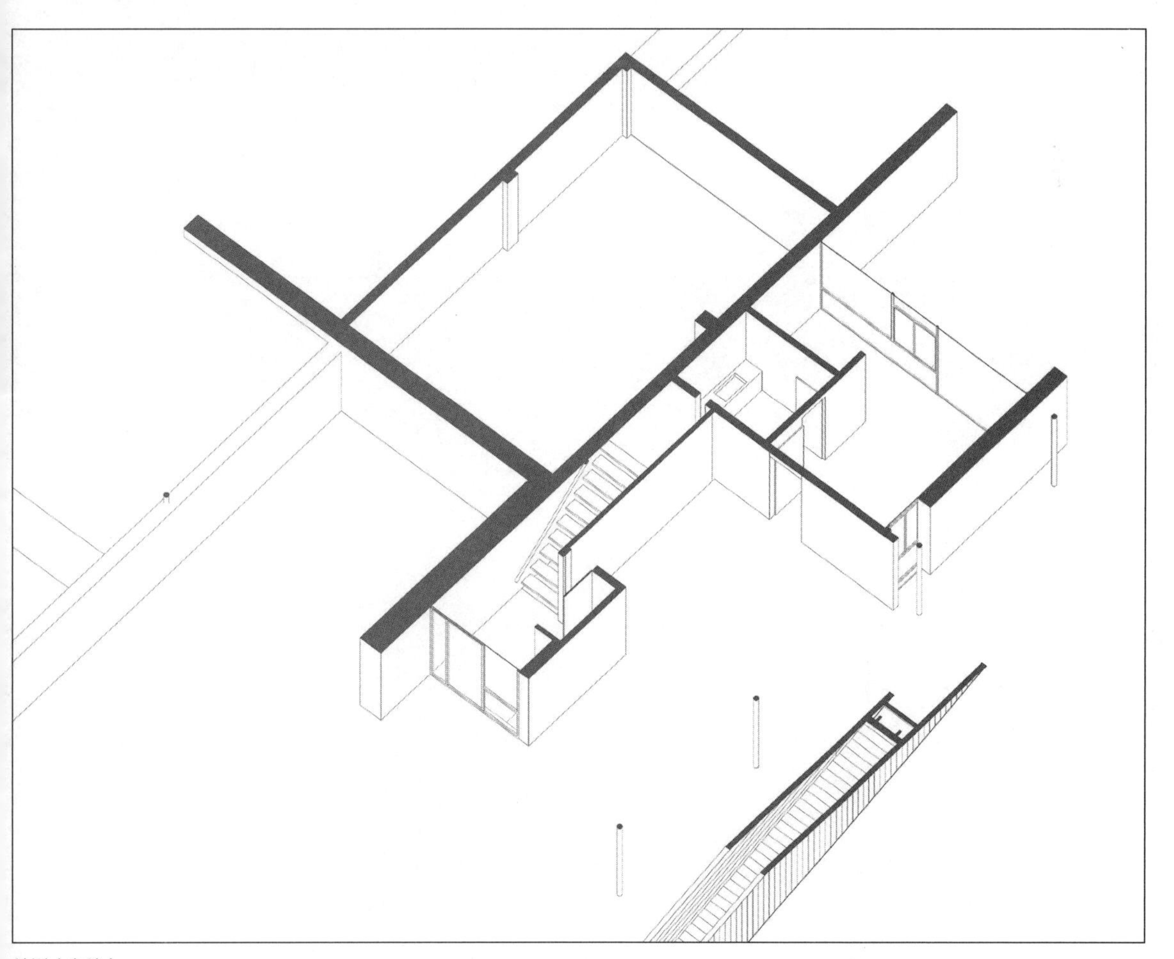
轴测（自绘）

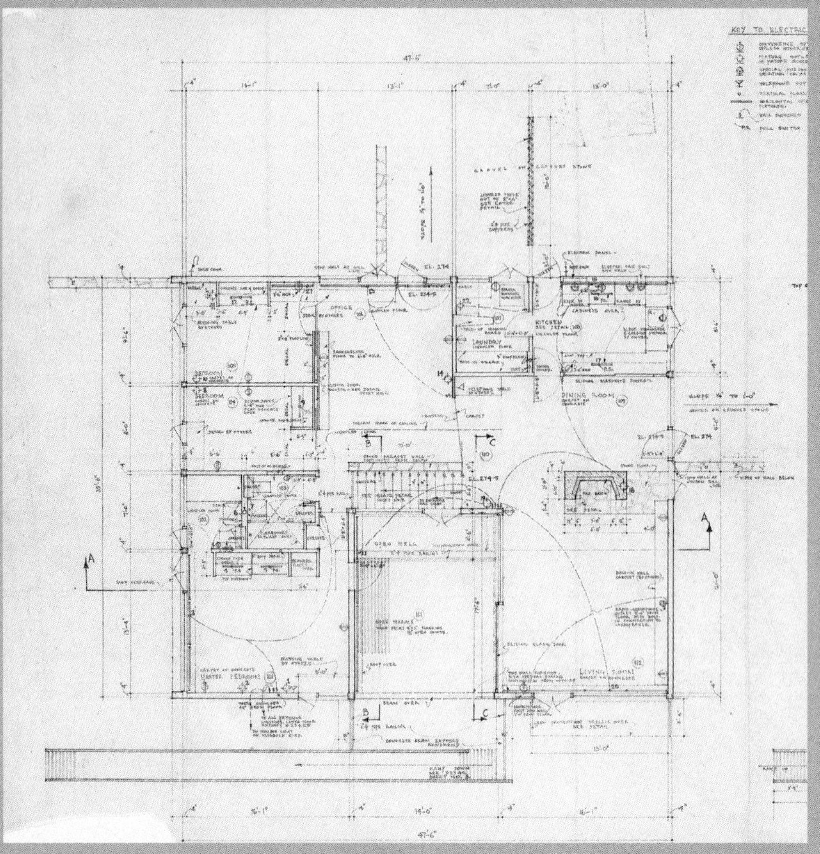

二层平面—历史信息（新南威尔士国家图书馆）

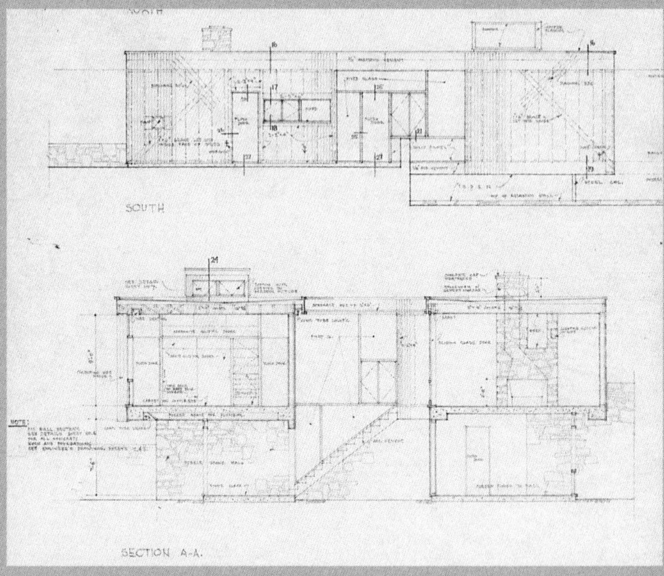

A-A剖面—历史信息（新南威尔士国家图书馆）

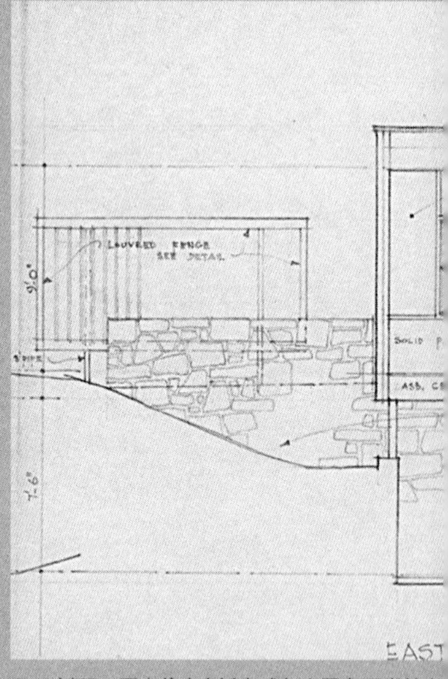

C-C剖面—历史信息（新南威尔士国家图书馆）

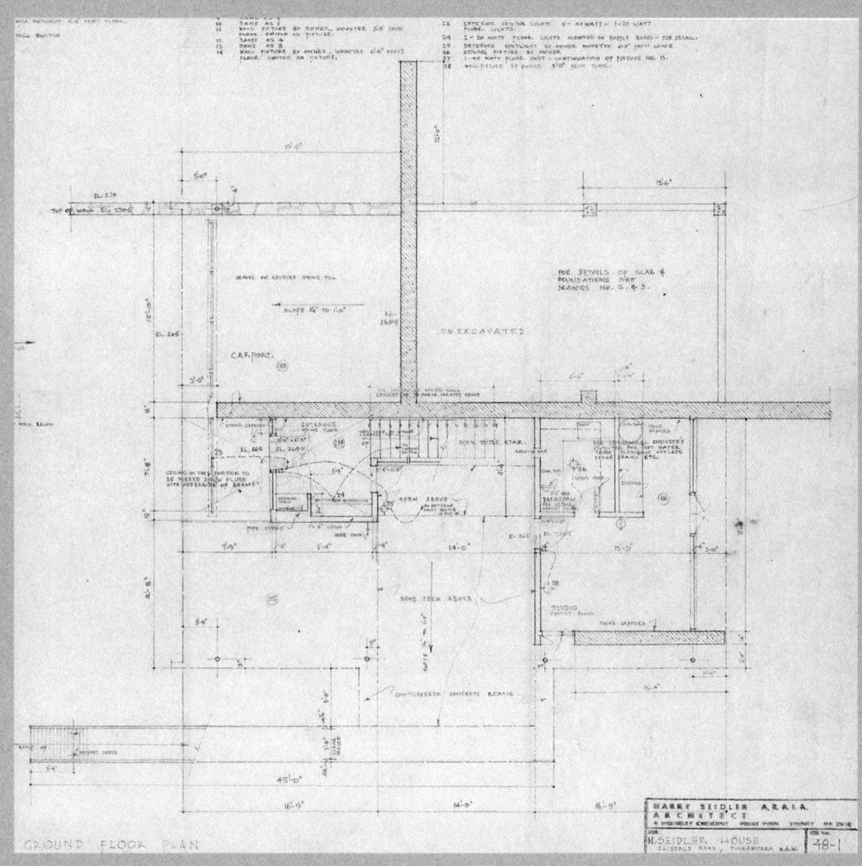

底层平面—历史信息（新南威尔士国家图书馆）

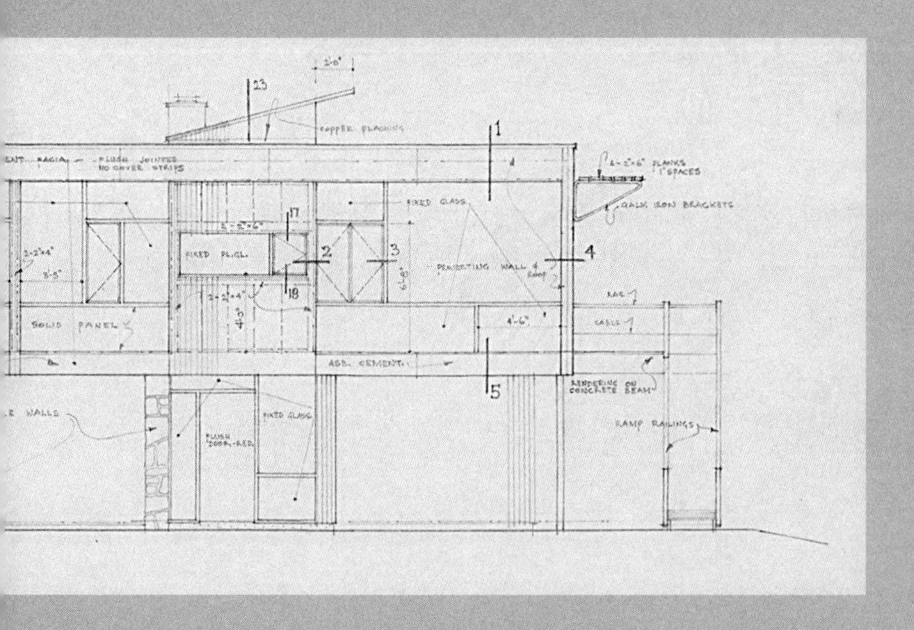

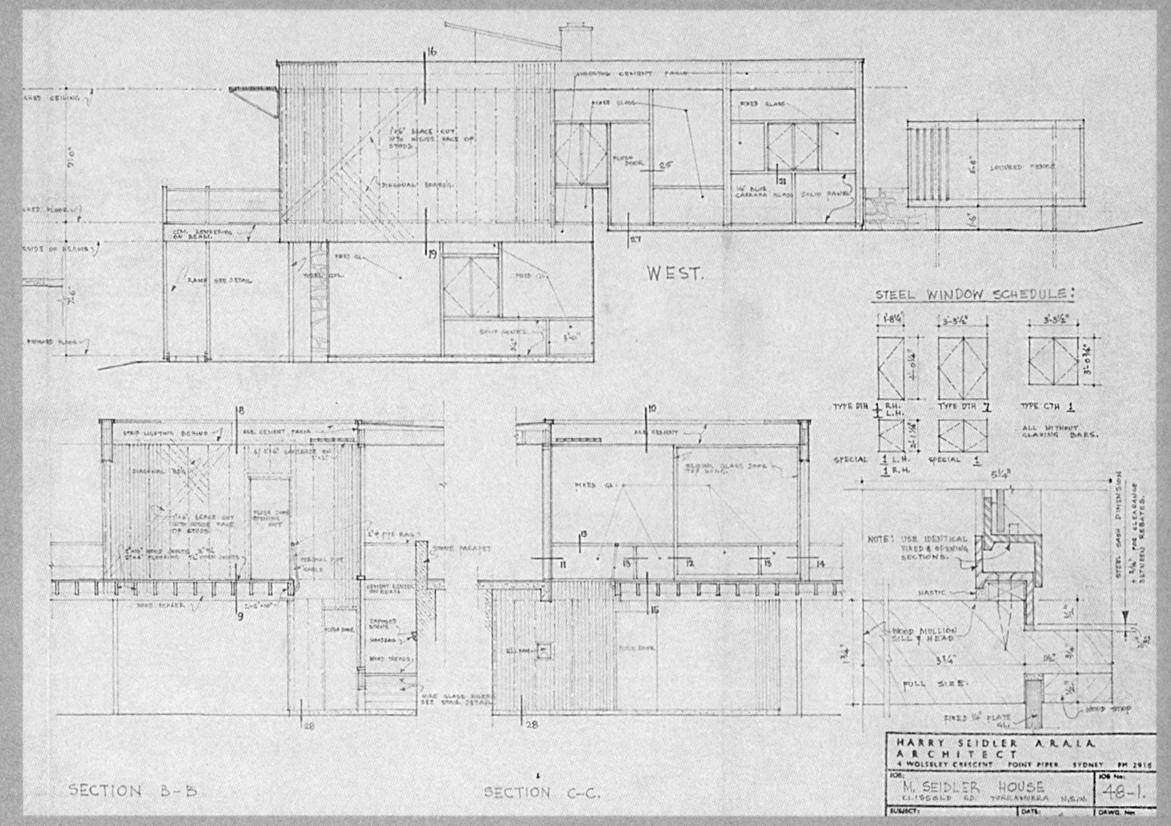

西立面—历史信息（新南威尔士国家图书馆）

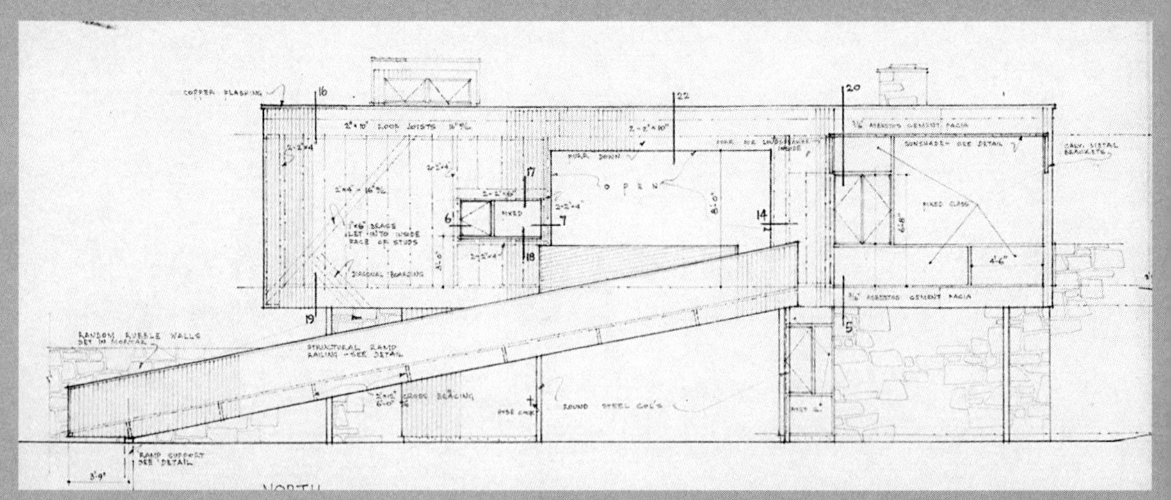

北立面—历史信息（新南威尔士国家图书馆）

1950年竣工照—历史信息（新南威尔士国家图书馆）

1954年格罗皮乌斯和赛德勒—历史信息（新南威尔士国家图书馆）

1951年母亲的餐厅与厨房—历史信息（新南威尔士国家图书馆）

12

［丹麦］

雅各布森：联排住宅的东南角

Arne Jacobsen（1902 ~ 1971）

South-East Corner of a Row House

Søholm I Strandvejen 413, Bellevuekrogen 20~26, Klampenborg, Copenhagen, 1951

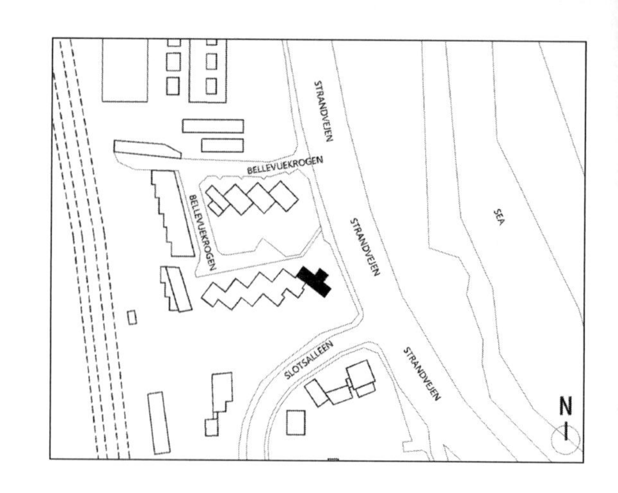
STRANDVEJEN
BELLEVUEKROGEN
BELLEVUEKROGEN
STRANDVEJEN
SEA
SLOTSALLEEN
STRANDVEJEN
N

1 也是在该届博览会，梅尔尼科夫因苏维埃展厅获得了广泛的关注。
2 武森以设计住宅见长，在有限的经济条件下创造最大的便利性，有300多件住宅作品，目前自宅作为某大学的租赁寓所。
3 1957年雅各布森在哥本哈根郊区又设计了一幢自宅，"赛斯柏"住宅（Siesby House）对后面的英国斯宾塞自宅具有影响。

丹麦位于北海和波罗的海之间，与挪威和瑞典不同，境内几乎没有山脉，地势平坦，被海洋环抱，安宁的生活和优越的福利制度激发了无数天才的创作。欧洲最负盛名的丹麦皇家艺术学院建立了严密的师徒制教学体系，国家所有公共建筑均采用竞赛制度。20世纪50年代初，政府对家具和艺术品设计也提供了针对性的贷款，从理论、法律和资金上共同推动了一批青年艺术家的成长。"斯堪的纳维亚现代"的精英汇聚在丹麦，激发了家具、建筑和景观园林的多方面拓展。雅各布森毕业于丹麦皇家艺术学院，1956年后除作为开业建筑师外，一直也是母校的教授。1925年还在读书的他，即在巴黎装饰和艺术产业博览会上因椅子设计而斩获银奖[1]，其图纸签名洋洋洒洒"艺术家雅各布森"[1]。1929年雅各布森与好友、日后的家具设计名师莱森（Flemming Lassen）合作参加了由丹麦建筑师协会主办的未来房屋竞赛，获头奖。螺旋平面带私人花园，平顶钢筋混凝土结构，拥有直升机停机坪、私人汽车库、船房、邮件管道和自动准备餐饮的厨房，别开生面，卓尔不群，堪称建筑师一段传奇的序曲（图1）。1930年雅各布森独立开业，"二战"前在哥本哈根北部卡姆堡（Klampenborg）已通过竞赛获得了一系列的建筑权，这里成为他"二战"结束后的设计大本营。

1946～1957年位于卡姆堡的霍尔姆（Søholm）的居住区开发是建筑师事业走向巅峰的转折点，他亲自打理了总图、户型和景观的方方面面，1951年雅各布森在此安家直到20年后去世。战后受到优惠贷款利率的刺激，北欧自建住宅发展很快，包括瑞典麦克柳斯（Markelius House，1945）、丹麦伍重（Utzon House，1953）、丹麦武森（Bertel Udsen house，1955）[2]等人的自宅目前均为各国保护建筑。雅各布森一生至少有3幢自宅[3]，均为保护建筑并以不同的形式对外开放，但1955霍尔姆自宅与其他建筑大师的家不同。它为战后渴望家庭温暖的普通人设计，属于联排别墅居住区的一份子，建筑师在设计之初就考虑过偏安一隅，购买房产并留有余地扩建工作室。

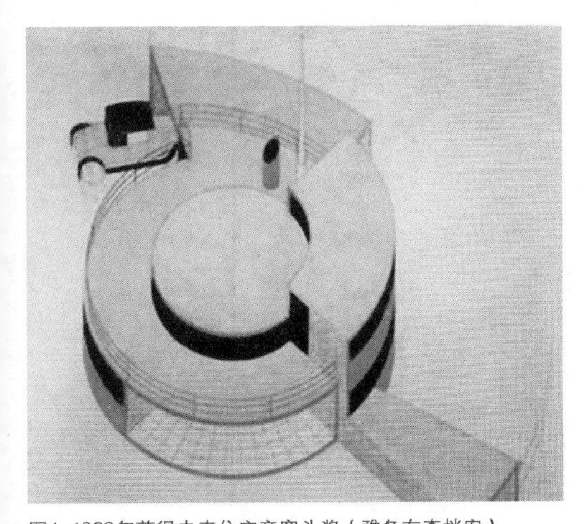

图1 1929年获得未来住宅竞赛头奖（雅各布森档案）

霍尔姆住宅区居于滨海铁路线和海湾之间，占地约70m×90m，地势东面略低。原基地属于霍尔姆家族的地产，东南面海，北、东向有车行路，基地内保留了若干大树。设计分为1946～1950年Ⅰ期、1949～1957年Ⅱ期、1953～1954年Ⅲ期，分期并不严格，时间交错，持续近十年。总体思路是要创造具有社区感的中等密度联排住宅，总价低，每户拥有自己的花园、屋顶平台或阳台。在此基础上，环绕保留的大树，基地根据开发阶段分成三块，形成L锯齿形、矩形锯齿形和公寓式组成的围合空间，整体材料与形体相当协调，错落的屋顶和绿篱环绕的花园也使昔日周遭冷清的街道产生了不少活力。总图至少经过两次明显的修改，其目的是扩大I期的占地面积，保留更多的树木（图2）；原Ⅰ期、Ⅱ期的户型一致，后重新设计了Ⅱ期户型，各户拥有下沉的屋前平台和后花园，弥补了无法看到海景的缺陷；通过减少I期的户数，Ⅲ期长条状联排住宅的周边自然环境更为优越。尤为有趣的是，雅各布森在设计之初就留了心眼，拟扩建的工作室自始至终在总图中存在。在总图的推敲中，通过优化内部道路系统，建筑师的自宅享受了更大的花园、笼罩在几棵大树之下。除自己的车库入口外，

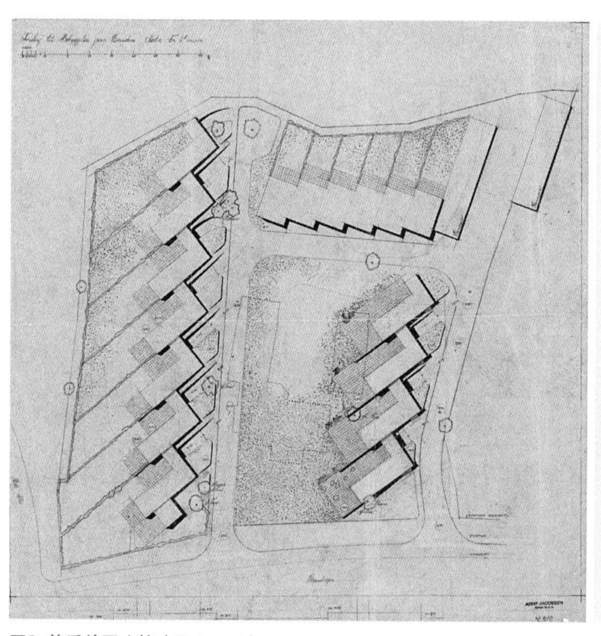

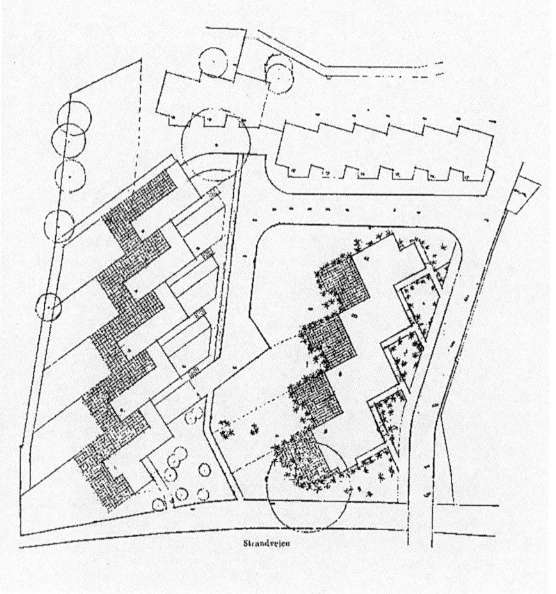

图2 前后总图比较（Pinterest）

周边再没有车行路线，处于社区内完全步行化的端头，自宅工作室单独从东面开口，因借地势无需台阶。建筑师的设计风格随着时代变迁，1929年雅各布森设计的第一栋位于哥本哈根郊区的自宅（Charlottenlund，1931年扩建了工作室）是白色平顶的功能主义建筑，而“二战”后霍尔姆住宅区已成为与环境高度融合，质量上乘、外观优雅的斯堪的纳维亚现代精品，经济实惠又足以成为品位和地位的象征。

I期五个单元，家家“绿岛式”的入口区既保证了最大的私密性，也使I期社区具有了更强的领域感。建筑朝东南，双坡屋顶非对称，各户有1m高的入户台阶，1：10的坡度形成独立车库入口，拥有地下室、车库、封闭的小花园，户户可观海景。雅各布森的自宅位于I期的东南角，砌体结构、木楼板，黄色砖墙、水泥石棉屋面，普通单元建筑面积110m^2，自宅有另建的侧翼三层工作室（图3）。底层通过户外休息廊到达平易近人的入口，以二层通高的餐厅为核心组织空间，餐厅与封闭的小花园相望。一侧布置了三间卧室和一个厕所，面积和卫生间标准均适中偏低，十分注重尺寸符合家具或床的摆放；另一侧布置了厨房、仆人房和通向地下室的小楼梯，

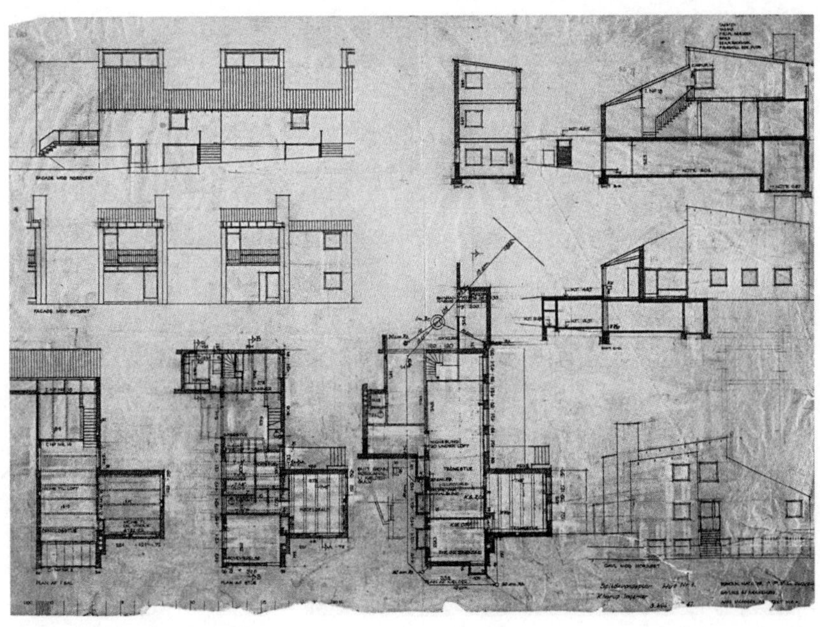

图3 自宅平面（参考文献4）

它们与餐厅和起居厅相比都处于相当次要的地位。起居厅出人意外地布置在了二层，室内与餐厅通视，室外有观海看日出的阳台（图4）。壁炉未居中，靠近东南落地窗，雅各布森在此处将暖气和壁炉组合起来，设计了唯一一处家具，令室内温暖舒适、坐下来所看到的景观依然宽阔。主卧和餐厅采用了落地玻璃窗，其他房间严格采用了121cm（4ft）方窗，厨房有天窗。原始建筑面宽很窄，横墙墙中心线间距仅3.96m（13ft），此是砌体结构的局限，但随后展开了细腻的竖向设计，以便扩大空间感。地下室净高2.25m，一层2.43m（8ft），自宅首层的宽高比8：13，实则是黄金比例。二层起居室外阳台的檐口也为2.43m高，在保证楼梯上空净高2.13m（7ft）的基础上，西侧屋面直接起坡顶来找栏杆的水平线（图5）。东面坡顶与封闭花园的屋顶平行，坡顶穿过阳台和壁炉，体现出了朝向海景的强烈方向性。正是因为高度、开窗和空间形体的精心组织，建筑看起来比实际面积要大，设计增添了无限的附加值。与其他单元不同，雅各布森的家多出独立入口的工作室，每间只有20m^2，从地下室到顶层可分为画图间、工作室和会客室三部分，室内嵌入式家具及灯具的设计品位可圈可点。在这里大师完成了被赞誉为“世界上第一个设计师酒店”的皇家旅店（SAS Royal Hotel）等大量名作。

雅各布森有段话很有意思：*“造房子难以置信地简单，难的是选择，一旦碰上问题就有很多解决方案，只有几个是合适的方案。它们多少缺乏建筑所需要的美感，这就是艺术家的问题，在所有解决方案中寻找最合理的。”* [2]

图4 起居厅与海景（Pinterest）

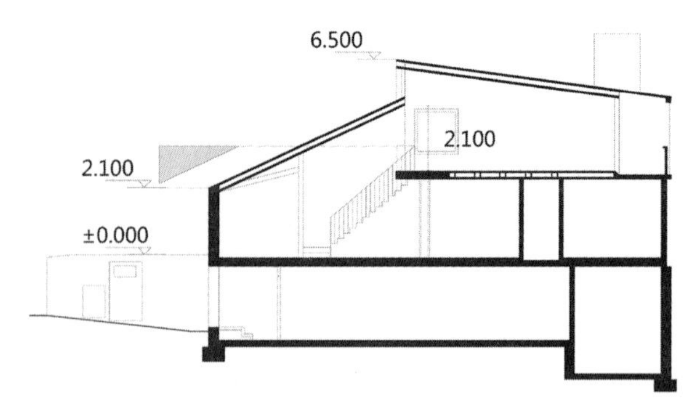

图5 形成屋顶坡度（自绘）

图6 体块推敲（By & Byg）

图7 细部推敲（By & Byg）

从少量草图和现状比较可见，布局略微作过调整，如地下室局部层高调整到2.5m，厨房和仆人房的调换、增加就寝区的壁橱等，以使功能更为合理。高低体块的形体塑造是重中之重，建筑师去掉坡屋顶及壁炉，利用色彩、阴影对建筑各类转折逐层推敲（图6）。南立面每根线条都表达了精细的比例关系，雅各布森习惯于三个面同时考虑，会形成一组草图推进，配合其体块草图可见立面对栏杆的三种细部比较（图7）。“建筑是美的，美存在于比例中：是一种和谐。多一点少一点都不行。”[3]这件作品超越了功能主义，因此他人也很难模仿。

雅各布森的花园有300m^2。几何景观是丹麦现代园林的关键特征，与英国花结园林或迷宫园林的图案化相比，植物塑造空间的潜力明显增强。雅各布森很早就关注到植物可作为建筑元素使用，青竹、忍冬形成花园的外边界，随着季节搭配植物，花儿不多，以白色为主，80种植物绿意盎然，基本上一个月能换一次花园的花样。花园入口正对北角保留的几棵大树，周边兰州荚、常春藤、蔷薇还有沙棘形成了起伏的植被群落，而Ⅱ期内的两棵参天古木使建筑师的窗口进一步沉浸在绿荫之中，清晨即可聆听枝头的云雀鸣唱。花园其他部分通过绿篱乃至蔬菜形成列植的正方形绿岛，蕨类、垂枝桦、花球点缀其间。花园成为没有屋顶的室外房间，融合了小家庭的多种休闲功能。三片毛石墙与毛石地面围合出日晒区和遮荫区，即刻有了四季分明的感受，丹麦的几何花园传统在雅各布森的自宅中悠然绽放（图8）。

图8 花园（Pinterest）

雅各布森的自宅及花园目前都受到国家的保护，2007年丹麦的跨国房地产集团公司By & Byg购买了该自宅，并经详细研究后修复，目前作为租赁之用[3]。By & Byg颇具特色的开发就是通过投资和物业管理全方位搜罗丹麦境内的建筑地标，整修后再利用。它依靠网站、影视及俱乐部活动让历史建筑会说话，亦可产生更显著的经济效益和文化品质。现代建筑师自宅是公司投资中的一个类别，包括雅各布森的郊区自宅、霍尔姆自宅及武森自宅等均为旗下所有。根据丹麦的遗产法，公共机构或社会团体接受遗产并提供公众服务可得到税赋减免，因此公司要求租赁人每年通过公司的“开放住宅活动”向公众敞开几次房门[4]。

在雅各布森正式乔迁新居之时，1951年他为丹麦国际医疗中心总部餐厅设计的“蚂蚁椅”也获得了巨大成功，名椅闪现在时尚的国际杂志上，

图9 蚂蚁椅（摄影：Christine Keeler）

也安然服务于普通家庭的餐桌旁，至今是简约先锋、优雅又极为耐用的代言人，丹麦零售量最高的家具（图9）。没有人可以随便成功，雅各布森极少接受英文报刊的采访，因此1971年他去世当年的答记者问尤显珍贵：[1]

“什么是建筑美的构成要素?”

“我想是比例，比如希腊神庙的比例，空气从柱子中间穿来穿去。还有是材料及材料的组合，再有就是色彩，它们共持强烈的印象。”

“当建筑师设计一座带大窗户的大房子时就需要考虑窗帘，如果自己家里挂着花里胡哨的蕾丝窗帘，您作何感想?”

“我觉得还行，有点无法理解。直到有一次一个工人说，亲爱的雅各布森先生，您不能将夫人的窗帘说成宽松的灯笼裤。是的，那工人爱自己的妻子和窗帘，我意识到自己已经越界了。”

作为丹麦粉丝的你，一定知道设计是灵魂，也是丹麦人重视生活各个角落的助推器。雅各布森是个“细节控”，精美的比例服务于日常生活，与密斯不同，生活又高于一切，爱随着建筑及建筑里的故事恒久流传。

参考文献

[1] Copenhagen Newspaper Politiken [R]. 25/2/71.

[2] Berta Bardí i Milà. Nordic beauty versus classical beauty: the case of Arne Jacobsen [J]. Architectural Record.2002(12).

[3] BB Milà. Nordic beauty versus classical beauty: the case of Arne Jacobsen [J]. Altres, 2010.

[4] Peter Thule Kristensen and Realea A/S. Arne Jacobsen’s Own House —Strandvejen 413 [M]. Realea A/S. 2007.

小区入口—现状（自摄，2017年）

古树与海景—现状（自摄，2017年）

自宅—现状（自摄，2017年）

绿岛状各户入口—现状（自摄，2017年）

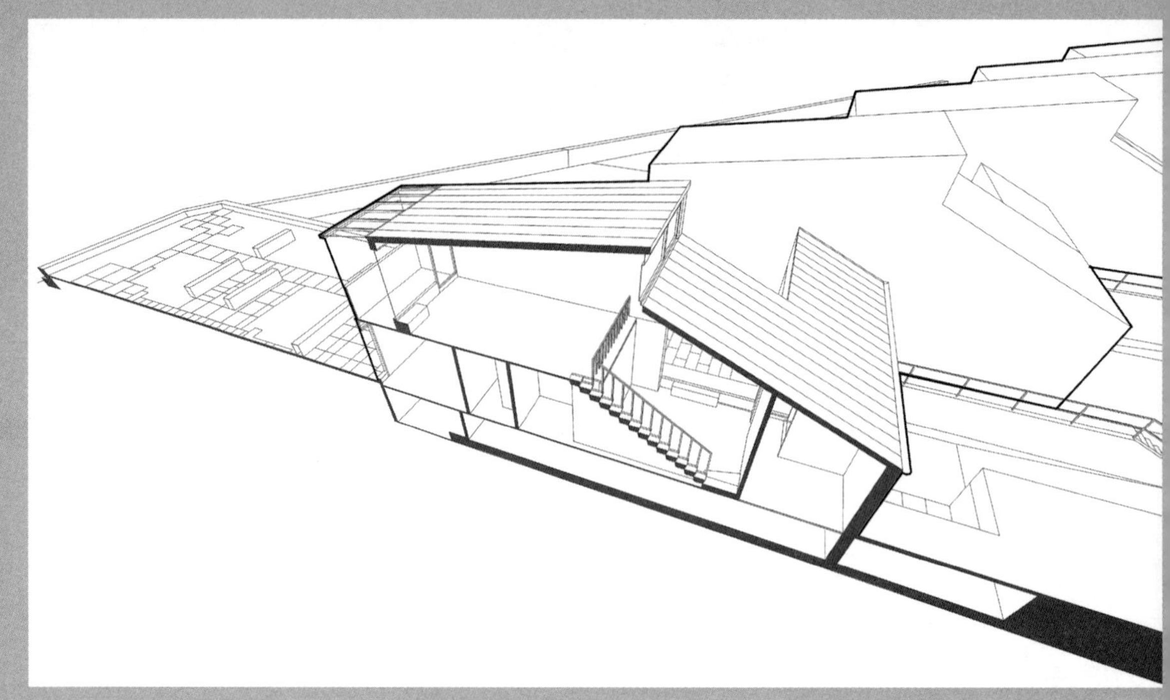

起居厅—轴测（自绘）

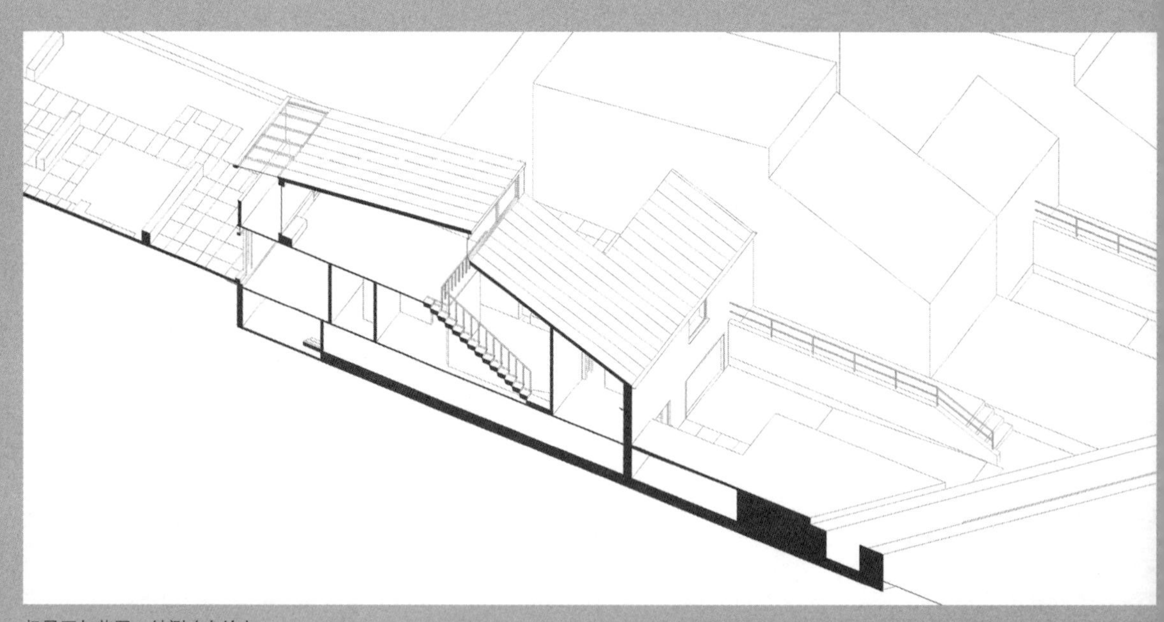

起居厅与花园—轴测（自绘）

1951年自宅—历史信息（By & Byg）

1951年的小区连排住宅—历史信息（By & Byg）

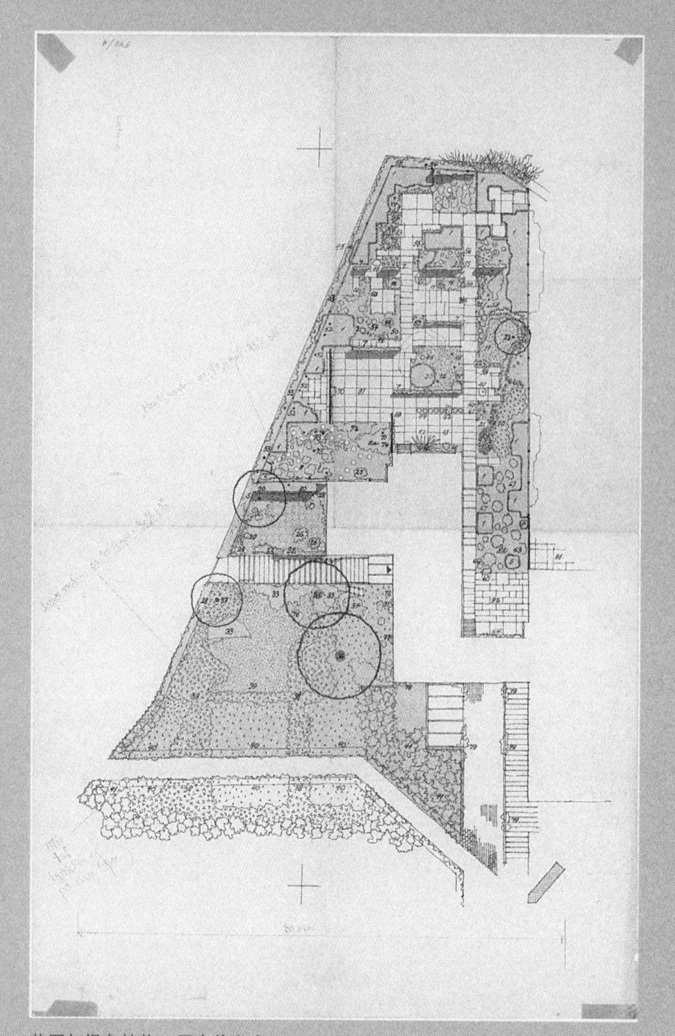

花园与绿岛植物—历史信息（By & Byg）

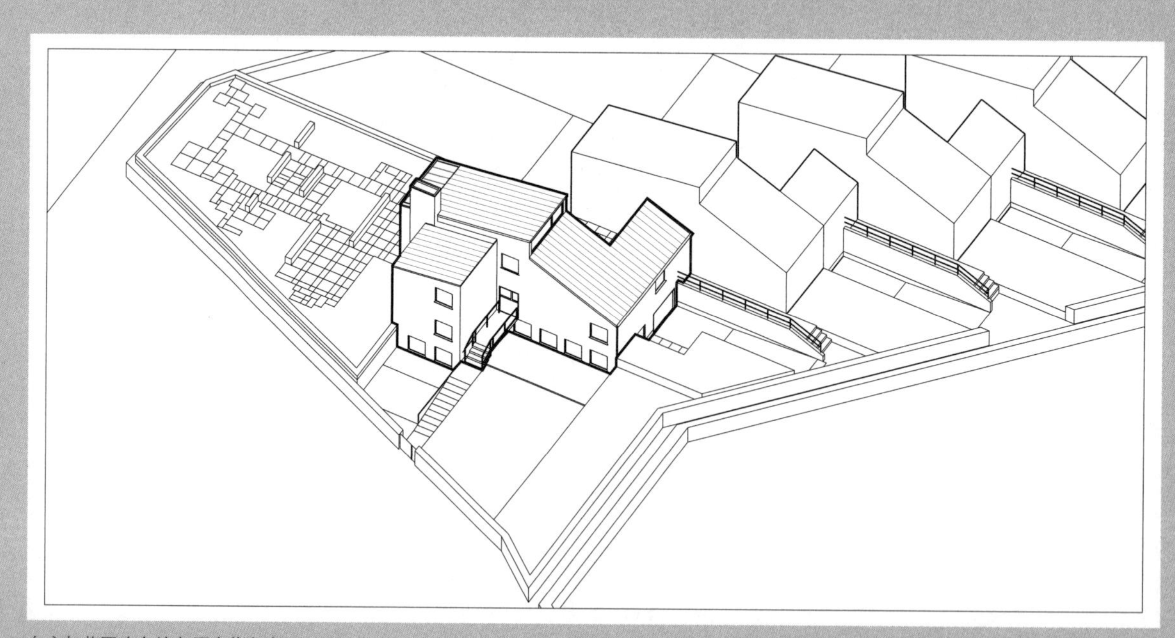

自宅与花园（自绘）历史信息（By & Byg）

中产阶级社区—历史信息（By & Byg）

屋顶坡度与室内净高密切有关—历史信息（By & Byg）

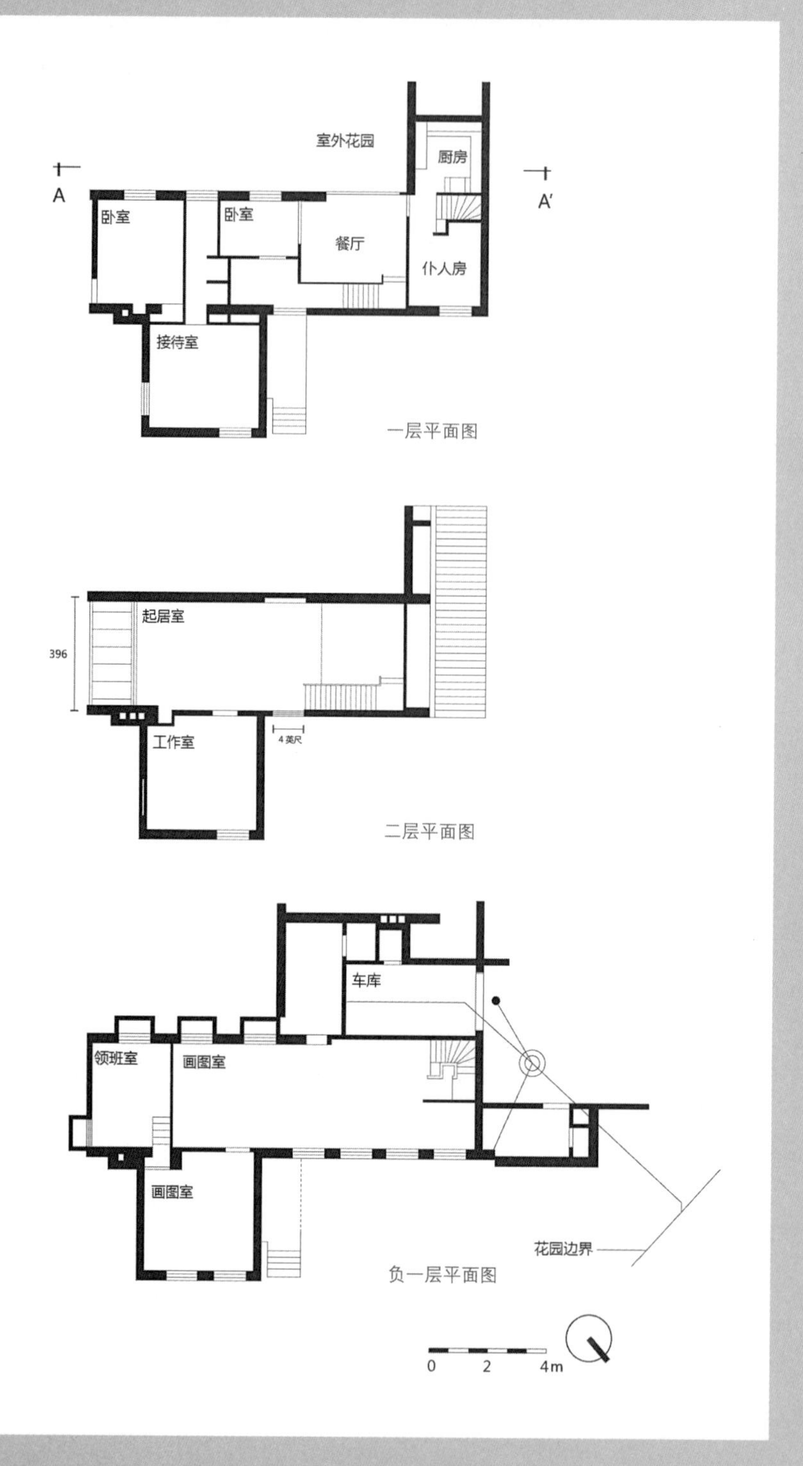

室外花园
厨房
A
A′
卧室
卧室
餐厅
仆人房
接待室
一层平面图
起居室
396
4 英尺
工作室
二层平面图
车库
领班室
画图室
画图室
花园边界
负一层平面图
0
2
4m

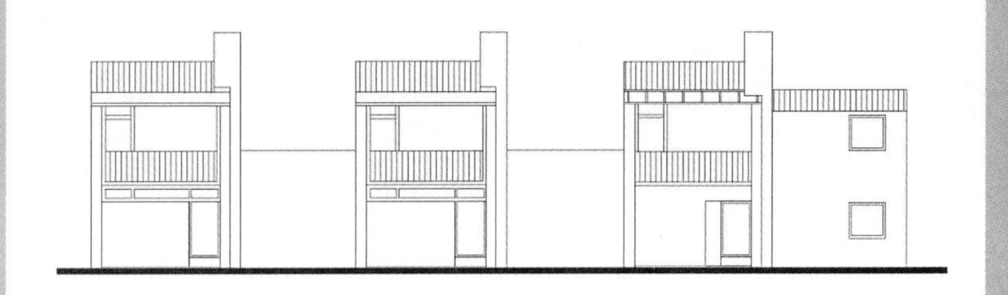

西立面图

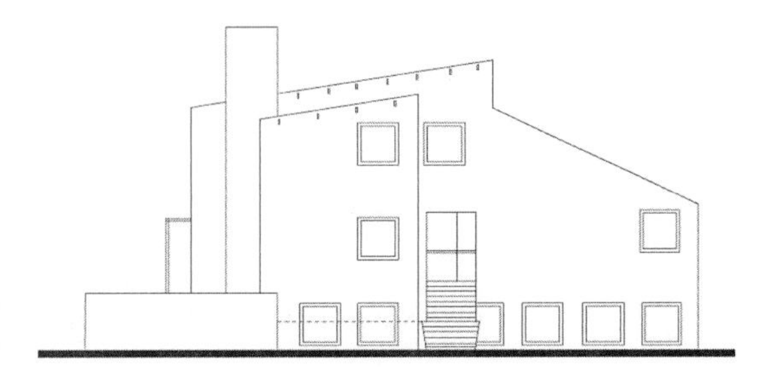

北立面图

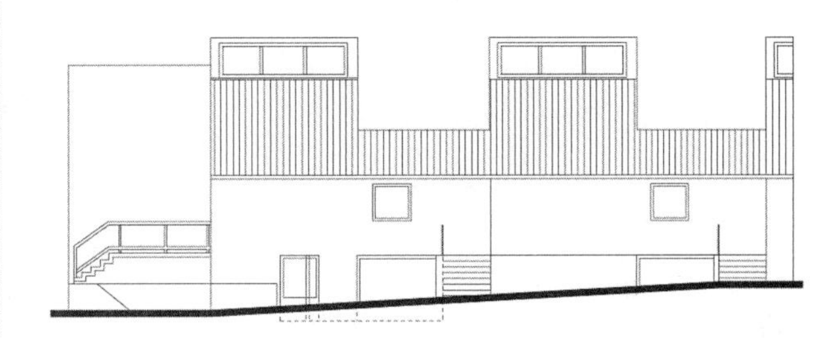

东立面图

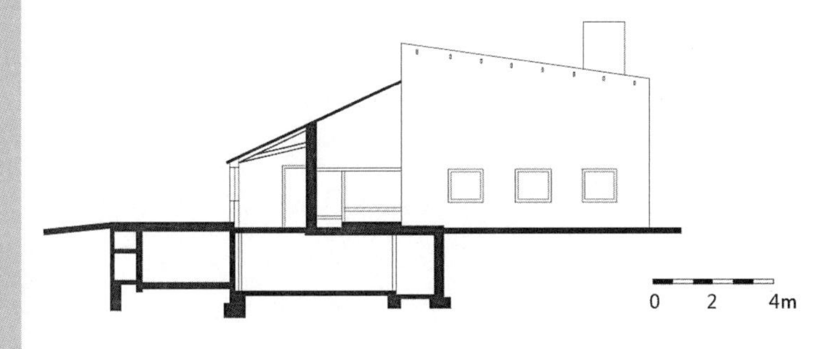

A-A′ 剖面图

13

［法国］

勒·柯布西耶：模度小屋

Le Corbusier（1887 ~ 1965）
Modular Cabanon

Cabanon, Roquebrune-Cap-Martin, France, 1951~1952

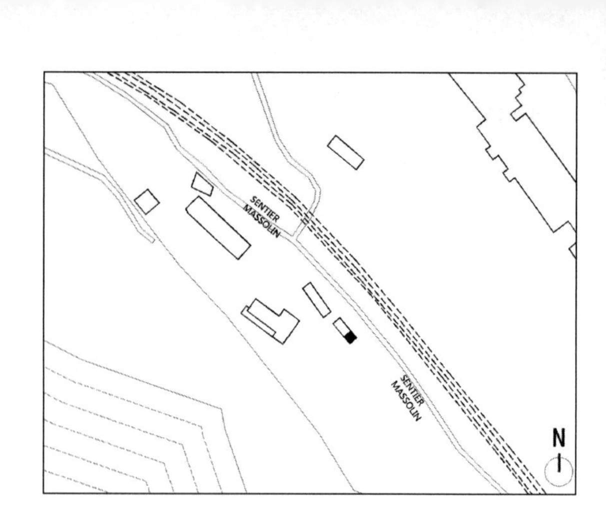
SENTIER
MASSOLIN
SENTIER
MASSOLIN
N

2008年法国遗产日的主题是柯布西耶的遗产，巨擘涉猎极广，那么瑞士人为自己设计的唯一度假小屋会怎样？当2009年英国皇家建筑师协会将燕尾小木屋以1：1再现于伦敦的时候，展览轰动一时，人们惊异于大师的多个侧面。1952年大师年过六旬、声誉日隆，正忙于与连续五任的法国城市规划官员沟通，商榷著名的社会性住宅马赛公寓的方案。23种马赛公寓户型是考察小户型的经典案例，不止于规模的小，更是对住宅平面重新探讨，提炼出生活中必要的元素，以此开展单元组合设计。至于度假小木屋，大师胸有成竹，只消45分钟就在餐厅内勾勒出草图[1]（图1）。它是诸如马赛公寓等大量案例积累后深思熟虑的结果，成为柯布西耶晚年非常特殊的作品，研究模度（Modular）理论的经典案例。

从蒙特卡罗有火车直达法国南部的燕尾海角（Cap Martin），因地形峻峭、气候稀松平常，这里算不上法国的度假胜地，罗克布吕纳（Roquebrune）正是面海的小小村落之一。柯布西耶与这个小地方结缘归功于E1027，20世纪30年代初爱尔兰女设计师格蕾与伴侣在此修建了一座度假别墅，柯氏非常享受这个与“新建筑五点”不谋而合的住宅，倾慕女主人光芒四射的才华，多次来往度假。终因在E1027起居厅墙面上擅自留下性题材壁画而与格蕾闹翻，佳人拂袖而去，40岁的柯布西耶沦为“蓝瘦香菇”的男主角，他要扳回一局。斗转星移，大师与餐馆老板瑞巴托（Thomas Rebutato）结下了友谊，后者低价割让给柯布西耶紧邻搭伙餐厅的一小块地。1951年的最后一天，大师得以凭此为自己心爱的妻子伊冯构画一间度假小屋（Cabanon），“它将建造在一片被海浪压实的岩石上”。柯布西耶在小店花了40多分钟完成草图，好多大师的巅峰之作都诞生在唧唧歪歪的地方、皱皱巴巴的纸上，不知是何道理。

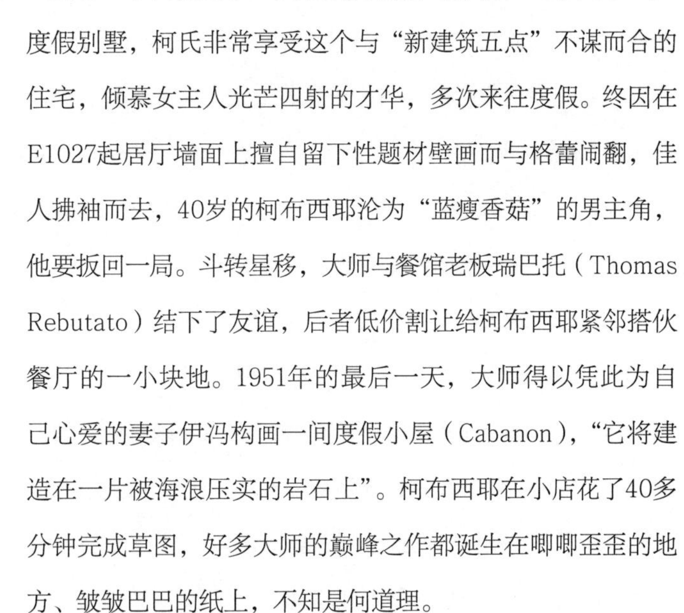

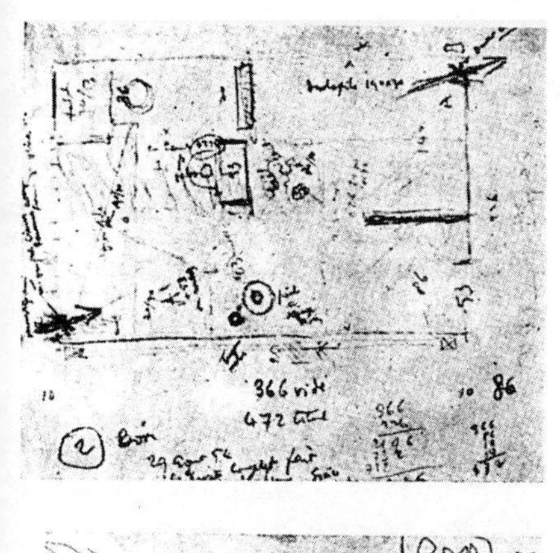

图1 自宅草图（参考文献1）

“Cabanon”在法语中意为身材矮小的房屋，大量法国南部牧羊人居住在此类完全用木材建造的房屋之中。无独有偶，阿尔托1941年发表《卡累利阿的建筑》，关注的也是芬兰特有的一种牧羊人小木屋："卡累利阿住宅是一种从一个独立的普通小室或一个原始的遮蔽所开始的……它总是存在着组成更大、更多的复合建筑的可能"[2]。具有浓烈乡土气息的"Cabanon"是大师最本质的建筑雏形，它的特殊之处在于传统形式叠加了配合大工业生产的模度理论，两者拼合得十分巧妙。

与"每个屋顶坡顶都不相同"的牧羊人小屋迥异，为了发现数学美的规律，柯布西耶孜孜不倦拓荒了45年。如果没有一种通用的尺寸系列，那么批量生产、标准化和工业化的现代任务将无法展开，模度是通用的尺寸系列，一个符合人体尺度和谐的尺寸体系，普遍适用于建筑和机械领域。1946年普林斯顿大学爱因斯坦教授与柯布西耶围绕"模度"促膝长谈："这是一个尺寸系列，它使事情做好了容易，做坏了难。"[3] 科学的进展就是多数人服从少数科学家，传统观念推翻后科学才能进展，这是柯布西耶筚路蓝缕的不凡之处。1947年建筑师将这项专利公之于众，次年《模度》（Le Modulor）出版。柯布西耶从人体尺度出发，选定下垂手臂、脐、头顶、上伸手臂为控制点，与地面距离分别为86cm、113cm、183cm、226cm。这些数值之间存在着两种关系：一是黄金比率关系；另一个是上伸手臂高恰为脐高的2倍，即226cm和113cm。以这两个数值为基准，将两个相同的正方形并置，在直角点插入第3个同样大小的正方形……形成复杂的数级（图2）。他在著作中特别研究了老朋友普鲁夫（Jean Prouve）的工业化住宅体系，作为模度理论有利于形成预制化和标准化，投入社会性生产的有力旁证。《模度1》、《模度2》在伦敦、斯图加特、东京、布宜诺斯艾利斯和巴黎等多地再版，不断引入柯布西耶的新近作品加以验证，如印度昌迪加尔法院、马赛公寓、朗香教堂和燕尾角小木屋。1951年9月，借"米兰三年展"之机召开了"神圣比例大会"，集结了数学家、艺术家和建筑师，马兹洛女士（M. Marzol）组织了一场非同凡响的手稿展览，梳理出达·芬奇、丢勒和阿尔伯蒂等大师对艺术品比例的探索轨迹，为模度建立起历史坐标。《柯布西耶——为了感动

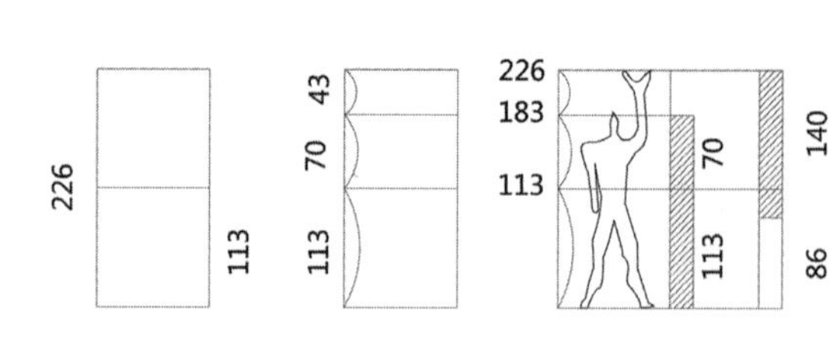

图2 模度（参考文献1）

的建筑》中深刻记录了晚年柯布西耶的理想：“从现在开始，一立方厘米的房子都应该贵如黄金，它代表了可能的幸福。基于对尺寸和用途这样的认识，你们今天就可以在往昔建造的大教堂之外建造神庙，你们可以按照你们需要的样子去建造它。”[4]

图3 大师到达小木屋（Pinterest）

晚风习习，山坡与岩石边环绕着墨绿色的仙人掌、龙舌兰和马尾松，一条砂土乡间小路通向燕尾小木屋。柯布西耶头戴礼帽、手拎皮箱，带着件长风衣在老朋友瑞巴托的迎候下踯躅前行（图3）。柯布西耶比喻小木屋是他的城堡，断断续续在此度过了十来个夏天，此刻大概是初春的模样，看来大师这次要待上数月。燕尾小屋外观很平常，坡顶、木结构，$14m^2$、3.66m见方，檐口高度2.26m，根据1.83m（6ft）的“模度人”建造。3.36m的宽度并不是内墙的净宽，也不是外墙的总宽，而是包括了一侧的外墙。2.26m高是一个1.83m的人举过手的高度，宽度3.66m是一个模度人高的两倍。屋子内部划分出4个226cm × 140cm的长方形和1个70cm见方的中央正方形（图4）。窗户、工作台、书架、碗柜都遵守了模度理论，椭圆形的洗手盆53cm，想必是定制的。主要家具是朝南的角桌，为吃、读和画服务，桌子乃平行四边形而非矩形，角度符合模度理论，这样就使换衣服的地方大一点。在垂直方向也有模度，比2.26m高出43cm的屋顶夹层内设有储藏空间（图5）。过道没有遵守模度，183cm净高实在太矮了，不过连接餐厅

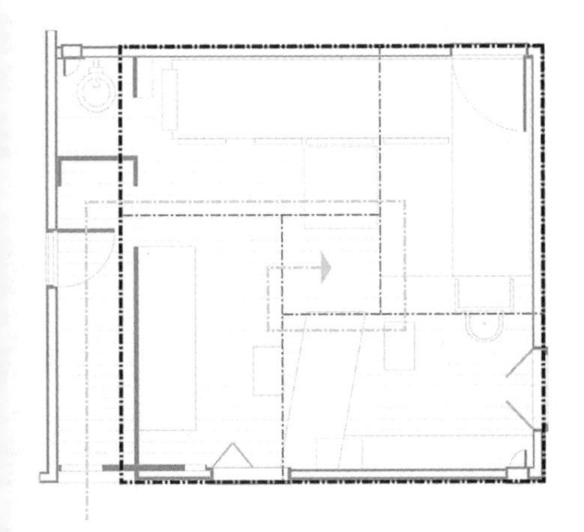
图4 小木屋基本单元（自绘）

图5 储藏空间（RIBA）

和小木屋的通道高度也只有183cm，外加20cm的台阶。先抑后扬，此手法在芬兰阿尔托自宅、南非马提森自宅、波兰汉森自宅中都出现过。

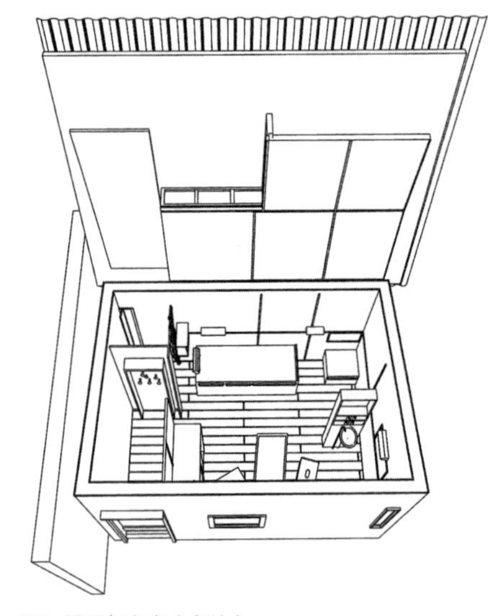

图6 屋顶与室内（自绘）

小屋由科西嘉细木工匠异地预制，再运输到燕尾角现场组装，大多数家具都是现场打造。木屋就地取材，由来自地中海岛屿打着结疤的松木建成，屋顶上覆瓦楞石棉板，室内胶合板护壁，鹅黄色企口木地板。空间被分为四部分，门廊兼更衣、两个就寝区（厕所）、工作区（盥洗）（图6）。首先映入眼帘的是门廊兼更衣，建筑四脚用石头略微垫高，以利防潮。70cm宽的门有两层，木门外还有一层是防蚊虫的纱门，门开向大约一人宽的过道，就宛如进入船舱前的逼仄甲板过道。在左侧有柯布西耶惯用的抽象墙画和圆形衣帽钩，衣柜将入口和主要空间分隔开，转弯后光线突然变得明亮。以桌子为焦点形成3个功能不同的长方块，两个在黑暗中的睡眠区域设有壁灯，床下塞进三个深深的抽屉。柯布西耶和夫人分睡，两床之间有个小小的方桌，依然是70cm见方。两张单人床可以拼合成双人床，所以睡眠区有两种灵活的摆放方式。睡眠区内还配有水冲式厕所，旁设百叶换气扇，利用绛红色帷幔封闭厕所以节省面积。由于厕所和床头碰头，柯布西耶夫人连连抱怨，看来也只有双人床的摆放方法是最合情合理的，由此打着赤膊的建筑师更喜欢睡地铺。最后一个区域是工作区（盥洗），顶棚抬高开阔敞亮一些，桌、凳、灯构成了小型的L形工作区。

为避免封闭内向、过于强烈的秩序，各功能之间有交融，水盆与工作空间在一起；低矮的书架划分了工作和睡眠区域；工作区上面顶板被涂成蓝绿红黄白色块的抽象画，高差部分布置了吊柜，构成小储藏。受到模度制约，家具除床、方桌外，能自由变动的不多，两张凳子的独立性最强，柯布西耶名言“椅子是建筑”。他从威士忌箱子中得到灵感设计了栗子木制作的盒子凳，构件通过燕尾榫联系，四面开椭圆洞形成一提即起的抓手。

有光才有温暖的家，窗户体现了柯布西耶天才的细节处理能力。三扇百叶窗与三个不同的景观对视，窗户小且窗台高，它们集中布置在更衣和工作区域。这是一座海边建筑，充满海盐的味道：20cm宽的瘦长木百叶窗正对岩石，书桌侧前也就是室内最开阔的区域布置了方窗，面向美丽的地中海。盥洗盆旁边的窗户十分有特点，70cm宽的方窗与粗大的角豆树相望，窗扇一半镶嵌着镜子，反射阳光并扩大视域，另一半是柯布西耶的抽象绘画，他的抽象构图同样受到了模度的掌控。柯氏曾夸口："每个人都偷了我的想法"[5]，但谈到格蕾的E1027他一定没有那么淡定，无论是折叠镜还是木百叶窗女建筑师都早已熟稔，细节隐含了大师对E1027发自内心的尊重。柯布西耶时常暑天光着膀子用铅笔画草图工作，沿着窄窄的水泥路向前几十几米，还有更小的一间柯布西耶团队工作室。在这里，他设计了自己最为重要的作品朗香教堂，还有燕尾小屋中所挂的草图所示印度昌迪加尔法院（图7）。

柯布西耶在附近的"海洋之星"搭伙，小木屋有前后两个门通向邻侧的餐馆，所以家里未设厨房。室内没有浴室，在窗外的角豆树下安放了根软管。燕尾小木屋没有地方请客人就座，更无从开火做饭，诸多功能被移到了户外。1929年CIAM将"极小住宅"确定为第二次大会的主题，显示了住宅已成为一个世界性的问题。所谓极小燕尾木屋，基于的条件是外部空间的无限性，与现代建筑探讨的极小住宅尺度不完全重合。回到最初的疑问，柯布西耶已经到了纵横驰骋的巨星地位，他为何对自家如此苛刻？也许在夺目的聚光灯下，人人都怕失去最后一张安静的床，个人自由和隐私的最后庇护所。1965年7月，大师如旧抵达，亲友渐渐开始担心他的健康。8月24日他给哥哥写信："*亲爱的阿尔贝老哥，我从来没有感觉这么好过。*"[4]1965年8月27日大师即在小屋旁边的海域溺亡，享年77

图7 构思名篇（Pinterest）

岁。每一个凡人都希望以平静的方式与世界告别，溺亡无疑是悲剧性的，但地点却适得其所。早在1958年，柯布西耶已为他本人和妻子在燕尾角设计了几何体的墓地，海天一色灵魂安息。法国政府决定致敬，文化部长安德烈·马尔罗在灯火通明的卢浮宫中发表演讲，溢美之词倾盆而下。

柯布西耶在燕尾角留下了诸多足迹，1954年，他曾为餐厅这户人家设计了五个度假露营地（Unités de Camping）以供出租。草图仅耗时半小时，刷新了燕尾小木屋的设计记录，成为“模度”的又一见证[1]。初见柯布西耶之时，餐厅老板的儿子还是个十来岁的天真男孩，和大师一起下海游泳嬉戏，后来自学成才成长为建筑师，他将柯布西耶设计的露营地改造为欢迎建筑系学生朝圣的宿舍。如今的露营地交给了20世纪露天博物馆管理，E1027目前被法国海岸代理机构（Conservatoire du Littoral）所购，小木屋一年四季向公众开放，由柯布西耶的基金会运营（图8、图9）。小镇的传奇因杰出建筑、悲剧故事而余音绕梁，空谷绝响。伫立于此，探讨空间、光和秩序就如同面包、睡觉一样渗透到日常生活中，这正是不凡小镇的魔力所在。因为朝圣者众多，20世纪露天博物馆正与法国铁路公司（SNCF）谈判，准备买下另外一个小村庄建设一个铁路站点。柯布西耶的项目分布于4大洲和11个国家，2008年法国政府曾打包申报勒·柯布西耶作品为世界文化遗产，但联合国教科文组织专家以“柯布西耶不是唯一的

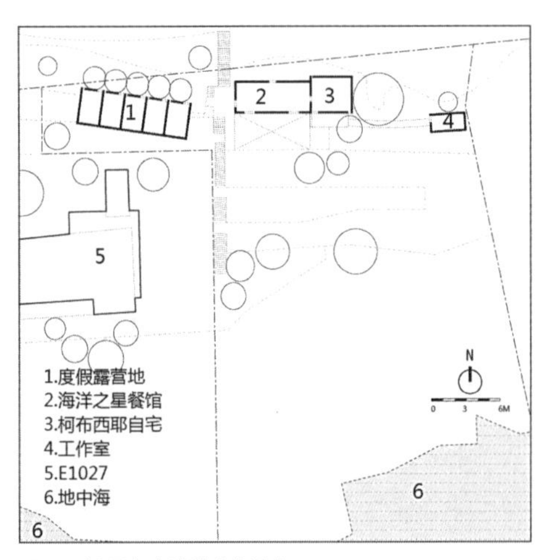

图8 一组历史建筑群（自绘）

图9 露营地、E1027与燕尾小屋（Pinterest）

现代主义建筑大师，现代建筑运动有许多建筑师参与”为名婉拒[6]。大师逝世 50 周年之际作品再度申遗，2016年七国联合“申遗”柯布西耶17座建筑终获成功，现代建筑的激进主将再次赢得了世界的目光，包括燕尾小木屋成为浓墨重彩的一笔。不过，2016年美国建筑大师赖特的现代建筑作品却被推迟列入世界文化遗产名录，不知原因是否与最初的柯布西耶相同。

参考文献

[1] 勒・柯布西耶. 模度[M]. 张春彦等译. 北京：中国建筑工业出版社，2011.

[2] Sarah Menin and Flora Samuel. Nature and Space: Aalto and Le Corbusier [M]. Routledge. 2002.

[3] W 博奥西耶. 勒・柯布西耶全集　第5卷. 1946～1952[M]. 北京：中国建筑工业出版社，2005.

[4] Jean Jenger. 勒・柯布西耶为了感动的建筑[M]. 周嫄译. 上海：世纪出版集团，2006.

[5] The Guardian. Whenever Le Corbusier Lays His Hut. 2009-3-8.

[6] Heidi Weber. 50 years ambassador for Le Corbusier [M]. Birkenhuaser. 2009: 201.

外观—现状（Pinterest）

1：1模型室内—现状（RIBA）

三扇窗户—现状（RIBA）

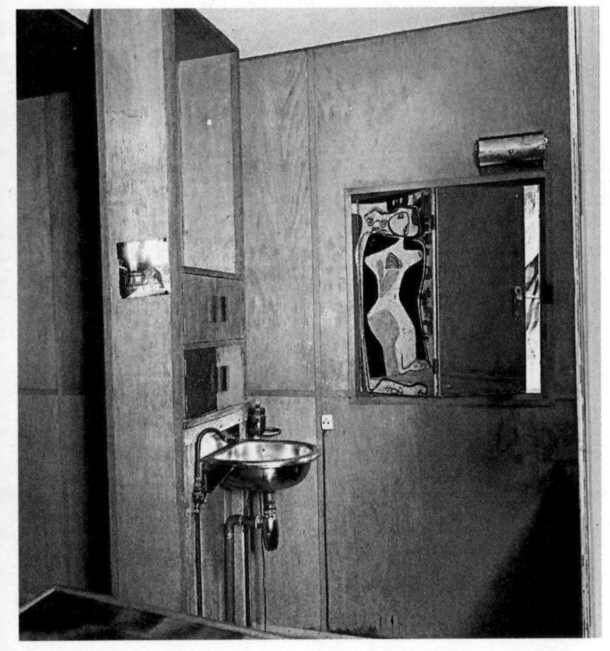

镜面反射—现状（RIBA）

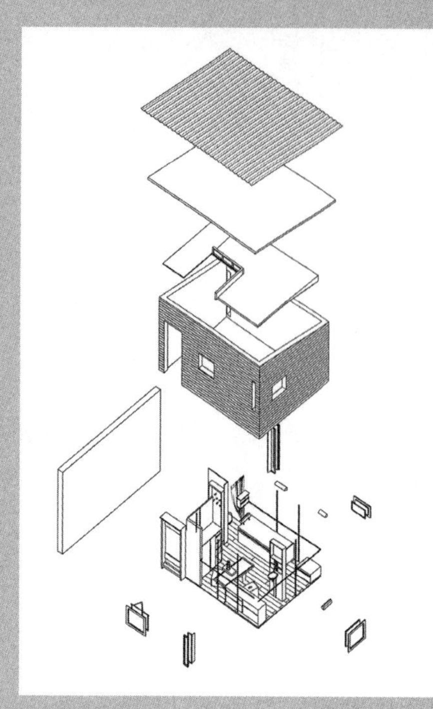

轴测（自绘）

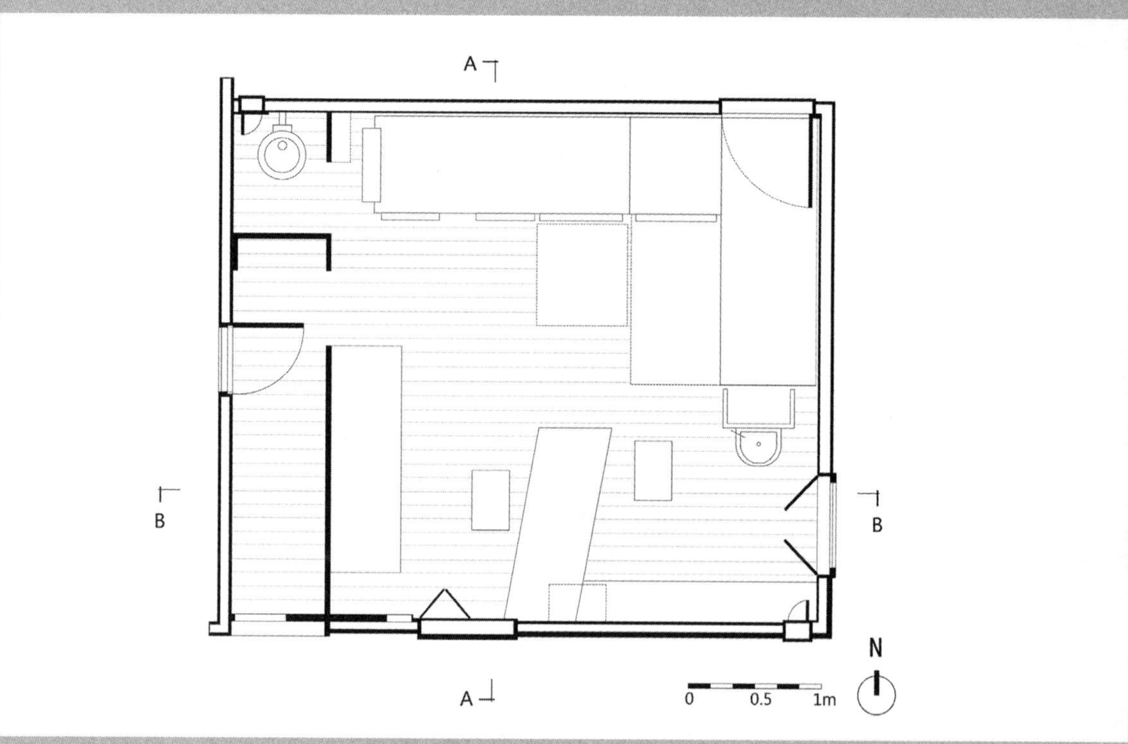

平面（自绘）

晚年的大师一历史信息（柯布西耶基金会）

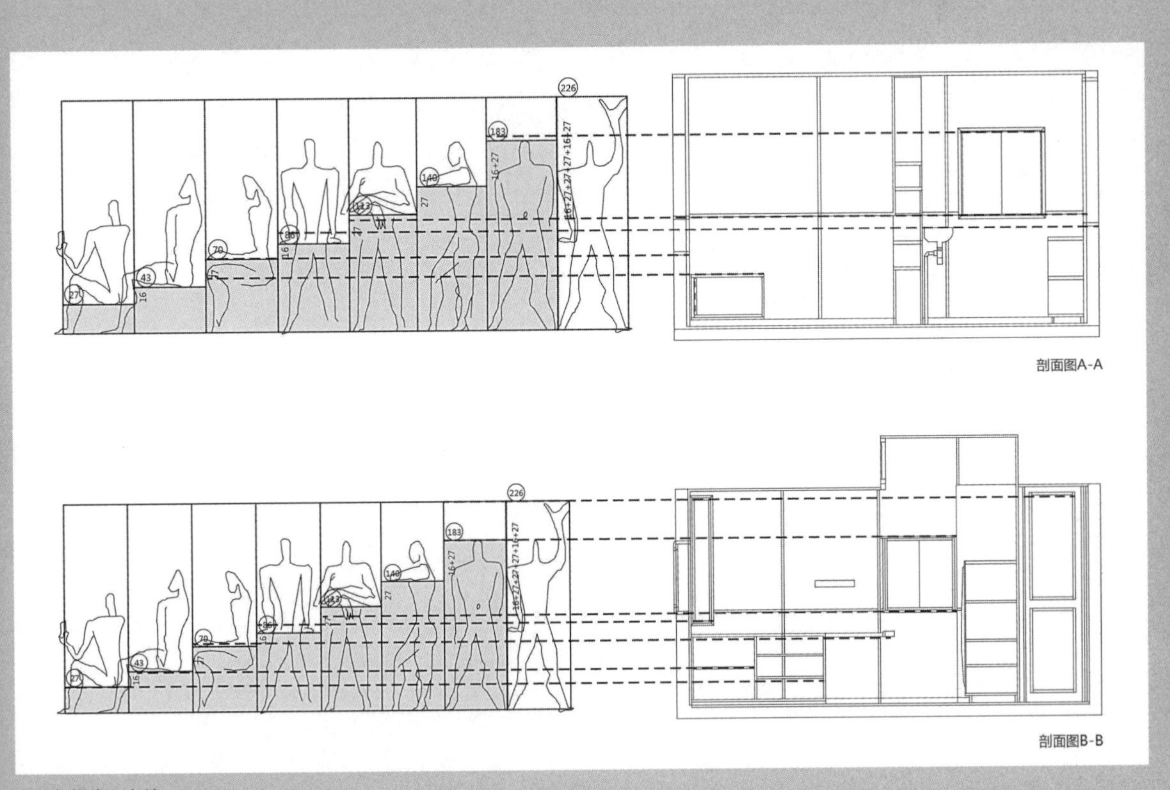

家具与模度一自绘

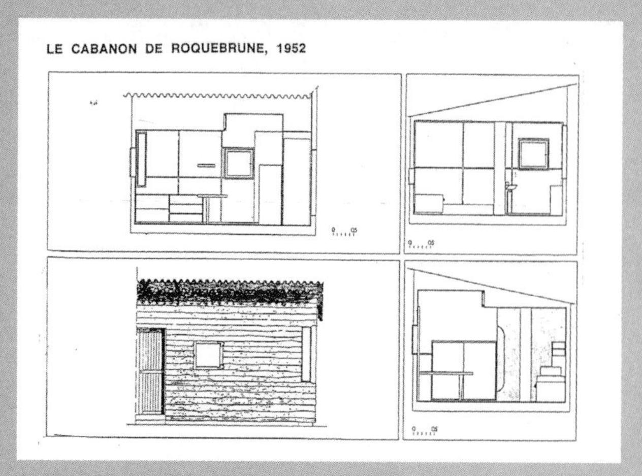

各立面—历史信息（参考文献3）

模度—历史信息（参考文献1）

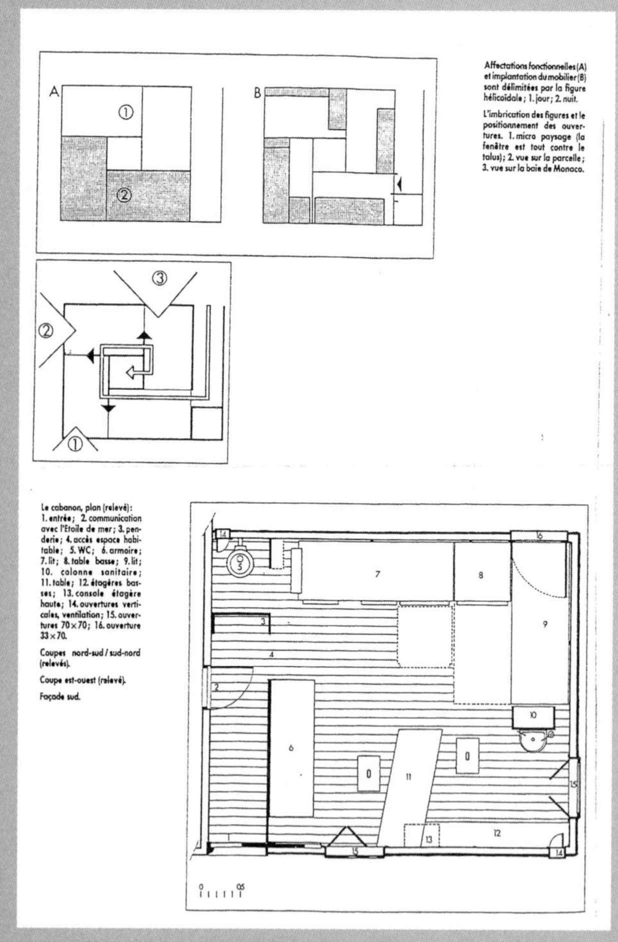

平面与分析—历史信息（参考文献3）

14

［挪威］

阿尔内·克尔斯莫夫妇：工作家

Arne Korsmo（1900～1968）
Working Home

Planetveien 12, Oslo, Norway, 1955

1 由瑞典20世纪最为著名的建筑师阿斯普郎德领衔，是斯德哥尔摩对国际式及功能主义的积极回应，建筑运用玻璃和钢所产生了流动性及光感给人很深刻的印象。尽管建筑都是临时性的展厅，但日后深刻影响了北欧的建筑实践。

斯堪的纳维亚设计独树一帜，1930年阿斯普朗德（Gunnar Asplund）领衔的斯德哥尔摩展览会（Stockholm Exhibition）[1]是当代斯堪的纳维亚设计的绝佳尝试，其朴素而有机的功能主义建筑语言在国际上迅速传播。反观1905年才告独立的挪威，设计风格与斯堪的纳维亚关联甚疏，缺乏如瑞典阿斯普朗德、芬兰阿尔托、丹麦雅各布森这样的领军人物。正如罗伯特·舒尔茨（Christian Norberg-Schulz）所洞察到的，挪威的现代建筑发展代表人物是一个团体，阿恩·斯坦内贝格（Arnstein Arneberg）、科纳特·库特森（Knut Knutsen）等均是战前即开始了职业生涯，他们在挪威本土具有极高的声望，但国际知名度偏低。作为挪威建筑师协会主席、著名的理论家，舒尔茨单独为忘年交与合伙人写过一本书《功能主义者阿尔内·克尔斯莫》，翔实记录了挪威首屈一指、获得广泛国际声誉的建筑家。

克尔斯莫是一位多方位的教育和实践者，长期在奥斯陆建筑学院（Architectural School of Oslo）和挪威科技大学任教，是普立克茨奖获得者费恩（Sverre Fehn）的老师，并将他引荐给柯布西耶工作室，对费恩的早期建筑观发生了重要影响。1950年克尔莫斯受到CIAM秘书长吉迪翁的邀请，在挪威成立了CIAM的分会，取名“挪威进步建筑师团体”（Progressive Architects Group of Norway，PAGON），重点关注人们如何在日常居住中自觉地保持活力，协会持续至1959年随着CIAM的解体而消亡，期间他亦成为“十人组”（Team 10）的受邀会员。除了舒尔茨、费恩等人外，丹麦建筑师伍重因为与克尔莫斯多次合作结下了深厚友情，作为嘉宾参与到“建筑师团体”的活动中[1]。克尔斯莫与“建筑师团体”的主要成员合作创立工作坊，曾设计了40m^2、80m^2的单元建筑，如小孩子叠积木一样，通过多样化的组合使建筑适合不同的功能，强调结构、形式、色彩和材料之间的规律性，1952年成果在奥斯陆展出，获得积极反响[2]。事业生活顺风顺水，1956年克尔斯莫喜结连理，美丽的妻子是被赞誉为“斯堪的纳维亚设计皇后”的普里茨夫人（Grete Prytz Kittelse），挪威杰出的珐琅制品艺术家。已过知天命之年的建筑师积累了丰富的经验，现代派的达曼别墅（Damman Villa，1933年）作为20世纪小住宅的经典早已被载入史册；

斯坦恩别墅（Villa Stenersen，1937～1939年）的业主是位艺术品收藏家，品位脱俗，人脉广泛。时隔15年，1955年完成的克尔斯莫自宅无疑成为建筑师宝刀不老的告白书。

克尔斯莫自宅位于奥斯陆很僻静的林地缓坡上，周围是自然保护区，可俯瞰奥斯陆峡湾，住区是新开发的郊区中产阶级居住代表（图1）。道路西侧仅有三户人家，No.10、No.12、No.14伫立在长条状的松木大平台上，形成53.6m（176ft）长，4.8m（16ft）宽，三户人家带三个小院的高低体块（图2、图3）。克尔斯莫与时年26岁的同事舒尔茨为邻，二人合作完成总体布局，自宅设计各自完成，另一户是原地主自用（后出售）。自宅即中间的No.12被低矮的入口分成左右两部分，一高一低，左边起居厅、还有一个下沉的小花园，右边是带大地下室的厨房和门厅。起居厅的上部为紧凑的生活区，另外配置了一个厕所兼桑拿浴室。那么一个简单的房子，究竟有何特别呢？

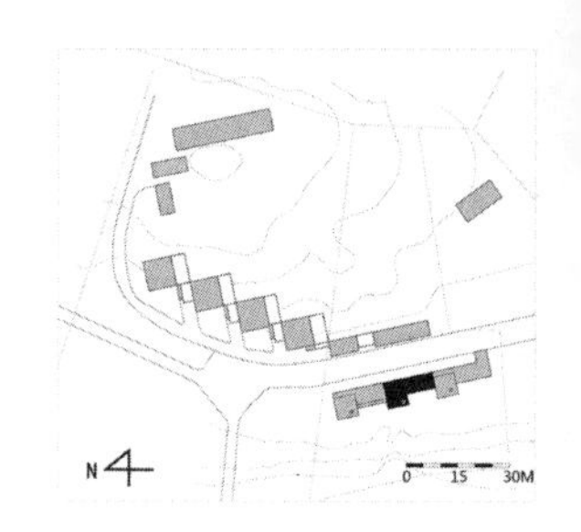

图1 No.10、No.12、No.1位置图（自绘）

克尔斯莫自宅模数化、木结构定制建造，木框采用了昂贵的一等美国俄勒冈松木（American Oregon Pine），地上建筑总面积128m^2。穿过宜人的入口，经几级踏步进入一个密斯式玻璃盒子起居厅，空间内没有任何柱子，没有视线阻隔（图4）。由1.2m（4ft）的网格构成7.3m（24ft）见方的自由平面，每层2.74m（9ft）。5×15cm（2×6in）的十字木柱以榫合节点联系，与钢筋混凝土基础相接，承载了混凝土板荷载，它们隐藏在玻璃幕墙的背后，屋顶的厚度有所增加，整个建筑看起来是漂浮的。柱子与屋顶相接的部分为了防止冷桥采用了陶瓷片。为了保温，墙面采用了刚性石棉板（Eternit）、双层隔热玻璃（Finn Hansen Thermopane Windows），它

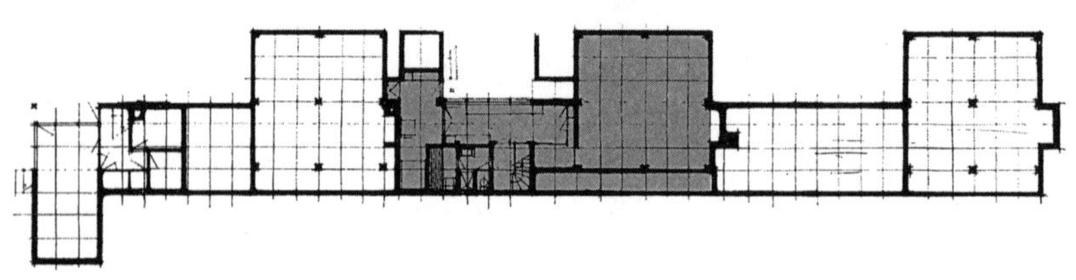
图2 No.10、No.12、No.14三家平面（参考文献7）

图3 户外大平台（挪威建筑博物馆）

图4 无柱客厅（挪威建筑博物馆）

们在20世纪50年代属于颇为领先的建材[3]。此外，标准化的石棉板使立面可随心变化，具有很轻巧的日本风格。有足够资料表明，克尔斯莫和舒尔茨从一开始就决定严格采纳美国建筑师辛德勒的“4英尺组件”（four-foot module）设计[4]，这是一个建筑师容易控制的极小尺寸，源于对挪威木结构传统的尊重，克尔斯莫和舒尔茨反复考虑，采用了木结构而非钢结构（图5）。挪威1941年后已经统一采用“米”制，只有木匠因为传统工具的需要依然采用“英尺”，而克尔斯莫的自宅图纸为了配合木匠施工保留了“英尺”图示[3]。大多数的人都会在第一时间被他们的轴测图所迷惑！

53m^{2}的起居厅比入口要低四个台阶，中心是一个挪威传统的壁炉，壁

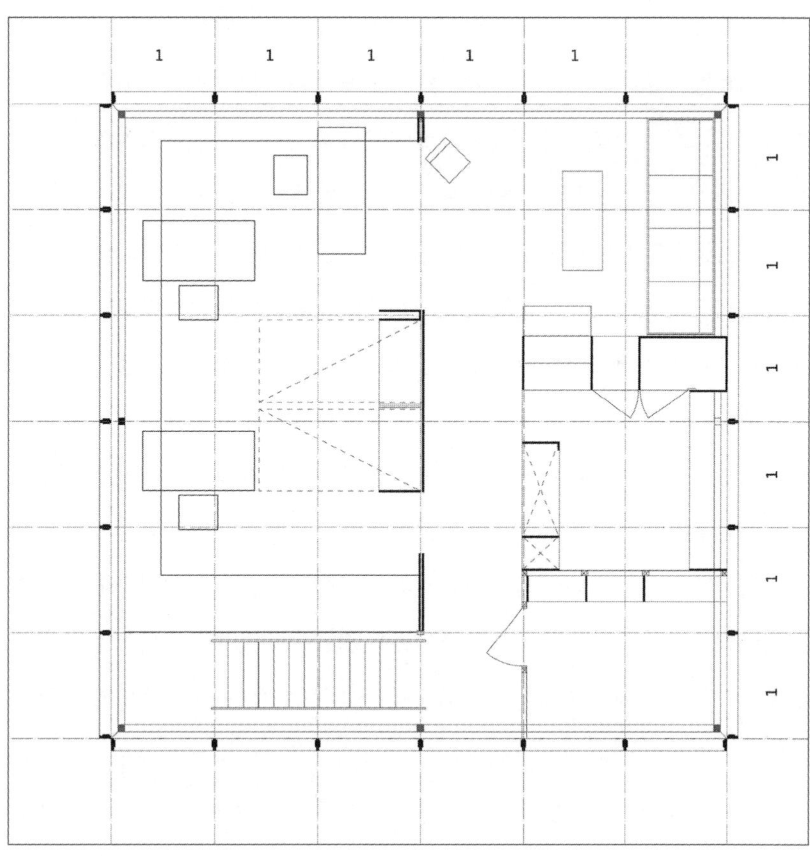

图5“4英尺组件”二层平面（自绘）

图6 客厅中心（挪威建筑博物馆）

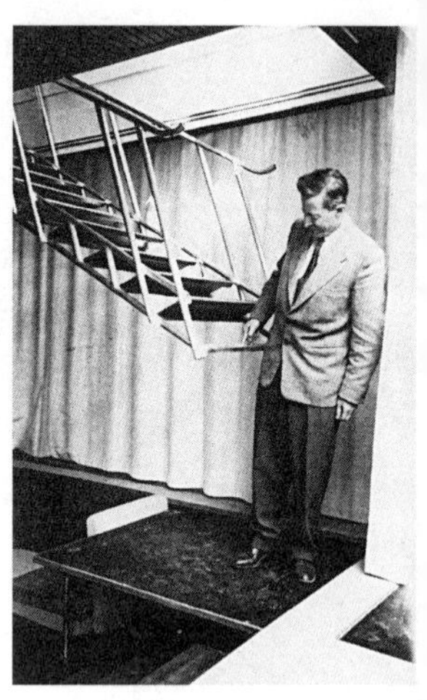

图7 可收起的楼梯（挪威建筑博物馆

炉前的地面要比四周矮一级，空间限定强烈。起居室的地面和墙面均被菠萝麻织物覆盖，一家人可以团团围坐在壁炉前的柚木餐桌上享用晚餐，窗外鹅毛大雪，室内温暖如春。克尔斯莫在一篇关于日本和西方建筑的论文中曾提到，围绕着壁炉的一圈座位仿佛是日本茶室中人们休息和冥想的地方[5]。壁炉后面的墙面是可移动的黑板和白色的滑板，下设湖蓝色的矮书架，蓝色在阴影下有多种变化，也被冠以“克尔斯莫蓝”。空无一柱的空间可供讨论、演讲和展示，克尔斯莫夫妇热情好客，建筑师团体的活动常在此举行。起居厅的四周沿着墙设置了100个60cm见方的彩色羊毛垫，它们可以适应灵活的聚会功能。家很亲切，而非会议厅，克尔斯莫是善用色彩的建筑师，蒙德里安色系的垫子四两拨千斤，点睛却不强势，具备了足够的亲和力（图6）。

起居厅和餐厅之间的四级台阶能缩进被藏起来；使用电动马达，通向二层的如飞机舷梯的轻型铝制楼梯可以收起，伏在顶棚下，楼梯是一家飞机制造公司的高端定制（图7）。美国伊姆斯之家的工作室内也有一个壁立的折叠梯子可通顶棚，但克尔斯莫追求的精美“机械性”与之效果完全不同。通过收纳，整个餐厅、起居厅就成为没有遮拦的大空间，若需要分割，可用厚重悬垂的灰白色丝绒窗帘遮挡。

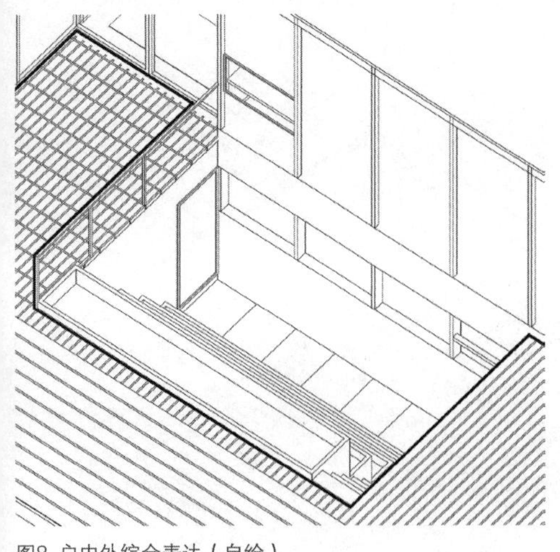

图8 户内外综合表达（自绘）

带玻璃天窗的厨房旁边有一个很大的设备间，通过紧邻的门厅可达一个带阶梯的下沉小花园（图8），厨房是家庭主妇的辛劳之地，但在克尔斯莫自宅中4.8m见方的厨房又成了舞台，人们可以在客厅中、门廊里瞥见厨房里的各种活动，看与被看均成为风景。挪威妇女在社会生活中的地位较高，历史照片表明克尔斯莫试图展示厨房科技对解放妇女劳动力，全身心投入创造性活动的作用，“住房中的机械屋”（Engine room of the house）就是指厨房[6]，借助新式电器，妇女们能轻松完成原本繁复的家务劳动。克尔斯莫同样将家具视为一种分割空间的手段，提供了更积极的可以斡旋的空间。厨房中的餐桌镶嵌在组合家具中，灵感萌发之时，厨房甚至可以转变为夫人的工作间，从事短暂的设计工作。克尔斯莫自宅将家的高效发挥到极致，性别、职业和个人在家庭中的角色融为一体。在这栋建筑里，每个区域都有工作室或妻子作品的临时陈列室，因此一切设计都力争达到最大灵活性。

二层有更衣、卧室、带天窗的卫生间和电视室，电视所产生的核心效应就如同老房子的壁炉一样，在当时尚不富裕的挪威很重要[1]。妻子的珐琅工作室直接与卧室相连，中间以家具分割。床可以白天组合进壁橱中，一面墙上安装着导轨，其上悬挂着可翻转的黑白两色的墙板，顶棚上的轨道灯实现展品的精准照明。贡纳尔・S・冈德森（Gunnars Gundersen）是挪威著名的丝版画家、战后抽象画的代表人物，他的画作分置在不同角落或在楼梯对面墙上展出，成为分割和塑造空间秩序的有力手段。家庭犹如一个无限的展览空间，个人品牌、朋友圈和日常生活在一起。

克尔斯莫自宅框架由木材、钢柱和玻璃构成。虽然整体为木结构，但克尔斯莫采用了9根附加的7.6cm（3in）方形钢柱镶嵌在木结构框架之内，以便强化结构的稳定性（图9）。与邻居舒尔茨的自宅相比，克尔斯莫采用了“减柱”，使卧室挣脱了柱子的束缚，创造了超过7m跨度的灵活空间。这种处理也使自宅建造成本比同类房子贵5倍[7]，是以牺牲建造原则为

1 20世纪50年代挪威经济并不富裕，70年代大型油田的发现及诸多政治经济改革才促使国家从赤贫走向富饶。

代价的。尽管被舒尔茨冠以功能主义大师之名，但克尔斯莫晚年的作品与早期差别较大，家作为精神产品，其视觉冲击力、技术细节及材料构造越来越凌驾于功能之上。令人感慨的是，明明可以使用更为便宜合理的钢结构塑造流动空间，克尔斯莫却苦心孤诣采用了挪威享有盛誉的木结构，功能主义和地域主义在不同的项目中权重各异。自宅隐含了不可忽视的民族性，表明建筑师发自内心的文化自信。

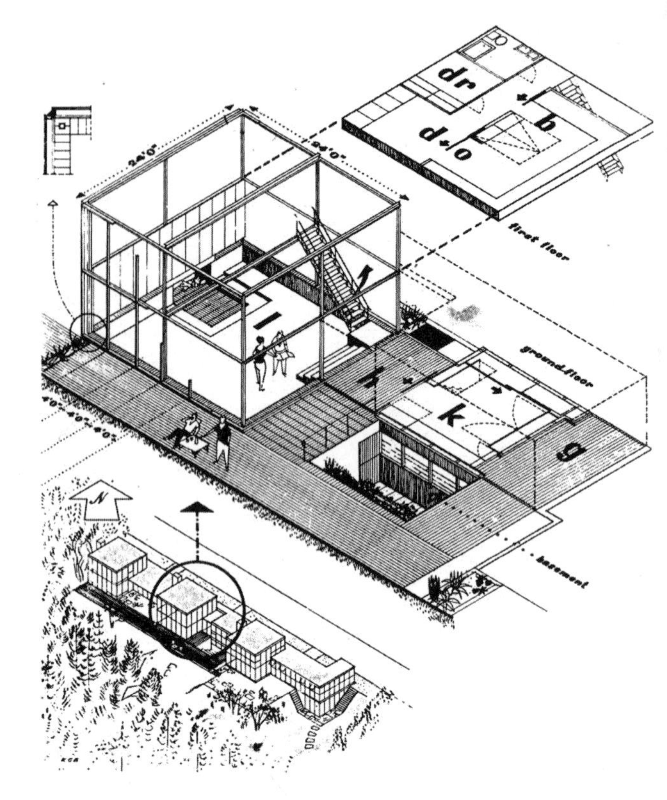

图9 厨房与下沉花园（Arne Korsmo）

No.12代表了克尔斯莫建筑生涯的一个高峰，战后物资逐渐变得充足，有助于建筑师实现企盼已久的设计理想。1949年克尔斯莫获得富布莱特奖，与妻子共赴美国讲学，同多位建筑大师如密斯、路易·康、格罗皮乌斯和伊姆斯夫妇交往，并专程参观了刚刚竣工不久的伊姆斯住宅。通过两对艺术伴侣的自宅比较可见，伊姆斯住宅所使用的是价格低廉的预制建材，克尔斯莫住宅内外均采用了昂贵的定制材料。伊姆斯夫妇把工作和生活区域分隔开来，而克尔斯莫夫妇则努力把两个区域融为一体。

爱巢是“建筑师团体”的主要交流场所，这个宛如钻石闪光的玻璃盒子更是夫人的创作平台。普里茨夫人是1832年建立的家族企业的第五代传人，室内外到处洋溢着女性主义的光辉，更饱含建筑师对温柔妻子的欣赏和挚爱。家是工作和生活相互结缘，乃至社会活动的舞台，可以再畅想一下，一个家庭沙龙是否成功，能否吸引诸多才智之士上门，全凭沙龙女主人的魅力和见识，此为克尔斯莫住宅木秀于林之处。2010年克尔斯莫夫人以93岁高龄谢世，居住在此长达半个世纪。自宅被评定为挪威20世纪遗产，位列10座影响挪威的20世纪建筑之一，2011年由奥斯陆建筑学院的学生进行了详细的测绘。2014年No.12在挪威被列为保护建筑，包括卓越的室内设计同样受到保护，另外两幢建筑No.10和No.14也被列级，并不包括室内。尽管挪威文化部曾经斡旋，谋求建筑对外开放，但克尔斯莫夫人逝世后留下遗嘱，不希望住宅成为博物馆。值得欣慰的是克尔斯莫的另一力作、前面提及的斯坦恩别墅每周日对公众敞开。

参考文献

[1] Henrik Sten Moller. Jorn Utzon Houses[M]. Frances Lincoln. 2006.

[2] Christian Norberg Schulz. The Functionalist Arne Korsmo[M]. Universitetoforlaget.1983.

[3] Norberg-Schulz, Korsmo. Construction Document Set for Row Houses at Planetveien (1954). Collection of the Norwegian Museum of Architecture.

[4] A Skjerven. Book Review: Planetveien 12 (Planet Road 12): Arne Korsmo and Grete Prytz Kittelsen's House[J]. Formakademisk. 2013.5(12).

[5] A Skjerven. Like a Sculptural Painting: Arne Korsmo's Interior Architecture in Norway after World War II [J]. Studies at the Decorative Arts. 1998.6(1).

[6] Jorgeotero Pailos. Norberg-Schulz's house: the Modern Search for Home Through Visual Patterns [J]. Bygcekunst. 2006(7).

二层贡纳尔・S・冈德森作品展示一现状（Pinterest）

可以转变为夫人工作室的厨房—现状（Pinterest）

从入口看客厅—现状（Pinterest）

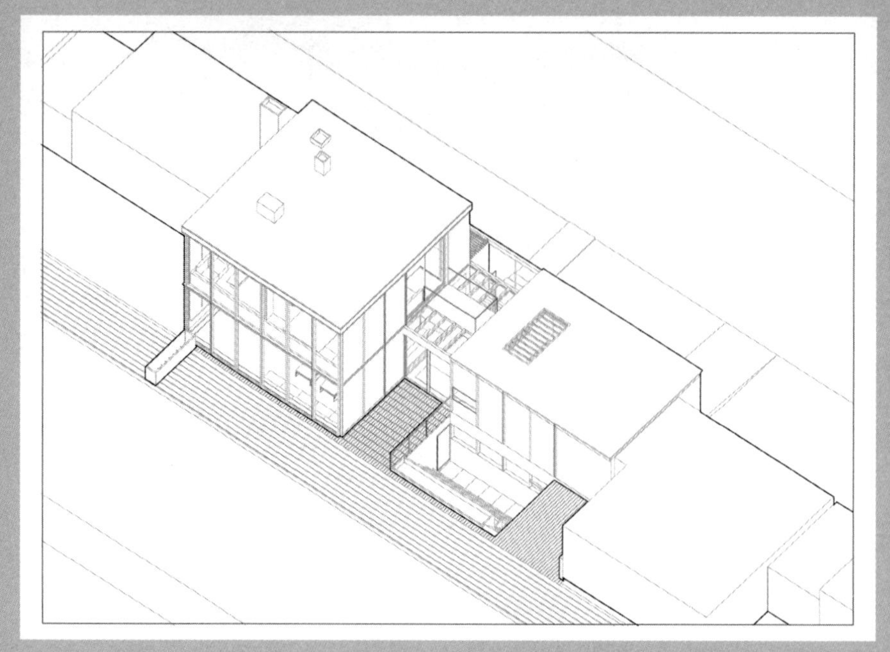
轴测A（自绘）

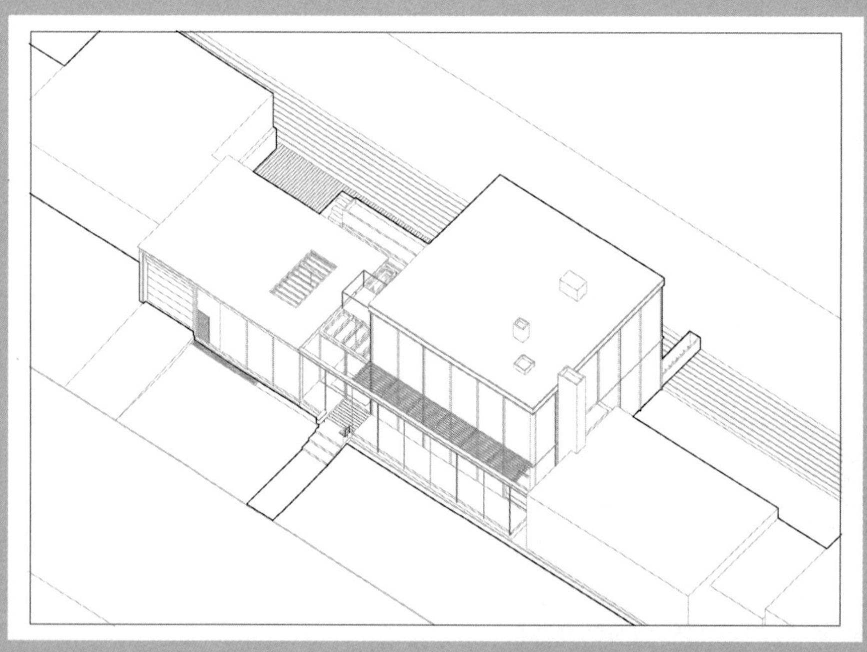
轴测B（自绘）

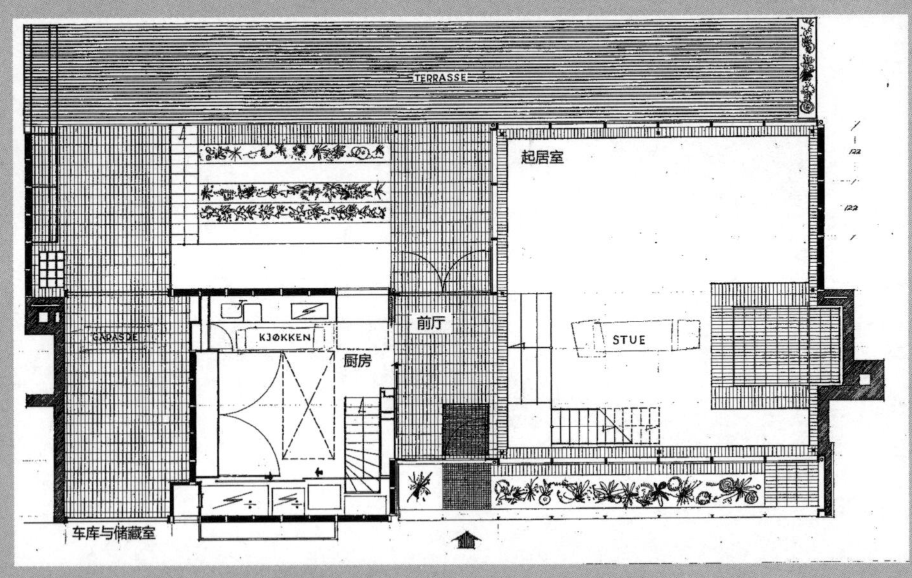

一层平面—历史信息（意大利米兰理工学院）

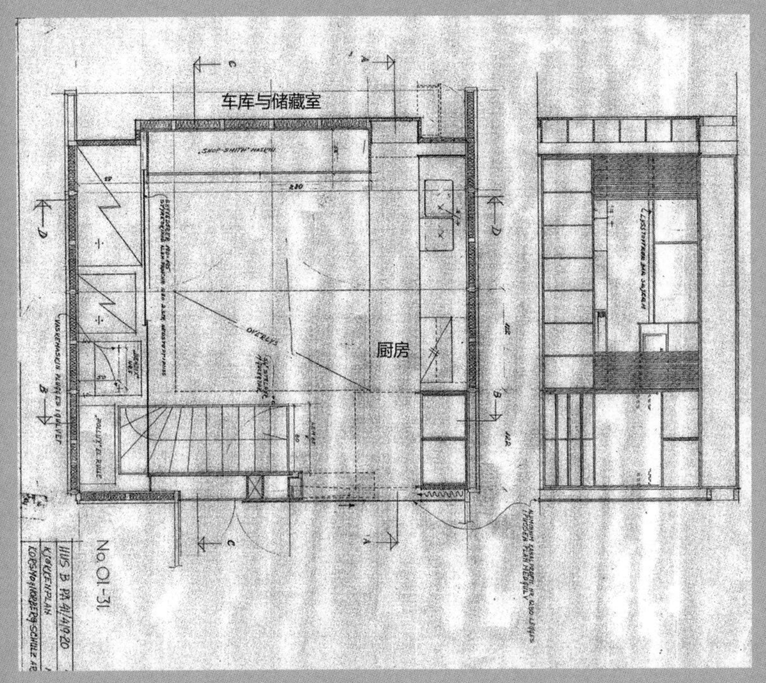

二层平面—历史信息（意大利米兰理工学院）

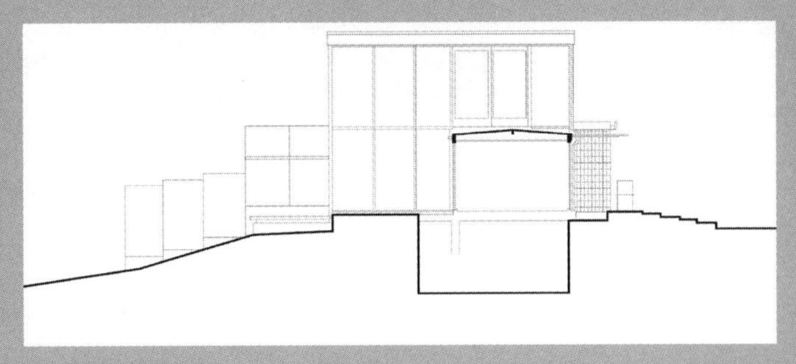
入口剖面（自绘）

挂有标准化石棉板的可变立面（挪威建筑博物馆）

二层展览空间—历史信息（挪威建筑博物馆）

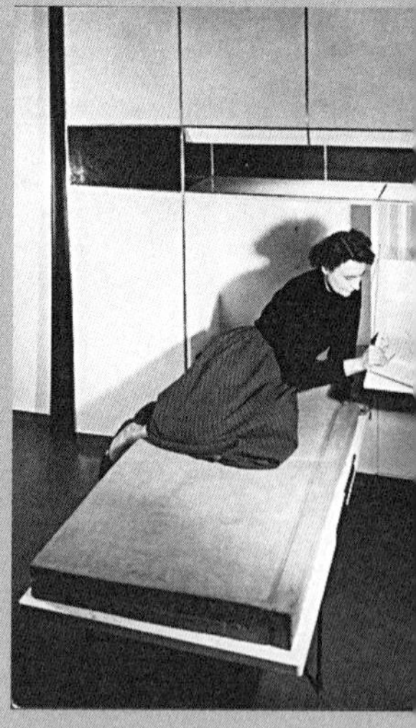

伸缩家具—历史信息（挪威建筑博物馆）

下沉花园—历史信息（挪威建筑博物馆）

高配置卫生间—历史信息（挪威建筑博物馆）

［中国台湾］

王大闳：宅院

王大闳（1918~）

Wang Dahong House, Jianguo Nan Road, Taipei, 1953

建国南路自宅，台北，中国台湾，1953年

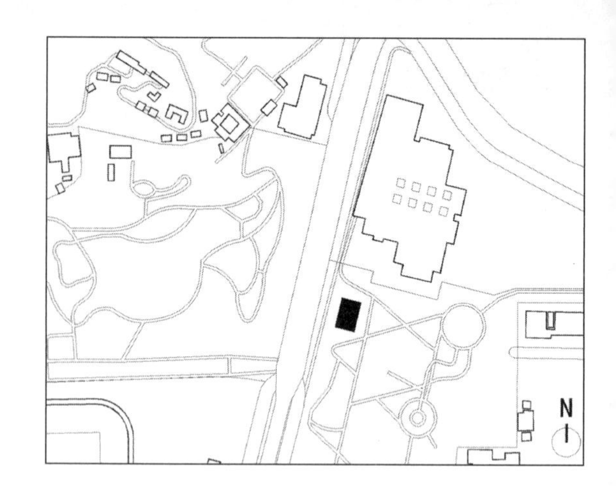
N

1 香港大学陆谦受档案

1949年国民党败退台湾前后，因台湾光复后日籍人士全部迁离，加之台湾民众教育程度不高，曾短暂陷入建筑教育的真空期，王大闳正是出现在举步维艰的时代背景之下。1954年元月，台湾省立工学院（现台北科技大学）建筑系成立“今日建筑研究会”，创办了台湾战后第一份专业建筑杂志《今日建筑》。从创刊到1955年12月停刊，虽共计仅出版了11期，但对于台湾现代建筑的启蒙与鼓舞，却是“甚为重大的”[1]。经《今日建筑》介绍，王大闳的建国南路自宅成为台湾建筑系师生的朝圣之地（图1）。

“器大声闳、志高意远”，寄托着民国首任外交总长王宠惠（1881～1958年）对独子最殷切的希望。王大闳，广东东莞人，1918年生于北京，在上海和苏州度过童年。其父王宠惠1921～1923年在苏州东吴大学任法学教授，后在上海供职，现在沪留有花园洋房。王大闳日后自宅设计中的江南元素理解为东方元素更为合理。王大闳13岁负笈西行，1936年就读于英国剑桥大学，他先主修机械后转为建筑。1941年进哈佛大学追随格罗皮乌斯学习，次年10月取得文学硕士和建筑学硕士学位（M.A.M.Arch）。上下届同窗中有贝聿铭与菲利浦·约翰逊，当时只有家境殷实者才能读得起哈佛建筑，哈佛校友形成了固定的社交圈。王大闳出身显赫但不愿经商或做官，从传统而言建筑师具有独立性和职业性的双重意义，毕业后他婉拒导师布劳耶的邀约。可推测，王大闳与澳大利亚名师赛德勒可能相识，后者同为哈佛校友，1946～1948年在布劳耶的事务所任建筑师，并于1950年完成了罗斯自宅——一处现代建筑精品。比较而言，王大闳更为留恋在英国的经历，返沪后1947年与四位友人共同组建“五联”建筑师事务所。它由留英归来的陆谦受、黄作燊、王大闳、郑观宜、陈占祥组成，黄作燊与王大闳同为哈佛校友，陆、陈诸君则均系留英归来。他们先后在圣约翰大学执教，将现代主义的建筑思想带入上海。战前“五联”在大陆做的唯一项目是上海复兴岛鱼市场的冷库和码头，现不存。1948年“五联”在台湾有一个项目“渔业善后物资管理处基隆冰厂及鱼肝油厂”[1]，大陆与台湾的项目有一定关联性。王大闳在上海的活动记录不多，作为市政府都市计划委员会委员曾少量参与了著名的《大上海都市计划》[3]。

图1《今日建筑》书影

王大闳1948年迁居宝岛台湾，“五联”五人分别在中国香港、台湾、大陆执业，此后遭遇了截然不同的人生境况，令人唏嘘。1953年王大闳在台北成立大洪建筑师事务所，比同窗贝聿铭还早两年，同年兴建的建国南路自宅是35岁的王大闳为单身而设计，也是事务所的开山之作，倾注了建筑师的才干、情感与创业的雄心。自宅旧址位于台北建国南路212巷，大隐于市，在一条传统巷道内，昔日周围是一些日本占领时期的低矮宿舍及建国路啤酒厂，距离空军总司令部也不算远，总之周边的环境较为混杂。

自宅为单层建筑坐北朝南，总建筑面积89m^2，基地长、宽约为60m、50m，计297m^2。室内净高3.0m，一砖半墙厚，钢筋混凝土圈梁，木板平屋顶上覆五层防水油毡（图2）。王大闳是格罗皮乌斯和布劳耶的门徒，格罗皮乌斯堪称伟大的建筑教育家，但不一定是杰出的建筑师，在美国更有魅力的是远在伊利诺伊的密斯。《永恒的建筑诗人王大闳》中有所回忆：“建筑师往往有志也难伸，我在哈佛时，有回飞利浦强生（Philip Johnson）打算自己盖一幢房子，一幢简单的小平房，找我去帮忙，油漆、木工、水泥样样自己来。强生当时深受密斯的影响，在细部设计方面尽量求简，简单到不能再简为止，但要求实用性。那次动手的经验，影响我至今。”[3]约翰逊因身体原因几次进出哈佛，比王大闳要年长十几岁，1932年已在纽约当代艺术博物馆策展现代建筑，跻身建筑名流圈，他的言传身教无疑具有醍醐灌顶之意。约翰逊是密斯的超级粉丝，尤其不喜欢格罗皮乌斯在新英格兰夸张的自宅[3]，王大闳与约翰逊的交往为建国南路自宅埋下伏笔。受到材料短缺和建造手段简陋的限制，王大闳没有选择钢筋混凝土结构，而是采用传统的材料，维持简单的形式，保持现代建筑的流动性。

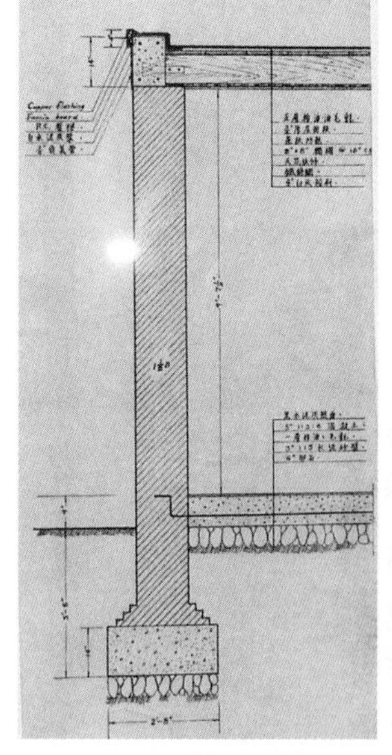
图2 墙身构造（《今日建筑》）

自宅由3m高的围墙环绕，建筑居中、前院大后院小，形态上保持了中轴对称。入口偏向西翼，厚厚的观音石板路略微弯曲，营造了王大闳少年时在苏州街巷中的回忆，带人们缓缓走向建筑入口。8.4m长、7.8m宽的建筑空间空无一柱，所有分隔墙和家具的定位均严格取照60cm见方的黑色

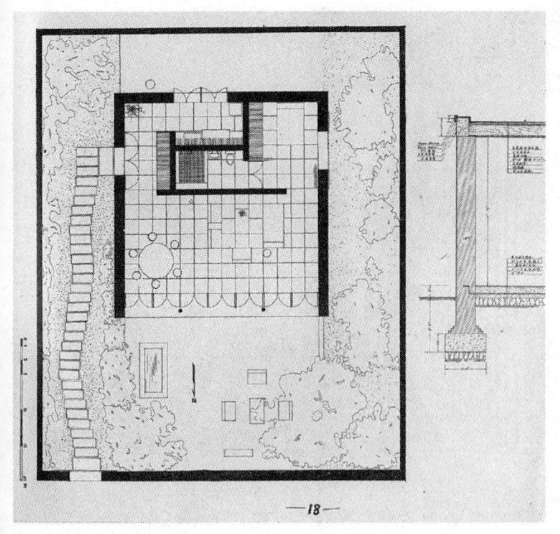

图3 平面（《今日建筑》）

图4 葫芦（《今日建筑》）

水泥砖方格网。室内被分成三部分：入口门厅及厨房、一间带卫生间的卧室、一个餐厅兼起居室。每一部分对应一个小院落，除了卧室外，均有独立对外出入口（图3）。起居厅7扇落地窗可全部拆下来，犹如南方店铺的板门，保证室内外最大限度流动。门廊下的两根红漆铸铁柱为结构所需，再次强调中轴对称，在中国民国建筑中采用铸铁柱这样类似的做法较为普遍，国外，前面威廉姆斯自宅中也有出现。客厅顶棚上垂下的葫芦很俏皮，谐音“福禄”，在中国古人的日常生活中占有丰富的文化内涵，王大闳借此唯一吉祥物装点自宅（图4）。室内中式圆桌面与密斯式的白色沙发、落地灯并置，各据一角互不相扰，充分调动了红（墙面）、白（家具）、黑（地面、家具）三色，温和中求变化。王大闳将色彩放到环境色中进一步描写道：“碧云下透过绿荫的缝隙看过去，清水红砖墙、黑色平屋顶与粉白天相结合。”[4]这三种色彩在建筑师的心目中分量很重，它们是现代的或浓厚的，但肯定不属于江南。王大闳的卧室用两个窗帘与客厅隔开，室内仅仅置有一张朴素的双人床和一组柜子，东向清水砖墙上开有直径1.65m的圆形窗洞，属于东方的形式语言。为保证室内素洁，可推拉的木制窗棂移到户外，圆窗正对狭窄的侧院。建筑学的善男信女都相信空间会流动，但实际上可以流动的是光（图5）！就建国南路自宅而言，在严格的方格控制中，

图5 传统室内与自宅的圆窗比较（Pinterest，徐明松）

所有空间各就各位，一面完整而朴素的砖墙上映射斑驳的竹枝，使空间发生变化的恰恰是疏密精心搭配的光影。

步入主花园不似苏州园林繁复，由花木围合成长方形鱼池及石条桌凳两小块天地。老北京小康人家的评判标准是家里有鱼缸、石榴树，也就是说家人可以享受一座小院，王大闳自宅不阈于传统合院的既有形态，而是以路径和空间氛围找回庭院的精神生活（图6）。打开门扇，几棵四季常绿的芭蕉又爆出新叶，在秋蝉正鸣的周末皎月初升，王大闳与张肇康、陈其宽几位熟识的建筑师相聚，闲话家常并激发创作灵感，自宅既是传统也是现代延续的交流载体。

王大闳和他崇拜的约翰逊、同学贝聿铭还有某些差距。时势造英雄，1944年贝聿铭和哈佛同学杜哈尔（E.H. Duhart）在《艺术和建筑》杂志举办的“战后居住设计竞赛”（Design for Postwar Living）中赢得第二名，名师沙里宁拔得头筹，空间设计灵活，走的是引领大潮的装配预制化之路[2]。时针走过9年，三十而立的王大闳终于完成了处女作，自宅尚缺乏一些空间和结构的设计分量。但如果将画面放大，历史信息会有所不同：1953年我国抗美援朝胜利，第一个五年计划学习苏联开始，中

图6 花园（徐明松提供）

国政府大量承租私房以应“房荒”，私人住宅逐步被剥夺产权，大陆不再有私宅之称。放到台湾光复的背景下，台湾土地私有，时局不稳，百废待举，建筑师并不乐意自己兴建宅院，加之清除日本对中国台湾的影响，受到日本现代建筑师培养的陈仁和、林庆丰等人没有市场，而从美国而来的建筑师要到20世纪50年代中期才登上东海大学的设计舞台[1]。王大闳出现在这段真空期，自宅从实践到理念无疑均走在战后前列。中年时期的建筑师先后完成了国父纪念馆等多项极具影响力的作品，30年前却手不释卷寄情文学乃至科幻小说，传奇人物长期淡出人们的视线，建筑轨迹少了时代枝蔓。近年来王大闳在台湾现代建筑历史上的地位再次得到褒扬，2014年王大闳获得了台湾行政部门颁发的“文化奖”，有的时候急流勇退反而增添了砝码的重量。

建国南路自宅20世纪90 年代因建国南路扩建而拆除，重建工程2017年完成，王大闳建筑研究与保存学会筹款建造。它坐落在台北市立美术馆旁的美术公园里，形成了自宅、书店与户外活动的综合性游览区域。初建伊始由研究会与台北市文化局合作经营，建筑师徐明松积极筹划了夜游及朗读等活动，2018年将无条件转让登记为台北市资产，交给台北市美术馆管理以供参观。

1 1955年台湾著名私立大学东海大学建校，贝聿铭、陈其宽、张肇康等应邀主持校园建筑设计与规划。

参考文献

[1] 傅朝卿.“今日建筑研究会”、《今日建筑》与叶树源及金长铭[C]. 第一届中国建筑史学国际研讨会论文选辑，1998.

[2] Matthew W. Fisher. Without a Hitch: New Directions in Prefabricated Architecture[M]. Prefabrication and the Postwar House: the California manifesto. Lulu.com,2009.

[3] 本刊编辑部. 李德华教授谈大上海计划[J]. 城市规划会刊，2007（3）.

[4] 徐明松. 永恒的建筑诗人王大闳[M]. 台湾：木马文化出版社，2007.

[5] 王大闳. 台北市罗氏两住宅[J]. 台湾省立工学院建筑系. 今日建筑，1954（11）.

圆窗—现状（徐明松，2017年）

侧入口—现状（徐明松，2017年）

客厅—现状（徐明松，2017年）

细部—现状（徐明松，2017年）

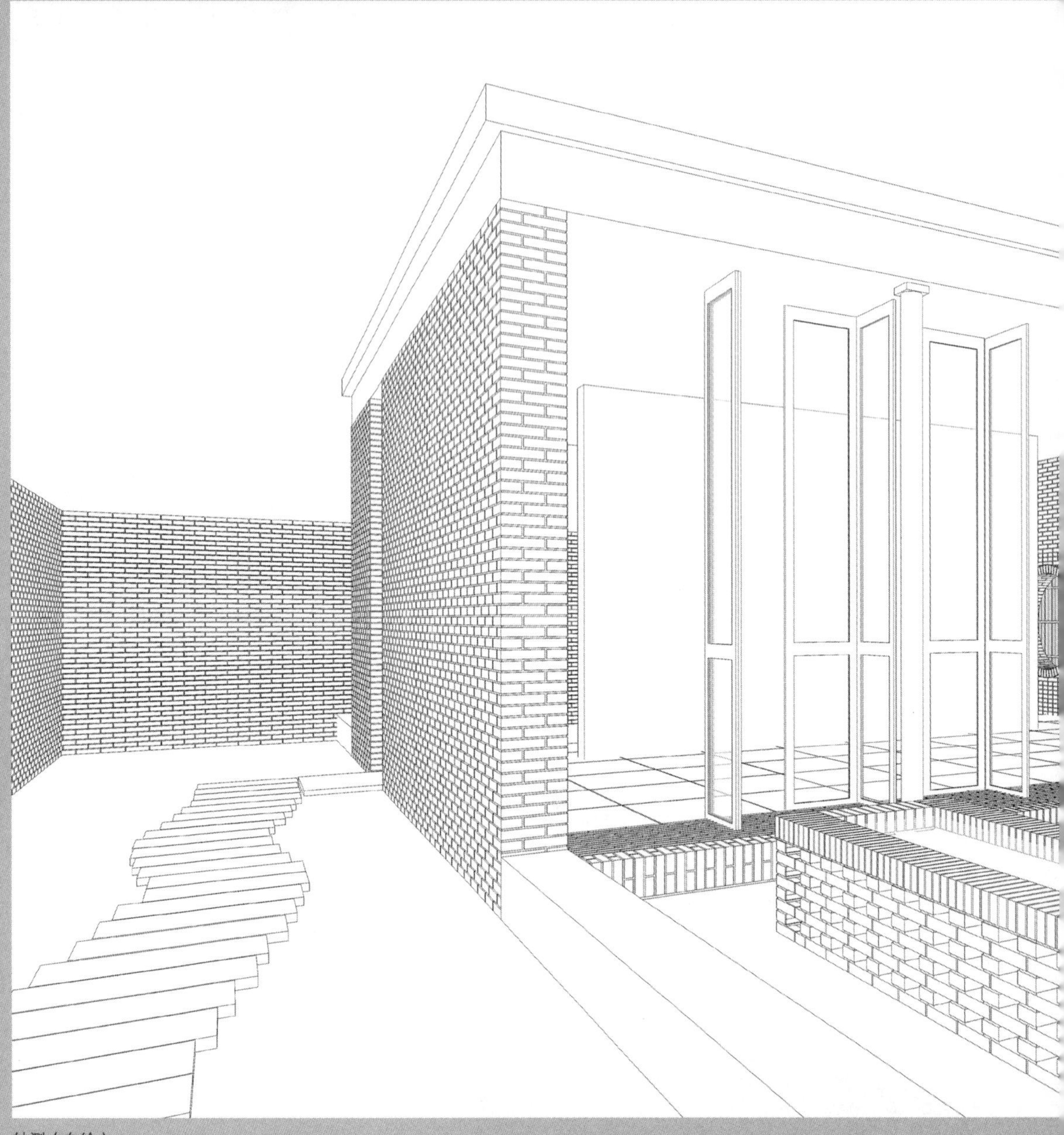

轴测（自绘）

介紹王大閎先生的住宅

近幾年，一顆建築界的新星，忽然以其無比燦爛的光輝，照耀着自由中國。那就是這裏要介紹的王大閎先生。

先生廣東人，現年僅卅八歲，早年留學歐洲，於英國劍橋大學建築系畢業後，赴美入哈佛大學研究深造，先後得文學碩士及建築學碩士（M. A. M. Arch.）學位。在哈佛，王氏與其同窗 Philip C. Johnson，貝聿銘等同爲當代大師 Walter Gropius 之優秀弟子。（按：其時 Gropius 正主持哈佛建築系。）氏雖出自 Gropius 門下，然其個人對於 Mies Van der Rohe 之愛好尤深。其作品極爲謹嚴，簡潔、細膩之處理手法，兼具兩大師之長，更以我東方文化精神與生活情趣揉合其中，耐人尋味於無窮。此於其近年各作品中均可見之。今謹以其住宅爲例，摘介於後。——編者

在臺北建國南路一塊 50′×62′ 的幽靜基地上，王大閎先生建造了他的住宅。一堵高高的普通紅磚圍墻，和兩扇未經油漆的狹長院門，雖然你是專程去拜訪的，但若不仔細看清門牌，你決不會想到這裏面會有什麼奇跡。敲開了門進去，呈現在你眼前的是一個中國式的自然庭園，裏面放着一棟簡潔而精緻的房屋。你會佇足片刻，視線通過掃疏的樹木，以及向南的一排自地面直達天花的長窗，你已爲室內外的情調攝住。這時一條石板鋪砌的小徑引你入室。

進門是8′寬的朱紅壁櫥，右旁便是寬暢的起居室，一端放着一張潔白的圓餐桌，周圍着六隻黑色柚木面紅漆鋼腳的圓凳。起居室的中央放着三隻沙發和一隻光潔大理石面的茶桌。另一端是一隻長的矮櫃，上面放着古色古香的瓶子和枕頭，再配合天花上懸下來的大燈籠，充分流露出東方的情調。

起居室另一端通臥室，一進臥室最動人的是東向的5½′直徑的大圓窗，窗外種着幾枝清竹，圓窗開設於墻外，以使墻頭能充分隔開，伸手可觸及自然。此時之圓窗在感覺上只是牆面上重要的一環，將室外景物很微妙的引入室內，試想，在清晨或月夜靜臥床上，透過圓窗，或聞鳥語花香，或見月光竹影，其情其景，豈天上獨有！臥室一端有門通浴室，一堵7′高的墻與外面的廚房區劃，墻頂留有足夠的採光通風空間。

對於色彩及燈光的處理，更有其獨到之處。王氏只採用黑、白、紅三原色，從簡單中求變化。黑色水泥地面，白面黑腳的家俱，紅白相間的墻面，處處形成對比美，在感覺上特別明朗悅目。夜間的燈光更爲王氏住宅增加不少羅曼蒂克的氣氛。王氏廢棄了傳統的由上照下的直接採光方式，完全採用立燈或壁燈，非但避免了大量雜亂陰影，而且巧妙地令燈光通過管形燈罩，在天花及地面上各形成了一個圓形的光面，再經反射，照亮全室，感覺上極爲柔和舒適。花園裏圍墻上的圓形壁燈，透過樹梢放出光芒，恰如皎月初升，尤令人神往。

縱觀王氏住宅，雖然建築面積不過90坪，但無論在設計上或構造上，分寸之間，無不細加斟酌，充分做到經濟、實用、美觀三原則，實爲一劃時代之作品，若謂自由中國尚有新建築，則王氏住宅可當之而無愧色矣。

……本刊資料室……

— 17 —

《今日建筑》内页

外观—历史信息（《今日建筑》）

16

［巴西］

奥斯卡·尼迈耶：时间曲线

Oscar Niemeyer（1907～2012）
Curves of Time

Canoas House, Rio de Janeiro, Brazil, 1953

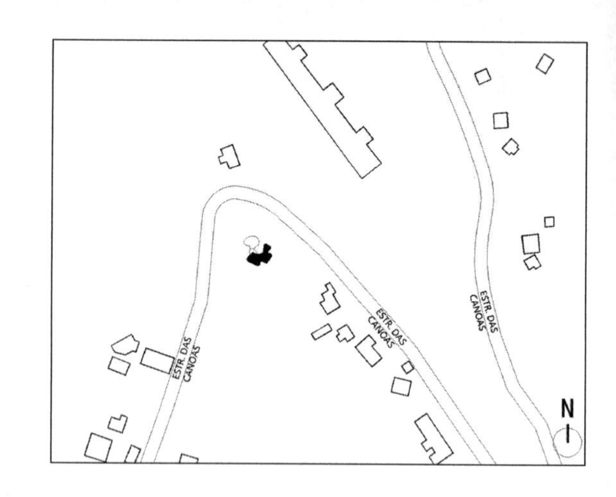

ESTR. DAS CANOAS
ESTR. DAS CANOAS
ESTR. DAS CANOAS
N

1930年代的巴西与众不同，经济高速发展，社会生活追求平等，旅游业和休闲业发达，不逊于欧洲。整个国家具有清醒的现代认识，乐于接受新事物，对改变世界也充满着热情，堪称一座“未来之城”。巴西建筑和艺术的精神领袖是建筑家卢西奥·科斯塔（Lucio Costa，1902～1998年），他被当时的巴西政府委任为位于里约热内卢的国家美术学院（National School of Fine Arts）院长，此公了解欧洲当时风起云涌的现代主义建筑运动，希望改造学院派的教学体系，在巴西创造一座类似于包豪斯的新型设计学院，以确立巴西后殖民时代的建筑风格[1]。1936年，巴西的教育部部长将巴西政府的教育和卫生部大楼、巴西大学城设计项目一并交付给科斯塔，这是巴西乃至拉丁美洲现代建筑的重大转折点（图1）。为了完成庞大的设计任务，科斯塔组成了一个由巴西青年建筑家为核心的小组，其中就有奥斯卡·尼迈耶。尼迈耶1930～1934年于国家美术学院学习建筑，求学期间，尼迈耶便加入了科斯塔事务所，他的入行起点颇高，加入重大项目的设计团队之初才毕业两年。年轻的尼迈耶当属有贵人相助，他与柯布西耶的机缘同样发生在1936年，大师抵达巴西，在工作组担任了近一个月的设计顾问，身材矮小的尼迈耶爆发力惊人，通过草图将瑞士人的构思传达给同僚，迅速崭露头角（图2）。1939年尼迈耶独立开业，并被选为教育部大楼设计方案组的主创设计师，1944年项目竣工，尼迈耶同期组建了CIAM的巴西分会，履历表上写下了不平凡的一页。1947～1950年，尼迈耶又在柯布西耶的推荐下参与了纽约联合国总部大楼的设计，在美国建筑师哈里森（Wallace K. Harrison）手下工作[2]，与中国建筑师梁思成等组成十人设

图1 教育和卫生部大楼（参考文献1）

图2 与大师在一起（尼迈耶基金会）

计小组。尼迈耶在这支“全明星”设计小组中排名非常靠前[1]，现纽约联合国总部大厦的最终方案留有他的手笔——尼迈耶堪称柯布西耶思想体系在拉美最为重要的代表人物之一。

20世纪50年代初尼迈耶精力充沛，奔波于巴西和美国之间，不久又在纽约博览会中标了巴西展览馆，他已在国际建筑舞台声名远播，臻于成熟。志得意满的尼迈耶开始筹建第二座自宅卡诺阿斯住宅（Canoas House），那是个宁静安全的居所，位于风景宜人的西海岸（Rio de Janeiro），距离国家森林公园（Tijuca Forest）很近。这个建筑的基地很有特点，伫立于里约热内卢热带雨林陡峭山脉一侧，居高临下眺望大海，人们必须开车爬上山坡然后向下步行，穿过树林，建筑优雅的身姿才出现在眼前。

尼迈耶对现代建筑有自己的看法，这来源于他对祖国自然环境的熟悉与热恋。“我们的目标是要有创造性，而不要一再重复相同的建筑答案。”“吸引我的并不是直角。也不是坚硬的、顽固的、人为的直线条，吸引我的是自由、性感的曲线。那是我在祖国的群山中，在河流的蜿蜒流淌里，在大海的波浪顶端，在天空的云彩边沿，在完美的女人的身体上，看见的曲线。”[3]上述就是尼迈耶反复强调的更自由的风格（freer style），由于没有遭遇过度的工业化侵蚀，巴西人对自然并没有敬畏，他们从来都认为自己就是自然的一部分（图3）。尼迈耶的自宅忠实阐述了这一理念，建筑覆盖于自由的屋顶之下，形体细长扁平，与周围的环境和谐相处，不规则的椭圆形似乎要跃入大自然，流线形白色屋顶为尼迈耶争取到了更多灰空间。他只用简单的几笔就能勾勒出复杂自然条件下的建筑形态、视角和总体布局，这正是颇受柯布西耶赏识的特点（图4）。实际上他也很快与柯布西耶的理念拉开了距离，设计具备了巴西的民族特征。

自宅二层，钢筋混凝土平板结构，建筑面积约150m^2，一层层高2.8m，一层和地下一层以精心设计的楼梯相连。楼下包含了大部分的私人空间，包括3个小卧室、1个衣帽间、1个小型带有嵌入式书橱的书房和3个盥洗室，厕所依靠天窗采光，每个卧室都有1个雕塑感强烈的三维窗户远眺苍翠。一层没有使用底层架空的做法，此前的1942年他的第一个自宅“拉

1 柯布西耶提名了阿尔托、格罗皮乌斯、密斯、尼迈耶、赛特（Sert）、沙里宁等十人。哈里森以非U.N.成员拒绝了芬兰和德国的建筑师，也以非纽约开业建筑师婉拒了沙里宁、赛特等人。因此，尼迈耶实际排名非常靠前，梁思成（Ssu-ch'eng Liang）是哈里森提名的非CIAM设计成员之一。

图3 草图（尼迈耶基金会）

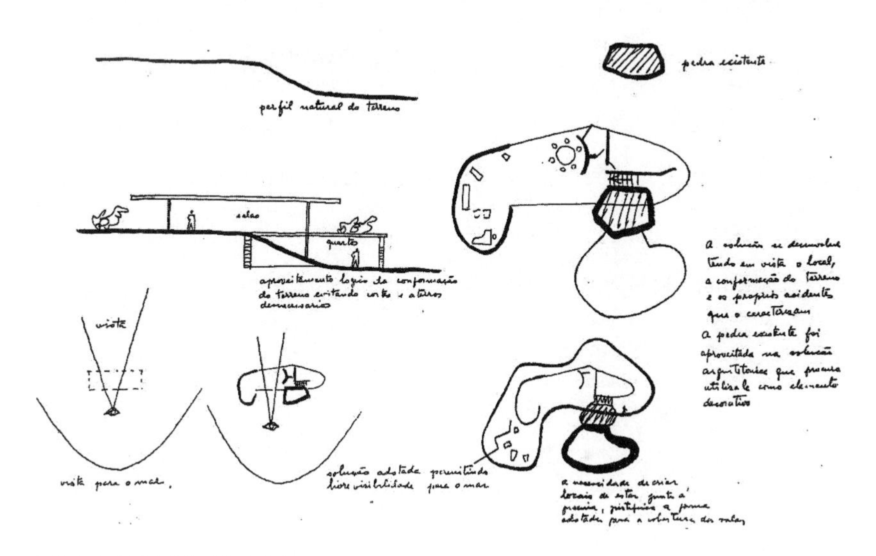

图4 自宅构思（尼迈耶基金会）

戈阿住宅”（Lagoa House）是严格按照柯布西耶的理论设计的[4]。卡诺阿斯住宅有三个入口，主入口靠近游泳池，流线经岩石、曲面墙引导进入起居室。还有一个滑门通向安静的餐厅角落，坐定可以静观花园的春夏秋冬，保持了对热带生活的四季敏感（图5）。厨房设独立出入口，为了不干扰起居厅，甚至将炉子放到了室外。流动的餐厅与起居室占据了2/3的一层面积，还有一个迷你厕所和一个紧靠楼梯间的厨房。厨房、卫生间和餐厅

图5 全貌（Pinterest）

在大空间中发生联系，五根钢柱不规则地布置限定了空间，而起居厅则不带一根立柱，游弋其中赋予每个人最充分的自由，利用更少的支撑，这样的空间会更大胆，也能生成新的行为方式。

卡诺阿斯住宅外观犹如一个开放的亭子，抹掉所有直角，四分之三面环形玻璃外墙又将一片翠绿吸入室内，玻璃的透明性和钢琴曲线让建筑在丛林中若隐若现。尼迈耶采用一整块巴西花岗石作为建筑中心，巨石与植物、楼梯、起居厅、游泳池和门廊相连，岩石成为楼梯的中心装饰，甚至巨石上面树立了根柱子，形成一种结构性的力量，周围的植物疯长，但建筑却是光滑的，岩石内外兼顾（图6）。端坐在客厅，岩石、花园和水池均成

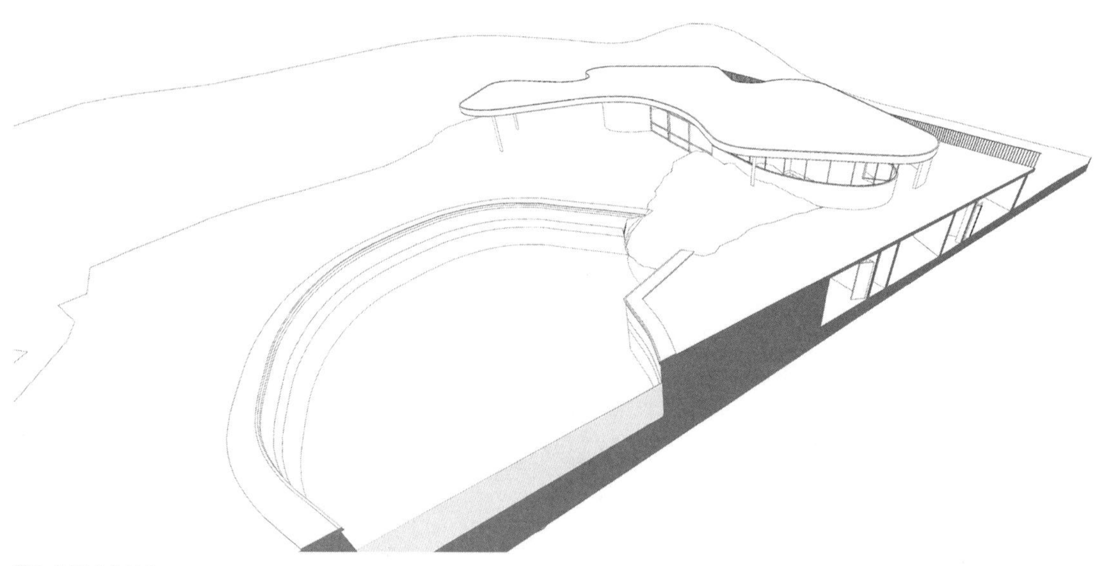
图6 花园（自绘）

为了客厅的组成部分，空间自然延伸到户外露台，当晚霞映入游泳池的时候，水波涟漪。

白色混凝土屋顶支撑在细柱上，屋顶20～30cm厚，根据受力情况，断面渐变，起居厅悬挑多的部分屋顶自然变厚（图7）。建筑色彩点染了拉美的地方性属性，乃建筑大师与学室内设计的女儿共同完成。厨房外墙是酷酷的热带植被绿色，厨房铺设了长条形的白色瓷砖，公共空间起居厅和露台均为抛光黑色岩石地板，具有蓝色粗草光泽的墙面与插进楼梯间的岩石相对，展现了室内的冷色调主题。楼下是实木复合地板，楼上是两片弯曲的深褐色墙面，木质墙壁给予整个建筑沉稳、极简的感受，桦木、岩石、混凝土令建筑冷暖可触可感。

自宅与“性”不无联系，活到百岁的建筑大师根本不会过苦逼的生活。2000年尼迈耶在“时间曲线”一文中依然坦言，女性的身体令人着迷，特别是巴洛克的臀部具有很强的吸引力[5]。雕塑家赤亚特（Alfredo Ceschiatt）在平台上设计了自然裸露的胴体，抽象的建筑与具象的人物产生了平衡，建筑的“性”取向更加开放，具有某种超现实和未来感（图8）。热带花园是尼迈耶与巴西景观设计师马克思（Roberto Burle Marx）的合

图7 厨房的屋顶厚度变化（尼迈耶基金会）

图8 雕塑家赤亚特作品（Pinterest）

作品，后者长期与尼迈耶联手，设计以水园林见长，善于打造出植物和建筑之间的奇效。他的景观设计在巴西甚至全球都有很大的影响力，是巴西新首都的户外主要景观缔造者。

新家竣工不久，格罗皮乌斯借故参加圣保罗的双年展驱车造访，他评价该别墅无法大量生产。在尊师看来，现代建筑是“人人均可得之的好设计”，在任何环境下都应“普遍有效”[6]。而尼迈耶则反击，纯粹功能的包豪斯理念是胡扯，建筑源自内心与特定基地，非常私人化，巴西热带现代主义（Brazilian Tropical Modernism）轰轰烈烈地得以展开——时间曲线不仅体现了母性的美，而且是现代建筑多样性的象征。就在这幢房子里，1956年9月的一个清晨，刚刚上任的巴西新总统库比契克拜访了尼迈耶，总统激动地拍着老朋友的肩膀：“我将为这个国家建造新首都，而我需要你的帮忙，奥斯卡，这次我们将一起创造巴西的首都！”[7]

又是卢西奥·科斯塔和奥斯卡·尼迈耶设想了城市的一切，曾经的师徒走在了定义巴西历史的最前沿，那是一个理想空间，今天最年轻的世界文化遗产。十年忙碌，尼迈耶并未远离卡诺阿斯住宅，自宅距离工作室不远，成为宁静的休憩港湾。1964年巴西军事政变，建筑师因“左翼”身份流亡巴黎，设计任务很少，直到1982年返回祖国。不堪的一页已经翻过，卡诺阿斯住宅中日后配上了这此段时间尼迈耶设计的经典家具：两把1978年设计的皮质“ALTA”休闲椅，以及一张与女儿共同设计的草木躺椅（Straw and Wood Chaise）。无论环境如何变化，尼迈耶的工作展现了宁静的心态，而非热情似火，哪怕是日常性设计依然令人爱不释手。

1988年尼迈耶获得普利茨克奖，1996年建筑师亲自筹建了尼迈耶基金会，负责与建筑师头衔相关的所有活动，如日中天的大师初心不改，2007年100岁的他还在事务所忙碌。巴西总统宣布2008年为“尼迈耶年”，2016年里约奥运会巴西人甘愿花上五分钟向大师致敬，尼迈耶成就了响彻20世纪以来的文化威名。里程碑式的卡诺阿斯住宅目前属于其基金会，作为博物馆之用，周围已经日趋城市化，经过弯曲的道路，在树冠缝隙中看到光滑的建筑，那是多么美妙的体验。事实上建筑有很多曲线，超越了当时建筑材料能达到的极限，容易开裂，从1955年开始就要经常修复。不怕冒险，大胆采用现代建筑中常运用的简单材料加以创新，自宅让人去畅想一个现代建筑世界中的全新产物。

参考文献

[1] Richard J. Williams. Brazil Modern Architecture in History[M]. London: Reaktion Books Lit.D.2009.

[2] Eric Mumford. The CIAM Discourse on Urbanism, 1928～1960[M]. The MIT Press. 2000.61.

[3] Sue Chester. King of Curves [N].Telegraph Magazine.

[4] 马雅·雷姆列吉，何如．奥斯卡·尼迈耶—拉戈阿住宅与卡诺阿斯住宅[J]．世界建筑，2005（11）.

[5] Oscar Niemeyer. Curves of Time: the Memoirs of Oscar Niemeyer[M]. London: Phaidon Press.2000.

[6] 保罗·哈丁·卡普．21世纪的当代印迹——《威尼斯宪章》第9条再思考[J]．祝东海译．建筑遗产，2016（2）.

[7] 田申申．尼迈耶与他的“理想国”[J]．看历史，2013（1）.

户外庭院—现状（尼迈耶基金会）

卧室凸窗和女儿共同设计的草木躺椅—现状（尼迈耶基金会）

地下室外的庭院—现状（Pinterest）

客厅—现状（Pinterest）

透视（自绘）

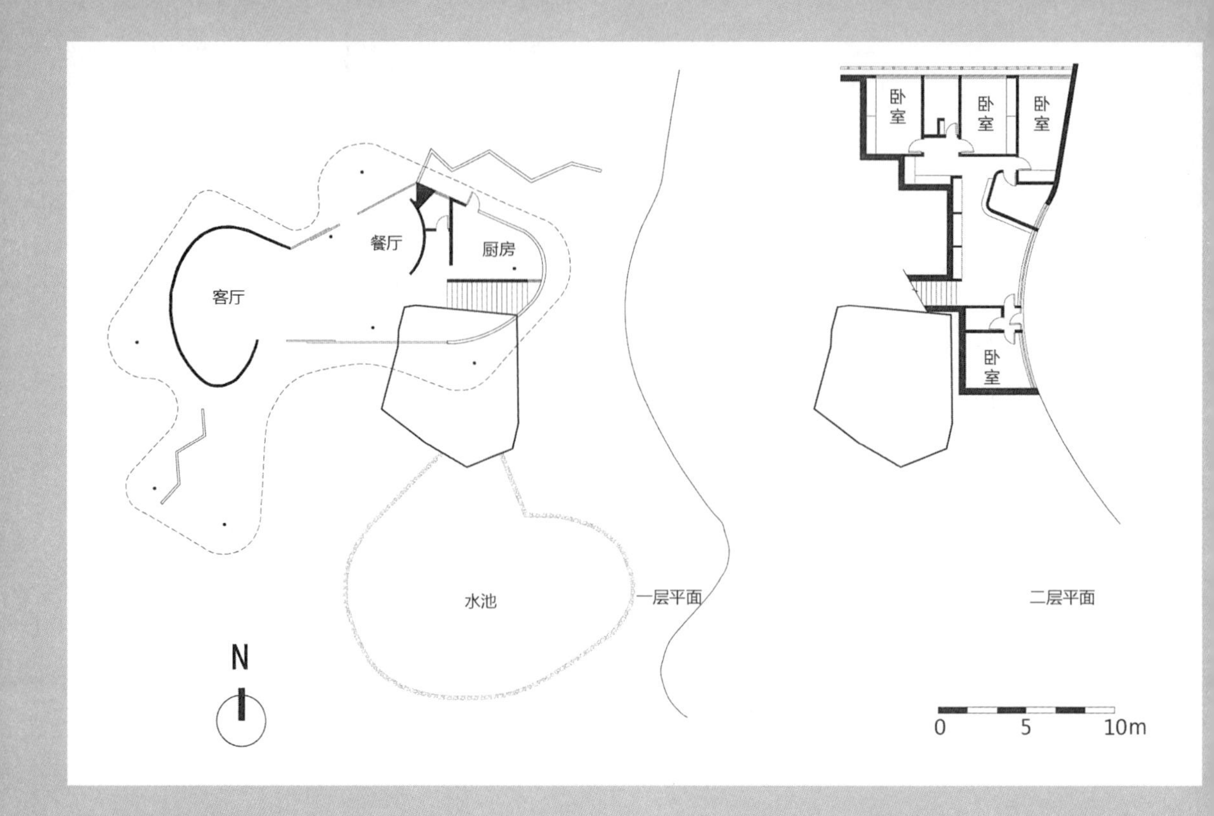

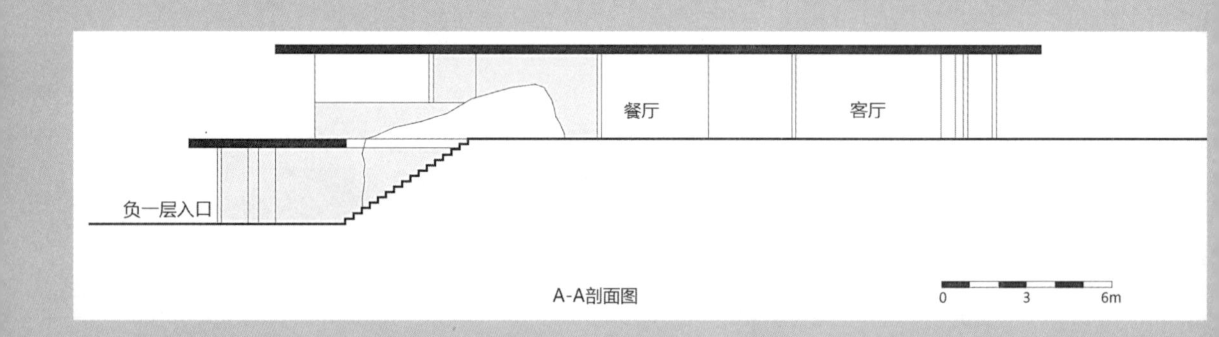

A-A剖面图

1953年竣工照一历史信息（尼迈耶基金会）

大师在楼梯间一历史信息（尼迈耶基金会）

17

［法国］

琼·普鲁夫：车

Jean Prouvé（1901～1984）
Vehicle

Maison Prouvé, Nancy, France, 1954

RUE AUGUSTIN HACQUARD
RUE AUGUSTIN HACQUARD
RUE AUGUSTIN HACQUARD
RUE JOSEPH MOUGIN
RUE JOSEPH MOUGIN
RUE DE MONTREVILLE
N

1923年格罗皮乌斯设计了平顶住房的标准化体系（building block），1929年经济大萧条进一步刺激了低造价的大规模住房生产，且在工艺、材料和标准化的匹配度上不断精进。1930年美国劳伦斯·科克（Lawrence Kocher）发明了世界上第一座轻钢和铝组合的装配式建筑，很快住宅成为了一种高级商品。1933年梅西百货公司与《建筑论坛》合作，在店面里搭建了一个足尺的“现代住宅”，涉足推销此类装配式住宅并为之配备家具[1]，这些尝试自然而然地加快了现代主义建筑的发展步伐。在法国另一位英才回应了美国的实践，此人不是柯布西耶，而是琼·普鲁夫，20世纪史诗般的现代主义大师，集工匠、发明家、家具师、自学成才的建筑师、工程师、教师、企业家和政治家等身份于一身，职业生涯横跨60年，热衷于技术创新，身怀理想抱负，慷慨奖掖后人。

1926年普鲁夫开始和柯布西耶、夏洛特·贝里安（Charlotte Perriand）叔侄合作，1931年组建了普鲁夫工作室（Atelier Jean Prouvé），柯布西耶在巨著《模度2》中两次引用普鲁夫的作品，盛赞他为“一位坚定的建筑师和工程师，作品在生产过程中立即展现出精美的外形”[2]。普鲁夫将在汽车上使用的钢片发挥到极致，尤其善用片状的金属以及利用弯曲、压铸的方式来生产结构构件。他通过轻型金属家具确立了特立独行的地位，版图迅速拓展至建筑界。

普鲁夫坦言家具和住房的原理别无二致，就是忠实反映材料的构造、肌理和功能，通过胶合板和铝合金板实现组合、拆装和移动，并进一步通过业主自行建造降低造价。与纯粹的建筑师和理论家不同，普鲁夫是彻头彻尾的企业家，对生产流程非常熟悉，诸如马塞尔·布劳耶（Marcel Breuer）的钢管技术他并不感兴趣；范思沃斯住宅中表现出的抽象关系吸引了无数人膜拜，他不屑一顾[3]，大师宁愿在简单、实用的道路上不停飞奔。普鲁夫所说的装配化建筑包含了组合构件的逻辑性，甚至囊括了长途运输需要的极小包装、极简工具和最省力的建造步骤——两个人，两把扳手，一个手提箱，6小时就能组装一间设施齐全的住宅[4]。1946年他在卸任南锡市市长不久后再次提到：“我们需要汽车一样的住房，今天有无数的无家可归者，还有上千家挣扎的企业，必须给国家新的面貌，我准备好了！”[5]这些经营手法和技术成就显现出普鲁夫作为一个早期企业家的超前意识，建筑界无人与之可相提并论。

1953年建筑师创立普鲁夫建筑公司（Construction Jean Prouv é），开办了更大的工厂，接受政府委托营造灾后重建的热带住宅，总量达到400多处，包括军队营房及某些复杂的学校和学生宿舍[6]。快速建造又能利用通风系统、百叶遮阳等适应热带气候的特点，这些令人眼前为之一亮。然而天有不测风云，公司遭遇管理变故和重大财政漏洞，普鲁夫被扫地出门。深受打击的建筑大师背水一战，他决定为自己工作，于是成了自己的客户，在工厂的余货中选择建材，将家安置在法国北部的南锡市（图1）。

图1 普鲁夫在家中（蓬皮杜艺术中心）

建筑坐落在山顶一块狭窄陡峭的基地上，被认为是不适建用地，属于家族遗产，但周围栽满了翠柏与果木，南面可以俯瞰南锡的风景，视野开阔自然带来了心胸的舒畅。场地经过平整，施工从1954 年盛夏开始，在他儿子、工匠的帮助下，从土建施工到内部装修不到三个月便大功告成。其建造的程序是直接用毛石找平地面，间隔2m铺设地面钢梁，上设枕木，加钢筋交错拉结；其次是安装墙面钢框架，然后砌筑东、西端部的石墙；当骨架全都竖立起来后，装进板材同时形成门窗；再后来是安装双层屋面板；枕木之间铺设地暖，余部填充混凝土，待地坪完毕进一步安装内部的隔墙。最后是花园毛石铺砌，疏通排水沟槽（图2）。

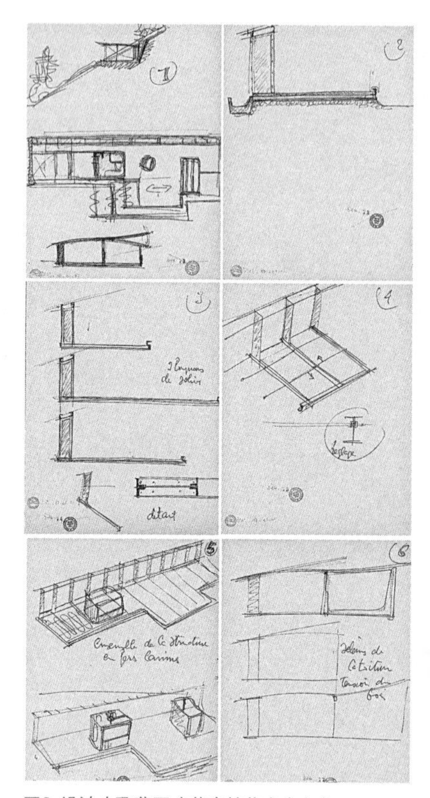

图2 设计步骤草图（蓬皮杜艺术中心）

布局一字直线展开，基地大约27m长，最宽9m，最高处2.8m，面积合计约182m^2。建筑有一个凹入口，靠北有一条内部长廊，室内功能包括一个起居室，三个卧室，浴室、厨房，书房各一。北面靠山，巨大的储藏壁橱长达27m，占据了整个北向空间。早在20年前，赖特曾屡屡教育业主：“如果没有足够的储存，恰恰证明它不属于你的家。”[7]东西两面各有一堵厚

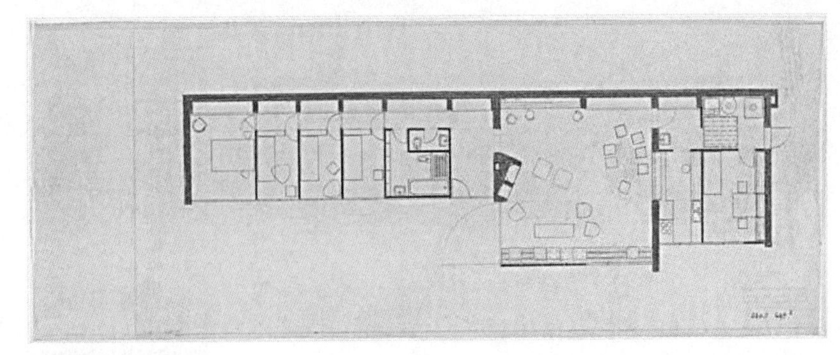
图3 原始设计（Pinterest）

毛石墙，南面外墙使用了模块化的墙板；朝南起居室配备了壁炉，是重要的公共活动区域，位于建筑核心位置，既然有了地板采暖，壁炉就只是高雅的装饰而已，乃身份的象征。两间卧室和卫生间朝西，建筑入口也在西侧，共同面向外部庭院，可以俯瞰南锡峡谷。3m宽的玻璃大门和卫生间旁边的侧门可同时打开，清风习习，坐在2m^2见方的门廊下，室内外融为一体。此外，厨房和书房面东，有小的独立出入口，壁炉、浴室和入口带有屋顶通风口和换气扇。结构没有柱网，室内外各一根钢梁，室内钢梁带脊束，与屋面螺丝固定安装；起居室内尚有一根细长的钢柱，最初的设计图纸显示欲将壁炉做成承重墙的一部分，后未采用（图3），而在室内增加了4根钢柱（同木隔墙组合），与东、西毛石墙共同形成4道承重的纵墙，想必是充分考虑室内空间灵活性的修改。波浪状屋顶胶合板上覆加铝肋板，在建筑主入口处屋面铝板悬挑2m，普鲁夫利用屋面材料的弯折设计出独特的形式和排水天沟，铝板直接用螺栓与钢梁骨架固定。整个形态由北向南逐渐升高，视野开阔，阳光充足，遮风避雨，造型与起伏的山体匹配。

普鲁士称自宅为“车”，设计延续了其职业生涯中对金属材料和快速建造的偏爱。由于基地狭小，材料需要人扛或利用小型货车运输，建筑师便充分利用了小型构件。他的自宅构件几乎都来自他的工厂产品，除了面砖、地毯之外，钢、铝、木材均追求规格统一（图4）。钢和石用作结构骨架，木板墙板（外罩金属铝板）用于外围护，内部墙面浴室是混凝土板，其余内部隔断都是胶合板。南立面有5种高2.7m的不同板材，除了起居室

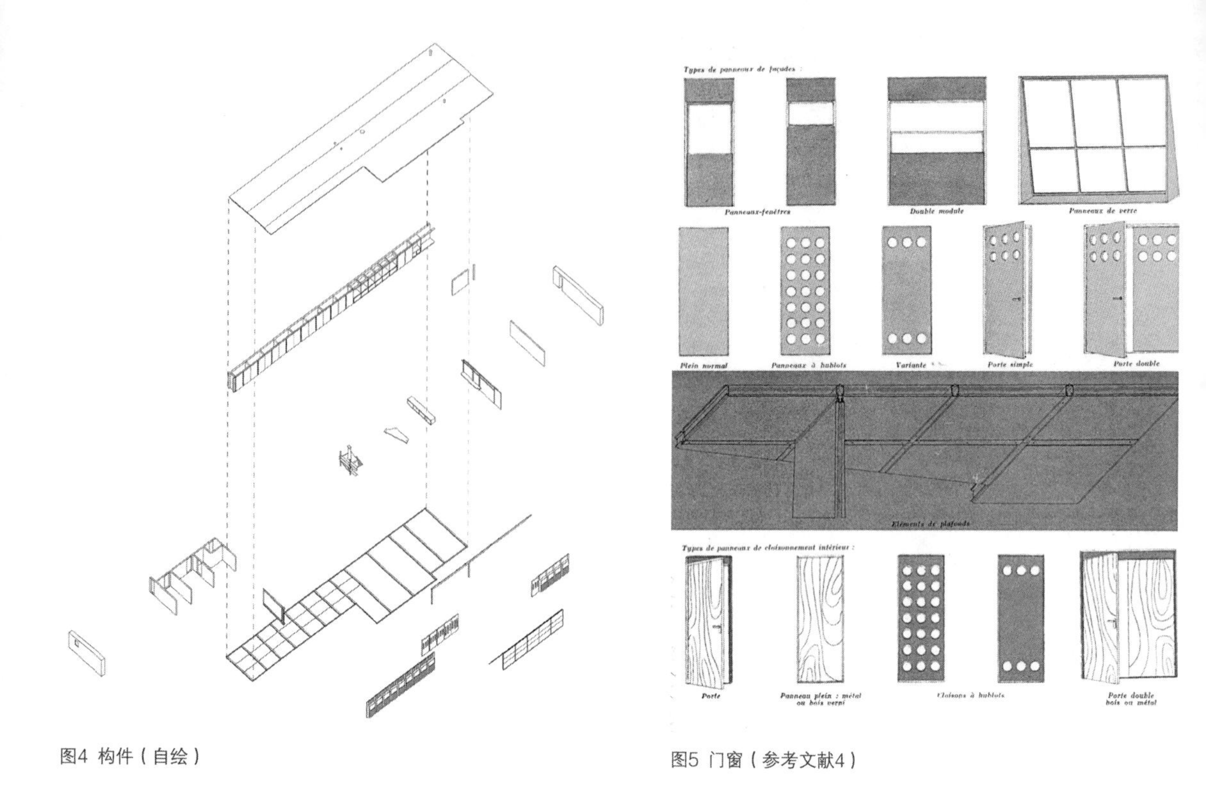

图4 构件（自绘）

图5 门窗（参考文献4）

玻璃墙面外，宽度模数均由0.9m控制（图5）。卫生间、次入口及厨房窗户的墙板非常经典，绝缘木板厚7cm中间有夹层，建筑师称之为“空心体”（hollow-body），有利于保温隔热，外覆抗腐蚀的铝质金属，分别打上18、12、9个类似飞机舷窗的孔洞。“舷窗门”开启了一段传奇，在日后诸多国内外经典案例中均能看到其背影，各种构件之间原本错综复杂的关系，表现出的却是一种简洁明了的美。建筑的窗户配有机械装置，有巨大的铰链可以协助外开，上部窗户设有可转动的金属百叶窗，立面可随着微气候发生变化。

普鲁夫骄傲地宣称：我不会设计不能被生产的东西！“技术帝”是关注建造体系并终生实践的先锋。他设计自宅之时刚过50岁，钢铁硬汉事业遭遇低谷，1956年东山再起，又作为交通运输公司（CIMT）的主要工程师参与了大量住房、学校、加油站和玻璃幕墙的实践，晚年屡获大奖。世界很小，普鲁夫与流亡巴黎的巴西建筑大师尼迈耶甚至产生过交集，英雄

1 这段时间尼迈耶流亡巴黎。

惺惺相惜，为尼迈耶1970年创作的巴黎办公大楼（Headquarters of the PCF，Paris）设计了立面[1]。普鲁夫对高技派具有重要启示，成就了罗杰斯和格雷姆肖恩等欧美建筑师。20世纪70年代蓬皮杜艺术中心将结构与建筑、设备融为一体，设计标新立异，如悉尼歌剧院一样是颠覆性的构想，普鲁夫作为竞赛委员会的评标主席投下了关键的一票。今天早已名满天下的罗杰斯碎碎念："普鲁夫在适应现代建筑的造型语言的建造实践中可谓可先行者，他不停地探究材料的本质、形式和设计，对我有深刻的影响。"[8]

自宅原计划仅使用10年，实际寿命要长得多，1987年成为国家古迹，1990年被南锡城市政府购买。经过维修，重新安放了建筑师经典的家具和灯具向公众开放，以便发挥其最大的社会效益，让更多的人参与文化遗产的教育之中。1997年后自宅成为可租赁建筑师驻地，条件是一年中的某一时段要对外敞开房门。普鲁夫的多项设计专利至今依然在为继承者创造丰厚的利润，具有讽刺意味的是，建筑师当年讲求诚实、服务于社会的家具被佳士德拍卖行以高价竞拍，并被收藏家收购。

参考文献

[1] 富兰克林·托克. 流水别墅传[M]. 林鹤译. 北京：清华大学出版社，2007. 150

[2] 勒·柯布西耶. 模度[M]. 张春彦等译. 北京：中国建筑工业出版社，201.

[3] Margret. I Nelson. Re-Imaging the Maison Tropicale: a 21st century prefabricated building system inspired by Jean Prouve [D]. Master Degree of Massachusetts Institute of Technology. 2007.

[4] Remo Pedreschi. The Innovative Lightweight Buildings and Systems of Jean Prouvé[D]. University of Edinburgh.2008.

[5] Entretien avec Frédéric Pottecher vers 1-3-1950.

[6] Exhibition Forward. Jean Prouve an Industrial Beauty.Ivory Press. 7 September 2011 ~ 12 November 2011.

[7] 杨鹏. 最幸运的普通人——两座尤松尼亚住宅[J]. 三联周刊，2014（8）.

[8] Renzo Piano. Memories of Prouve [J]. Domus No.87. 1988（9）.

山坡上的自宅一现状（Pinterest）

客厅一现状（Pinterest）

结构柱与带脊束的钢梁—现状（Pinterest）

3m宽入口—现状（Pinterest）

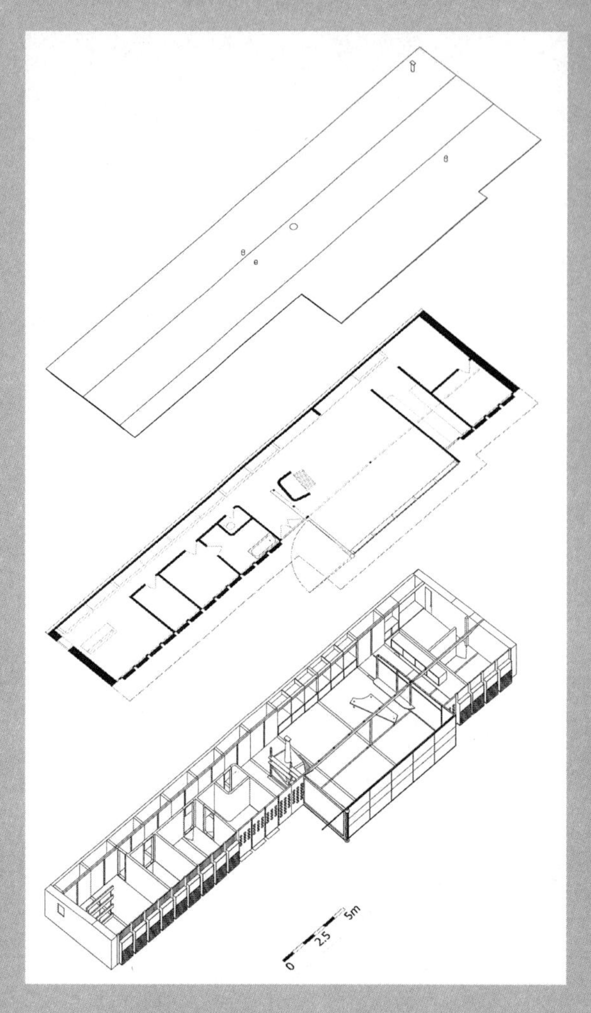

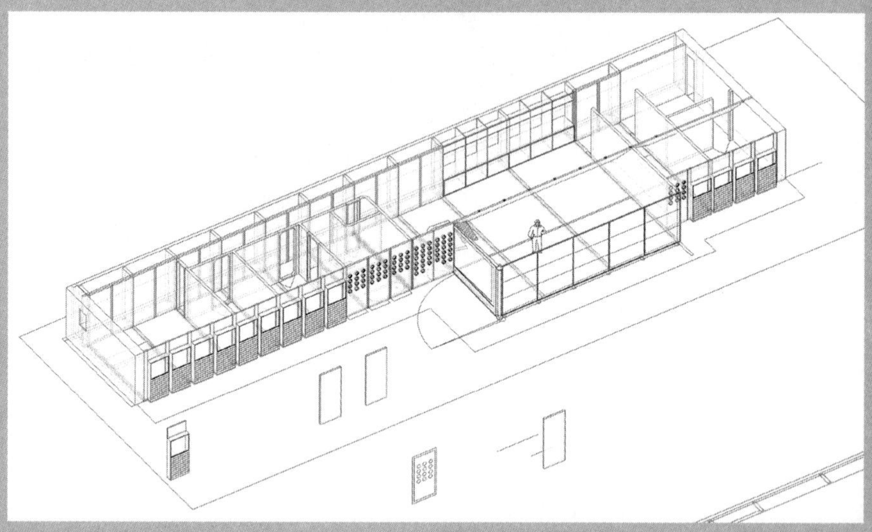

轴测（自绘）

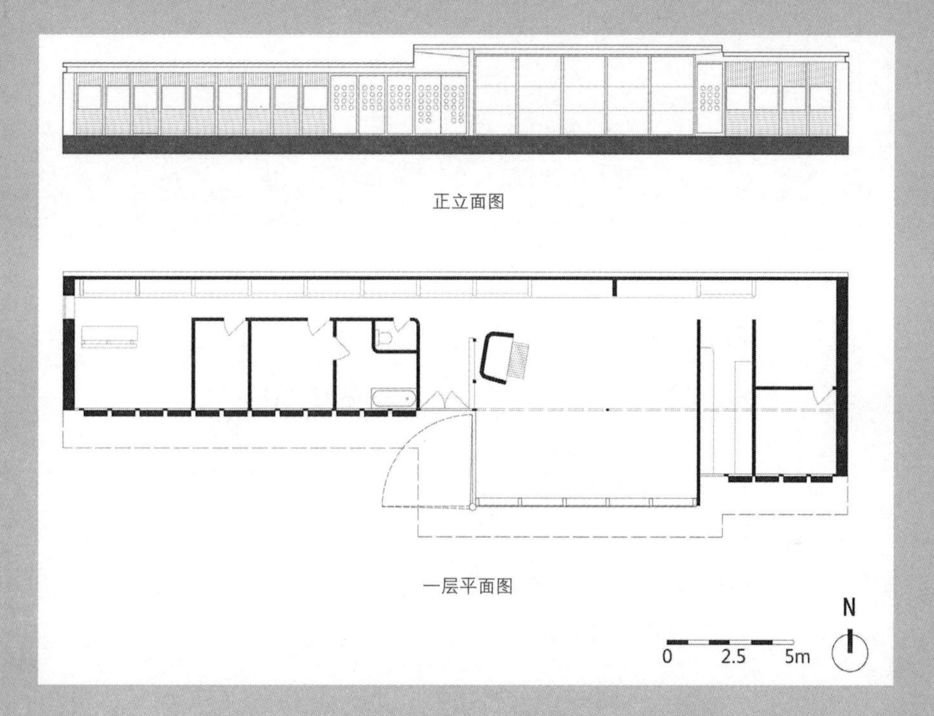

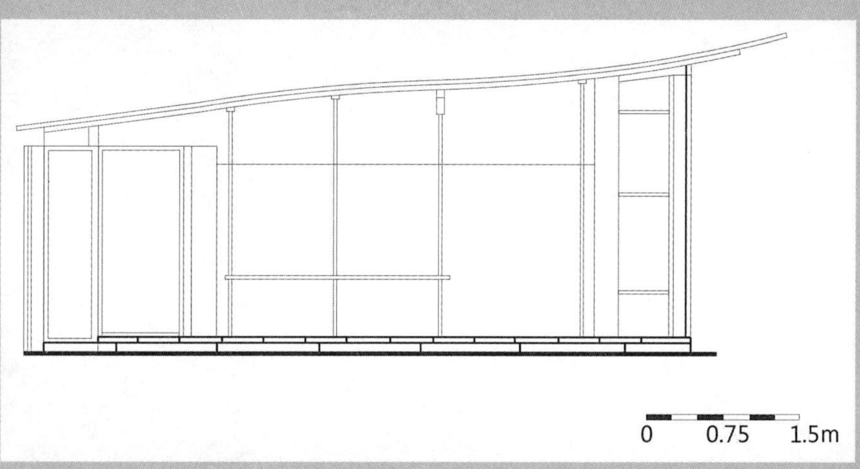

A-A剖面图

铺地面—历史信息（蓬皮杜艺术中心）

厨房—历史信息（蓬皮杜艺术中心）

客厅大门—历史信息（蓬皮杜艺术中心）

柯布西耶、普鲁夫（中）、戴高乐战友派蒂（Eug è ne Claudius–Petit）于1964年—历史信息（蓬皮杜艺术中心）

18

［英国］

巴塞尔·斯宾塞：如船一样简单

Sir Basil Urwin Spence（1907～1976）
Boat Simplicity

Spence House, Beaulieu
Spence Cottage, Beaulieu, Hampshire, U.K., 1961

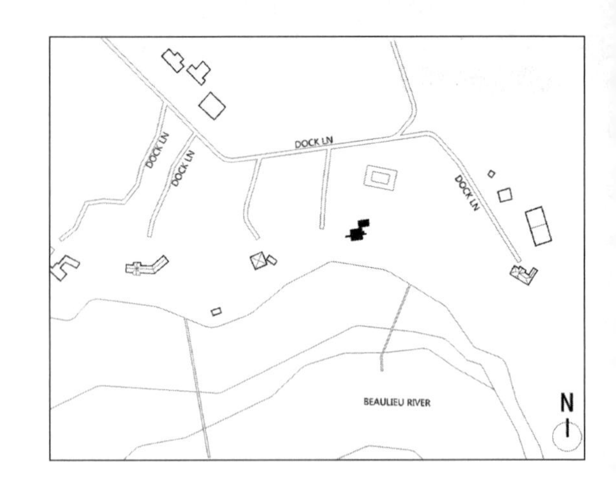
DOCK LN
DOCK LN
DOCK LN
DOCK LN
BEAULIEU RIVER
N

1999年英国电视四频道“英国遗产专栏”对最受欢迎的50个英国现代建筑进行测评，新考文垂主教堂荣登魁首[1]，足见它在英国民众心中的突出地位，它的建筑师是苏格兰人巴塞尔·斯宾塞[2]。斯宾塞早年以优异的成绩毕业于爱丁堡艺术学院，1931年独立开业，“二战”期间弃文从军，作为军官被授予大英帝国官佐勋章（OBE）[3]。重返职场后，在“二战”刚结束的“英国节日”展览中设计了重要的“海与船展厅”（the sea and ship pavilion）[4]。1958～1960年斯宾塞当选为英国皇家建筑师协会主席，1962年对他而言是至关重要的一年，考文垂主教堂重建项目竣工（图1），另一个先锋性的教育作品苏塞克斯大学图书馆也已完工，目前两件作品均被评定为I类战后登录建筑，在整个英国的登录建筑体系中I类设计质量最高，仅占45万保护数量的2.5%[1]。昼夜奔忙，斯宾塞自宅1961年亦同步完成，大师被册封为爵士，达到了一位绅士建筑师的事业顶峰。他开办了三间建筑事务所，除了爱丁堡和伦敦外，另一处就是距离伦敦不远的自宅，作为家庭度假和办公之地。弟子在他的指导下画图，下午就在上午方案的基础上描图修改，建筑师戏言“永远在开店”（Live over the shop），自宅见证了大师职业生涯中最为志得意满的篇章。

家与伦敦联系方便，四周林荫密布，草坡缓缓通向蟠龙河左岸（the River Beaulieu），顺流而下距离海军大将纳尔逊的昔日造船基地非常近（图2）。雨天河道远处缓缓驶来一艘船，人与人之间在那一刻有说不出的联系，这令斯宾塞略感激动。沉浸在考文垂主教堂重建的余温中，度假木屋的构思依然来源于斯宾塞对斯堪的纳维亚的致敬，潮水般涌来的瑞典馈赠是考文垂主教堂重建的室内特征之一，建筑师五次抵达瑞典，与丹麦建筑师雅各布

图1 1962年揭幕新考文垂主教堂（英格兰遗产）

1 考文垂主教堂在“二战”中被摧毁，1951年斯宾塞在竞赛中夺标，主持新主教堂设计，作品凭借新旧对话、对历史记忆的深刻理解广受欢迎。建筑与本土艺术作品相得益彰，体现了英国工业文明的成就。此外得到大量的瑞典王室及人民馈赠，北欧风格的瑰宝同样卓尔不群。

2 朱晓明. 当代英国建筑遗产保护[M]. 上海：同济大学出版社，2007.

3 前文澳大利亚建筑师哈里·赛德勒同为官佐勋章获得者。

4 1951年英国节日（Festival of Britain）是为庆祝战争胜利，更为欢度1851年世界博览会100周年，展现英国卓越的工业、艺术和建筑作品而举行。尽管是临时性展览，但也是英国历史上首次对滨水开放空间、滨水步行化的探索，具有广泛的影响力。斯宾塞设计的是核心临时展厅之一。

森私交甚笃。斯宾塞住宅的改造设计师帕迪（John Pardey）曾指出，度假木屋与1957年雅各布森在哥本哈根郊区设计的自宅“赛斯柏”（Siesby House）很相像[2]（图3）。雅各布森的家伫立于山坡岩石之上，木盒子大悬挑，南向大窗，北面封闭，上下二层区分了储藏、图书馆等服务用房和公共活动空间。的确，斯宾塞丝毫不隐藏自己对北欧的热爱，1950年代斯堪的纳维亚现代主义对世界影响甚大，斯堪的纳维亚的设计方法就是在探寻人与自然的关系之中摸索而成的。

基地约10000m^2（2.7英亩），景观由当年英国景观协会主席克洛夫人（Sylvia Crowe）完成，林地外围设计了大片紫红色的杜鹃花，遮蔽了坚硬的栅栏。在基地西南向开辟了池塘，这样即便河流退潮眼前也永远波光粼粼，池底设计了非对称的辐射形眼睛雕刻，草图无意中在船坞中被发现，为日后的修复提供了便利。克拉克（Geoffrey Clarke）是考文垂新主教堂项目的核心艺术家，曾负责设计了工业小礼拜堂（chapel of industry）的铜雕，他操刀了户外的大型铜雕。斯宾塞在接近自宅的沿线规划设计了如20世纪50年代“英国节日”展览中一样的汽车站棚、悬挑雨棚。建筑、艺术和景观不是孤立的，它们组合在一起，平添了环境的魅力，这所住宅成为诸多名家客串参与的艺术实验场所（图4）。

图2 1960年全貌（巴塞尔·斯宾塞爵士档案）

图3 1957年“赛斯柏”住宅（参考文献2）

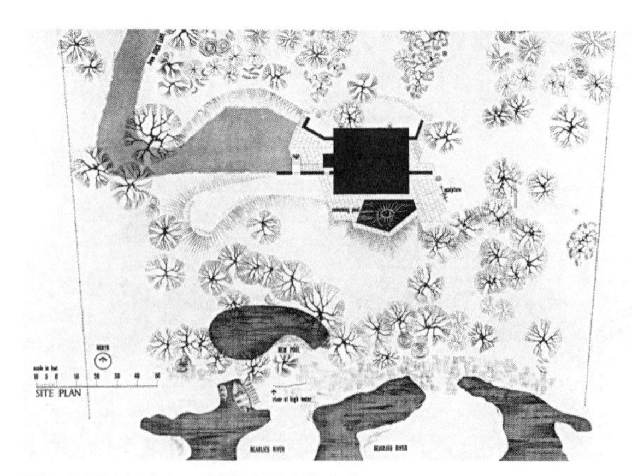

图4 总图（巴塞尔·斯宾塞爵士档案）

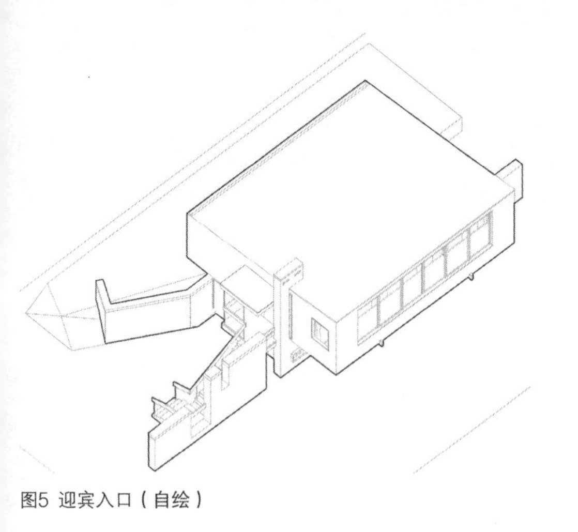

图5 迎宾入口（自绘）

建筑面积约154m²，为两层11.2m（37ft）长、9.7m（32ft）宽的矩形悬挑盒子。底层围护结构为45cm厚砖墙，屋顶为带防水层的胶合板木屋顶，上面覆盖着镀锡铁皮。墙面由16片269mm×69mm的雪松板围合而成，纯净的木盒子支撑在两片平行于基地的白色砖墙上。由于建筑悬挑达到了近3.6m，因此设计了两根木梁，砖木结合处刷两遍石灰水，以便防潮。长时间把持方向盘驾驶后，向左猛一转，建筑入口犹如扇子打开，楼梯光影婆娑，呈现了欢迎的姿态，均经过精心设计（图5）。

屋顶朝向河流略微仰起，最低点2.1m（7ft），最高点3.5m（9ft.6in.），透过南向落地窗引入如画的室外风景。底层是服务空间，白砖墙、条纹饰窗，洗衣房占了一半角落；停车库兼顾了停车和花房。一层11.2m（37ft）长，通过铬黄色的大门进入室内是一个开敞的起居厅，宽大的水平窗迎接朝阳和落日，顶棚倒映着摇曳的涟漪。最初的设计是一个1.5m（5ft.2in.）深挑的阳台，后因冬日寒冷而封闭。与起居厅相对，卧室、厨房、带桑拿的卫生间一字排开，形成了组合柜式的起居服务空间体系。两间嵌入式衣帽间很大，净宽达到81cm，精简物品能保证更优质的生活吗？不一定，但足够的储藏可以保证室内的整洁清新是肯定的。卧室各自带有高级卫生间，有一间需要通过天窗采光换气。“厨房也是一间房”，这是昔日年轻的建筑师罗杰斯的名言，在起居室的末端是开敞式的厨房，刀叉碗碟、冰箱、煤气灶和折叠早餐桌椅井井有条，对外有个带烤盘的服务角（图6、图7）。还设置了一个烧水间，通过循环热水十五分钟内可保证房子升温，利用高效的设备进行自我服务，这样的假期才足够舒服。如果说夏天清风习习，是度假胜地的话，那么起居厅西侧的壁炉就是冬日中的点睛之笔，是建筑师用心最多的标志。壁炉犹如一个机械性的布什锤（Bush hammer）[1]横贯室内外，冲出屋顶。半吨重的混凝土壁炉口悬挂在45cm厚的砖墙上，看似悬浮于弯曲的基座，为了突出失重感，壁炉两边的墙面经过修改，壁炉两侧打开了两扇玻璃窗洞（图8）。壁炉由著名的结构工程师

1 布什锤是一种用于塑造纹理石和混凝土砌体肌理的工具，从手持到大型电机，类型多样。

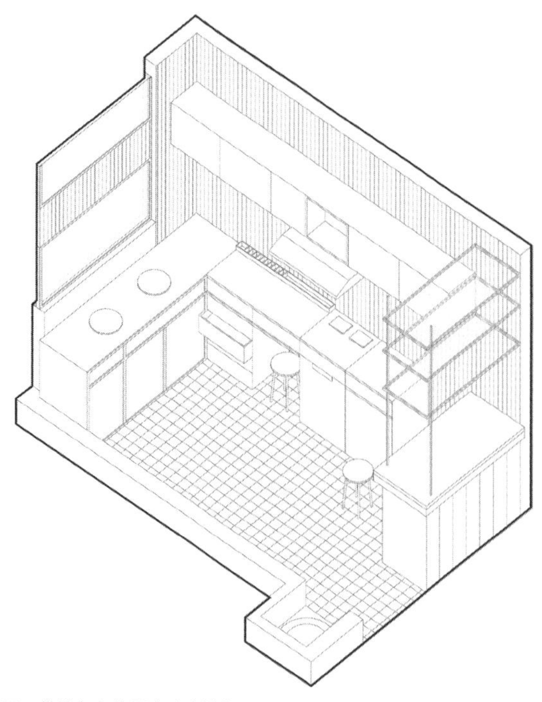

图6 带服务角的厨房（自绘）

图7 厨房（巴塞尔·斯宾塞爵士档案）

图8 壁炉（巴塞尔·斯宾塞爵士档案）

阿鲁普（Ove Arup and Partners）操刀，大名鼎鼎的悉尼歌剧院结构也出自该事务所之手，它犹如一个纪念碑加重了设计的技术与艺术含量。

斯宾塞是不折不扣的航海迷，当他具备条件设计自宅的时候，印入脑海的依然是航海梦。建筑外观色彩采用了白砖墙和黑柏油松木墙面，松木墙很适合潮湿的气候，黑灰色在太阳直射下逐渐演变成黑色，黑和白是永恒的经典。建筑师声言：“*我们必须去海滩，在海水退潮以后看到沙粒和船只，这是水手的标配。*”[3]建筑师注重细节，房子简单但细节奢华，雪松墙面板、缅茄木地板和瑞典红木顶棚板，轻快、多变、统一。现代主义肇始，早期的装饰元素被全盘揭掉，极简从某种角度来说可以视做建筑师对高压现代生活的反应。

自宅1957年开始总图设计，方案多次修改，在使用过程中不断调整：阳台封闭，起居厅变大，但室内留有柱子；浴室经过改造更适合于客房使用；起居厅东面加建了一个悬挑的八角螺旋楼梯间，直接与底层相通，方便厨房进出。楼梯间形态与考文垂新主教堂中的工业小礼拜堂相像（图9），建筑师坦陈线条简练的工业小礼拜堂是最出彩的设计[4]。1974年斯宾塞还曾筹划在北面加建工作室和卧室，未实施[5]。建筑师在此生活过5年，1976年斯宾塞离世后自宅被他的儿媳继承。此后很长一段时间隐藏在橡树丛中，

图9 新考文垂主教堂工业小教堂与自宅楼梯间比较（自摄，John Pardey）

时间将这里暂时遗忘了。1998年斯宾塞自宅登录为II类登录建筑。一对企业家夫妇独具慧眼，他们竞标买到了破败的自宅，对环境、泳池、设备水管、材料与色彩进行了精心修复。2000年斯宾塞曾经设想但从未实现的扩建得以实施，过去的厨房被改成了学习空间，新建部分的钢结构包裹在木盒中，用玻璃天桥与斯宾塞自宅相连（图10）。改建建筑师帕蒂具有长期的大师作品保护与维修经验，也是斯宾塞的超级粉丝，广泛搜集研究了相关历史文献，足以深入理解原建筑的设计理念。他成功复制了斯宾塞的语言，但很克制，充分意识到加建部分应该是新旧有所区别的“整合作品”这一原则。

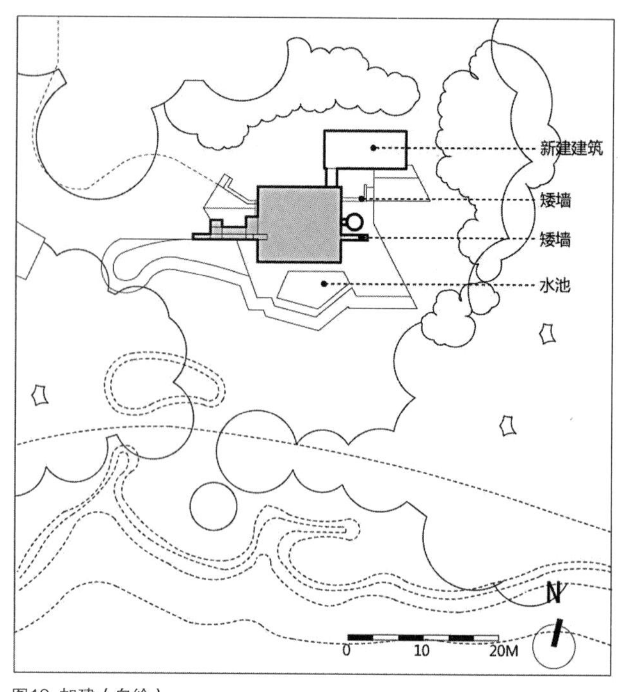

图10 加建（自绘）

欧洲目前在回顾、补测和图纸归档一些重要建筑，相当于一个“整理国库”的行动，斯宾塞是苏格兰建筑的领军人物，有助于重塑英国在世界现代建筑历史上的地位。英国BBC的遗产档案节目重新审视斯宾塞的历史价值，节目定名为“重构巴塞尔·斯宾塞”（Rebuilding Basil Spence）。2005~2008年遗产彩票基金资助了巴塞尔·斯宾塞爵士档案项目（Sir Basil Spence Archive Project），启动了建筑师的手稿整理工作，其中与自宅对应合计有48个手稿夹、292张图纸和62份照片[6]（图11）。黑白照片乃荷兰摄影师索内克（Henk Snoek）所摄，他是斯宾塞的御用摄影师，其作品在当时的英国建筑师圈深得热捧，正是他记录了建筑尚未改动前的完整形态，以及很多家人度假的动人瞬间。自宅图纸大多为斯宾塞亲自所绘，不仅具备了工程图纸的严谨翔实，而且再现出强烈的个人设计风格乃至性格禀赋，精美程度用“逆天”形容并不为过，可视为艺术品来欣赏。

斯宾塞自宅将斯堪的纳维亚的浪漫主义与英国的现代主义结合，很具有吸引力，生活在网络世界的人们是现代的，而现代建筑早已在我们的世

A noted architect builds his own holiday house on the Beaulieu River

图11 名师名作报道（参考文献3）

界里。精明的新主人深谙此道，善于运营手中的资源，他们通过网络杂志宣传推广周边美丽的乡村，另辟钓鱼旅游路线，对海洋的热爱也算是对斯宾塞遗产的另一种开放与继承吧。

参考文献

[1] Charles Mynors. Listed Buildings and Conservation Area [M]. London. Law &Txa Press. 1995.

[2] John Pardey. Spence and Sensibility[J]. the Architects' Journal. 2000(9).

[3] A noted architect builds his own holiday house on the Beaulieu River[J]. Architecture Review 1962(3).

[4] 朱晓明，张波. 凤凰涅槃——英国考文垂主教堂的重建[J]. 新建筑，2006（6）.

[5] John Pardey. Project: The Spence House [J]. RIBA News nettle. 08-09-2001.

[6] http://www.basilspence.org.uk. 访问时间：2016年10月12日。

盒子体—现状（Pinterest）

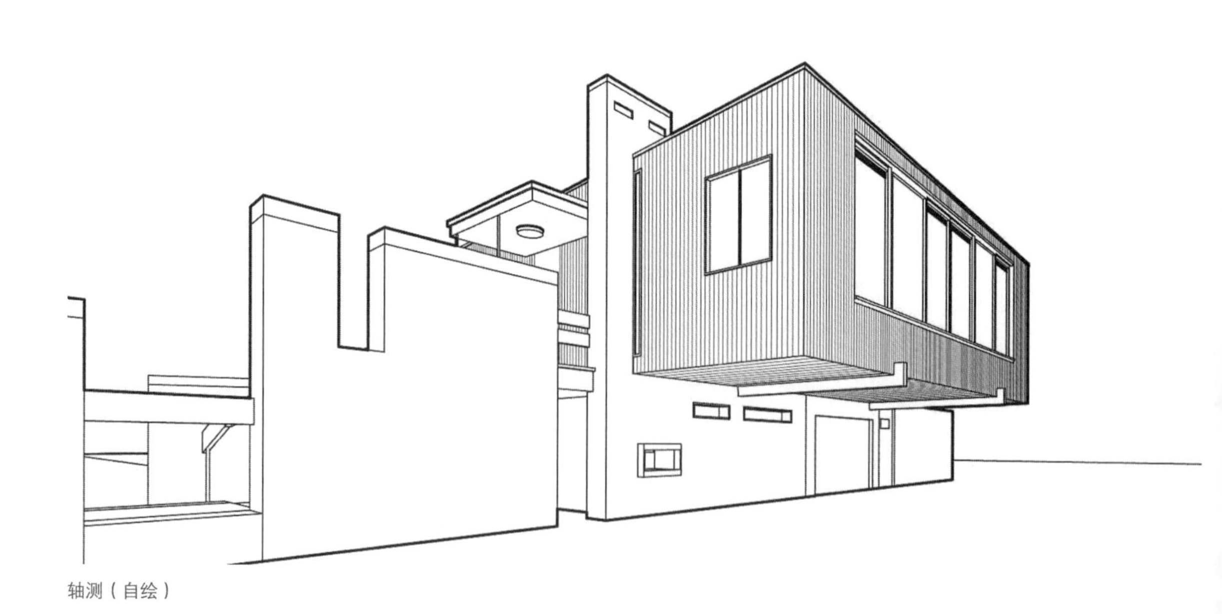

轴测（自绘）

加建—现状（Pinterest）

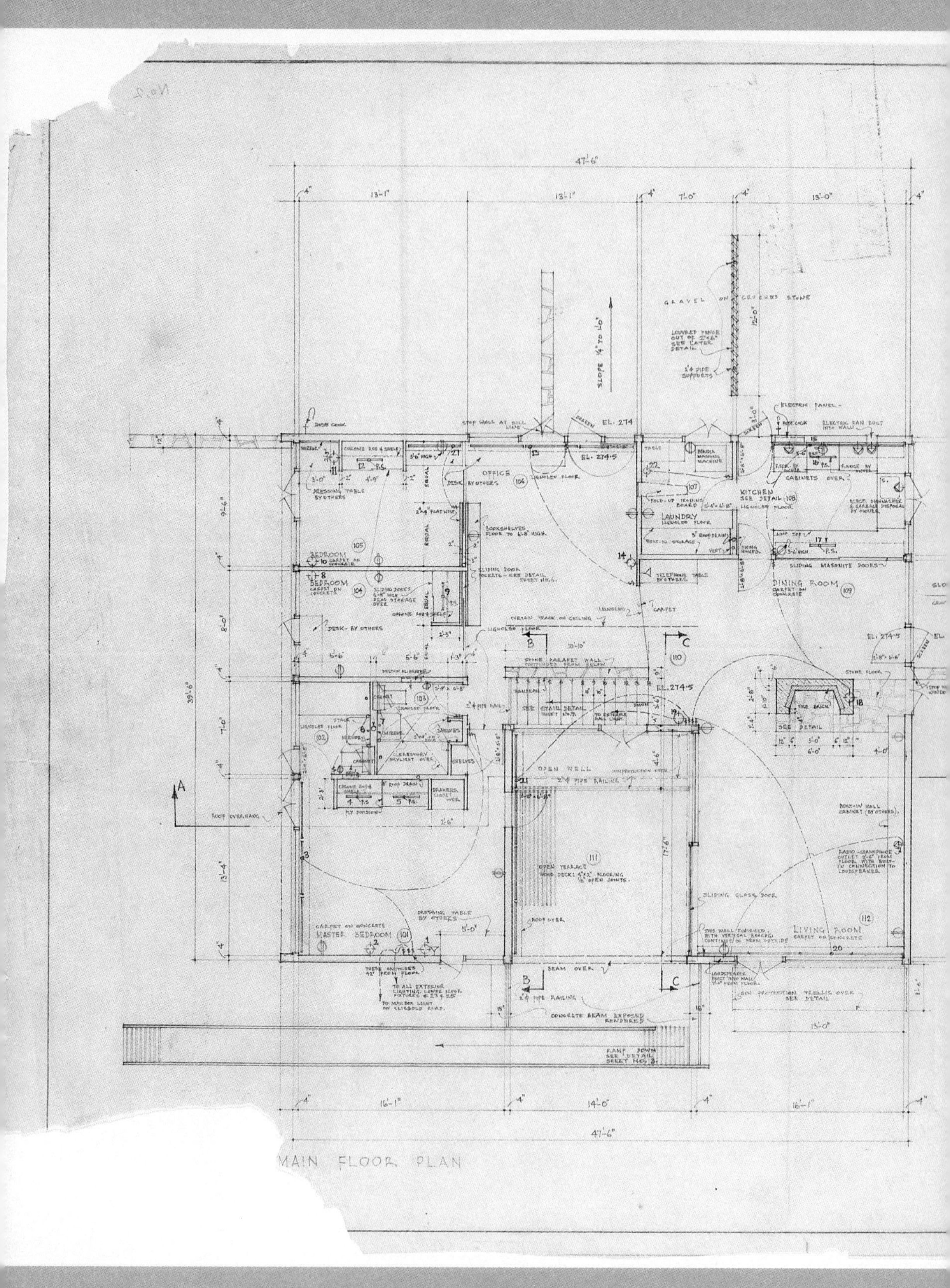

47'-6"
13'-1"
7'-0"
13'-0"
GRAVEL ON CRUSHED STONE
LOUVRED FENCE
SLOPE 1/4" TO 1'-0"
EL. 274
EL. 274-5
ELECTRIC PANEL
OFFICE
KITCHEN
SEE DETAIL
LAUNDRY
BEDROOM
DINING ROOM
SLIDING MASONITE DOORS
CURTAIN TRACK ON CEILING
STONE PARAPET WALL
SEE STAIR DETAIL
OPEN WELL
2" Ø PIPE RAILING
OPEN TERRACE
SLIDING GLASS DOOR
LIVING ROOM
CARPET ON CONCRETE
MASTER BEDROOM
DRESSING TABLE BY OTHERS
BEAM OVER
CONCRETE BEAM EXPOSED RENDERED
RAMP DOWN
SEE DETAIL
SHEET NO. 3.
16'-1"
14'-0"
MAIN FLOOR PLAN

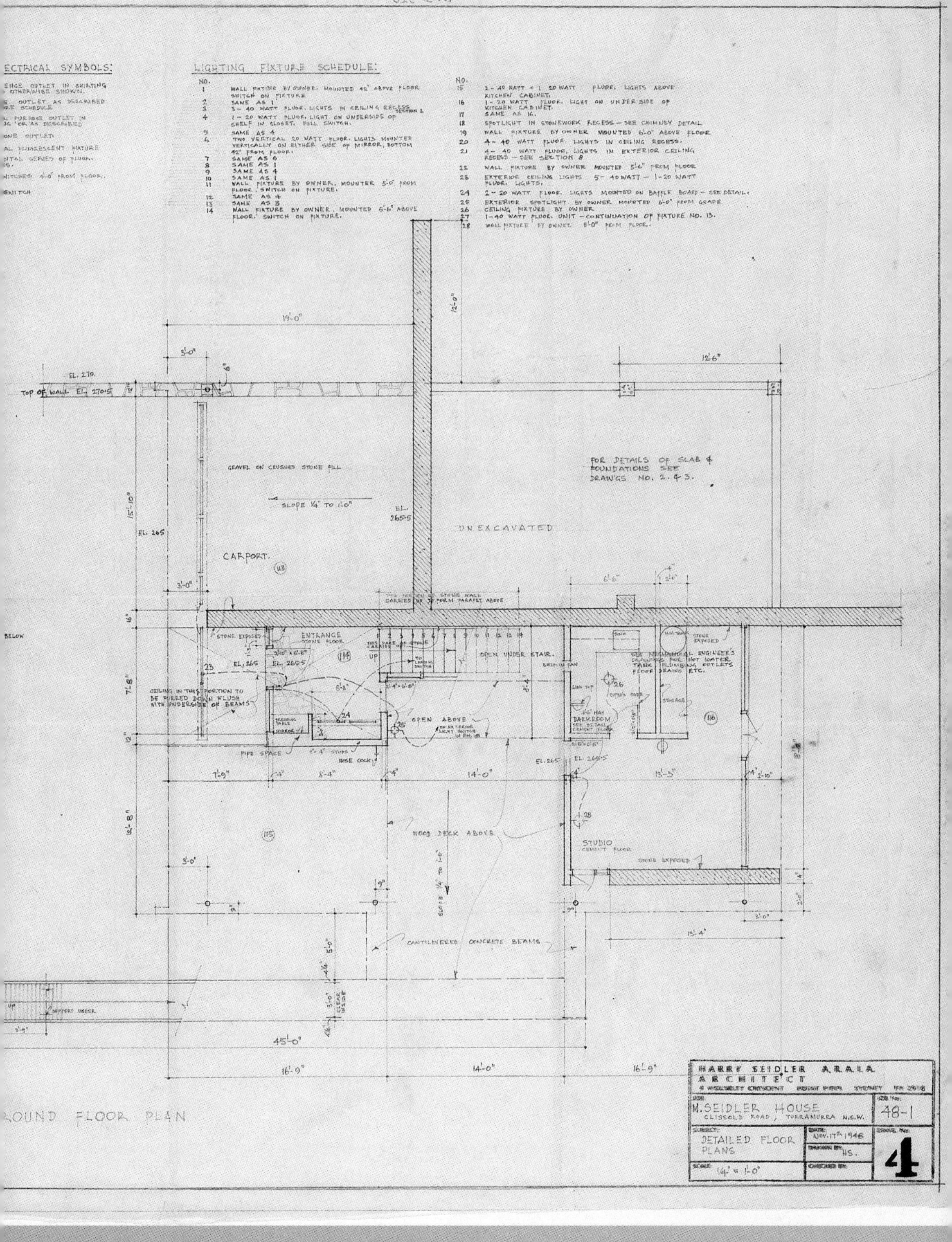
ECTRICAL SYMBOLS:
LIGHTING FIXTURE SCHEDULE:
NO.
1 WALL FIXTURE BY OWNER. MOUNTED 42" ABOVE FLOOR SWITCH ON FIXTURE
2 SAME AS 1
3 3 - 40 WATT FLUOR. LIGHTS IN CEILING RECESS SECTION 1.
4 1 - 20 WATT FLUOR. LIGHT ON UNDERSIDE OF SHELF IN CLOSET. PULL SWITCH.
5 SAME AS 4
6 TWO VERTICAL 20 WATT FLUOR. LIGHTS MOUNTED VERTICALLY ON EITHER SIDE OF MIRROR, BOTTOM 42" FROM FLOOR.
7 SAME AS 6
8 SAME AS 1
9 SAME AS 4
10 SAME AS 1
11 WALL FIXTURE BY OWNER, MOUNTER 5'-0" FROM FLOOR, SWITCH ON FIXTURE.
12 SAME AS 4
13 SAME AS 3
14 WALL FIXTURE BY OWNER. MOUNTED 6'-6" ABOVE FLOOR. SWITCH ON FIXTURE.
15 2 - 40 WATT + 1 20 WATT FLUOR. LIGHTS ABOVE KITCHEN CABINET.
16 1 - 20 WATT FLUOR. LIGHT ON UNDER SIDE OF KITCHEN CABINET.
17 SAME AS 16.
18 SPOTLIGHT IN STONEWORK RECESS - SEE CHIMNEY DETAIL
19 WALL FIXTURE BY OWNER MOUNTED 6'-0" ABOVE FLOOR
20 4 - 40 WATT FLUOR. LIGHTS IN CEILING RECESS.
21 4 - 40 WATT FLUOR. LIGHTS IN EXTERIOR CEILING RECESS - SEE SECTION 8
22 WALL FIXTURE BY OWNER MOUNTED 5'-6" FROM FLOOR
23 EXTERIOR CEILING LIGHTS 5 - 40 WATT - 1-20 WATT FLUOR. LIGHTS.
24 2 - 20 WATT FLUOR. LIGHTS MOUNTED ON BAFFLE BOARD - SEE DETAIL.
25 EXTERIOR SPOTLIGHT BY OWNER MOUNTED 6'-0" FROM GRADE
26 CEILING FIXTURE BY OWNER
27 1-40 WATT FLUOR. UNIT - CONTINUATION OF FIXTURE NO. 13.
28 WALL FIXTURE BY OWNER 5'-0" FROM FLOOR.
TOP OF WALL EL. 270.5
GRAVEL ON CRUSHED STONE FILL
SLOPE 1/4" TO 1'-0"
CARPORT.
UNEXCAVATED
FOR DETAILS OF SLAB & FOUNDATIONS SEE DRAWGS NO. 2 & 3.
ENTRANCE
STONE FLOOR
OPEN UNDER STAIR.
OPEN ABOVE
DARKROOM
STORAGE
CEILING IN THIS PORTION TO BE FURRED DOWN FLUSH WITH UNDERSIDE OF BEAMS
PIPE SPACE
HOSE COCK
WOOD DECK ABOVE
STUDIO
CEMENT FLOOR
STONE EXPOSED
CANTILEVERED CONCRETE BEAMS
45'-0"
16'-9"
14'-0"
16'-9"
ROUND FLOOR PLAN
HARRY SEIDLER A.R.A.I.A.
ARCHITECT
JOB:
M. SEIDLER HOUSE
CLISSOLD ROAD, TURRAMURRA N.S.W.
JOB No.
48-1
SUBJECT:
DETAILED FLOOR PLANS
DATE:
NOV. 17th 1948
DRAWN BY: HS.
CHECKED BY:
SCALE: 1/4" = 1'-0"
DWG. No.
4

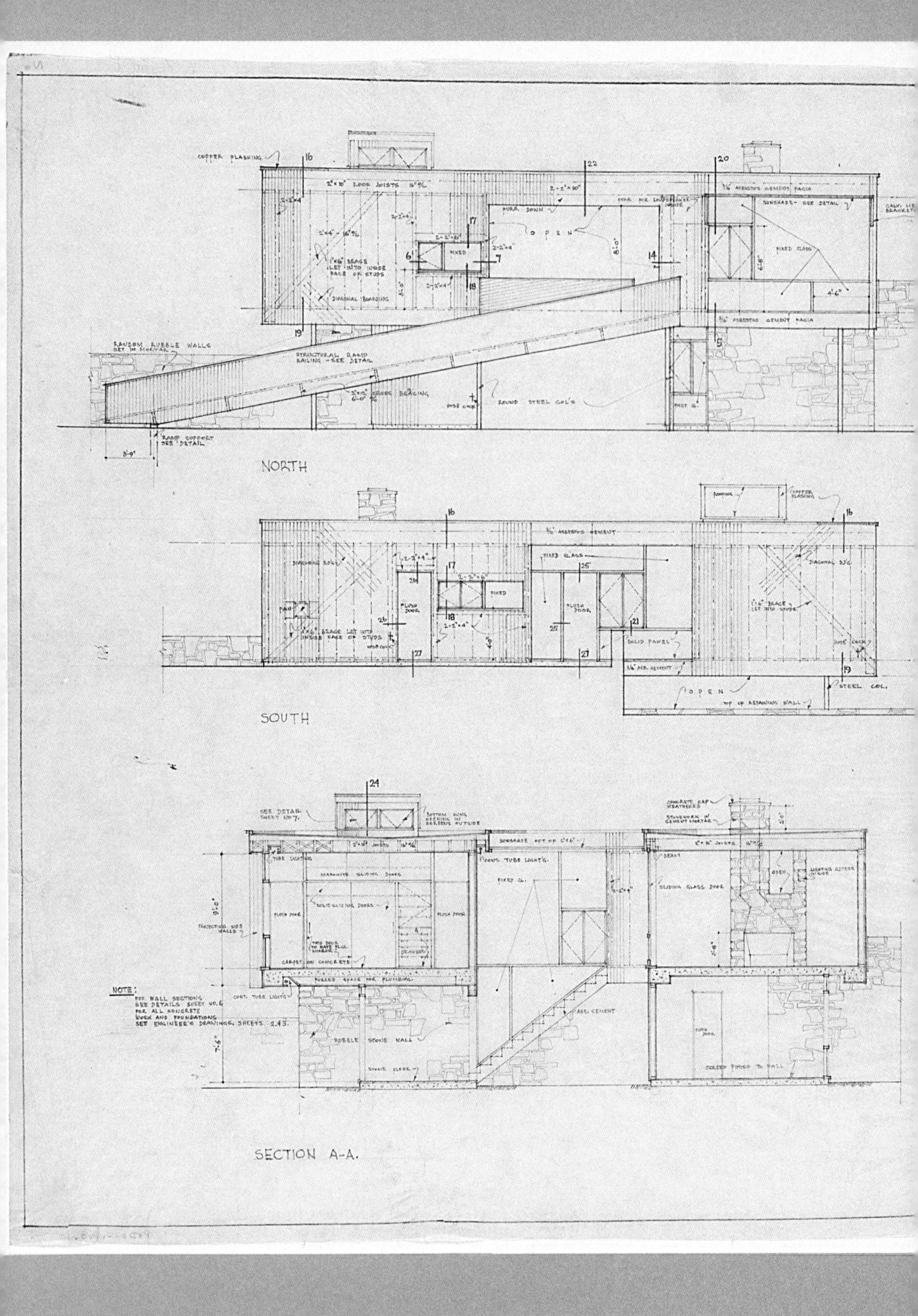
COPPER FLASHING
2"×10" ROOF JOISTS 16" O/C
OPEN
FIXED GLASS
SUNSHADE- SEE DETAIL
DIAGONAL BOARDING
RANDOM RUBBLE WALLS SET IN MORTAR
STRUCTURAL RAMP RAILING -SEE DETAIL
ROUND STEEL COL'S
RAMP SUPPORT SEE DETAIL
NORTH
FIXED GLASS
FLUSH DOOR
SOLID PANEL
STEEL COL.
TOP OF RETAINING WALL
SOUTH
SEE DETAIL SHEET NO 7.
SONSHADE
TUBE LIGHTING
MASONITE SLIDING DOORS
SOLID SLIDING DOORS
FLUSH DOOR
CARPET ON CONCRETE
SLIDING GLASS DOORS
CONCRETE CAP
RUBBLE STONE WALL
NOTE:
FOR WALL SECTIONS
SEE DETAILS SHEET NO.6
FOR ALL CONCRETE
WORK AND FOUNDATIONS
SEE ENGINEER'S DRAWINGS, SHEETS 2.4 3.
SECTION A-A.

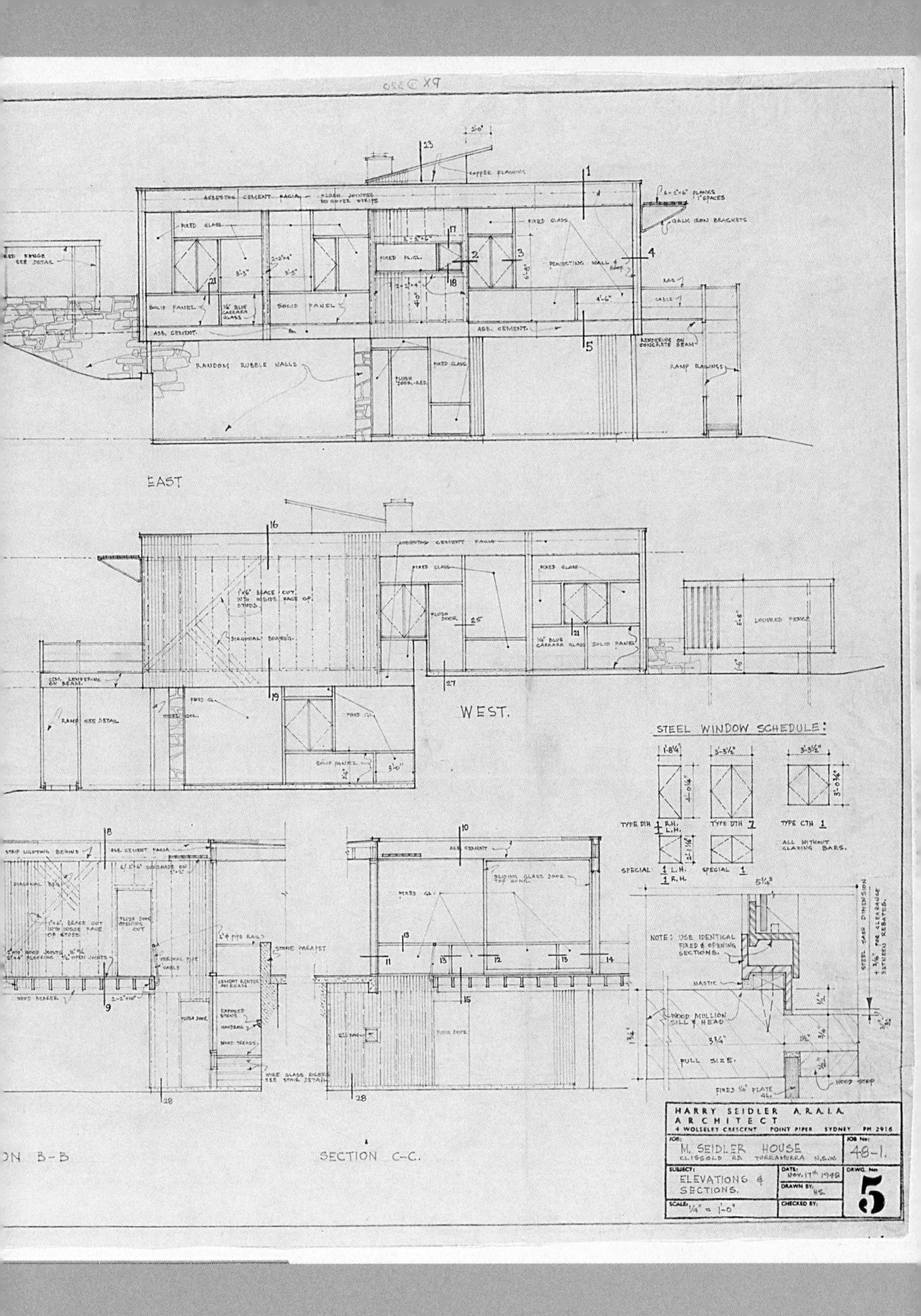

EAST
WEST.
STEEL WINDOW SCHEDULE:
ON B-B
SECTION C-C.
HARRY SEIDLER A.R.A.I.A.
ARCHITECT
4 WOLSELEY CRESCENT POINT PIPER SYDNEY FM 2916
M. SEIDLER HOUSE
CLISSOLD RD. TURRAMURRA N.S.W.
48-1.
ELEVATIONS & SECTIONS.
NOV. 17th 1948
1/4" = 1'-0"
5

入口1—历史信息（巴塞尔·斯宾塞爵士档案）

入口2—历史信息（巴塞尔·斯宾塞爵士档案）

入口3—历史信息（巴塞尔·斯宾塞爵士档案）

船一历史信息（巴塞尔·斯宾塞爵士档案）

廊一历史信息（巴塞尔·斯宾塞爵士档案）

游泳池底一历史信息（巴塞尔·斯宾塞爵士档案）

19

［柬埔寨］

莫利万：新高棉的“模度”家

Vann Molyvann（1926~2017）
The “Modular” House of New Khmer

The House of Vann Molyvann, # 88 Mao Tse Toung Boulevard, Phnom Penh, Camodia, 1966

ST 163
ST 163
ST 163
N

柬埔寨地处中南半岛的南端，背山面海，处于冷战的地理前哨，毛泽东时期的中柬友谊令人难忘。古老的国度隶属潮湿炎热的亚热带气候带，境内河流纵横，一望无际的稻田闪耀着金光。清晨偶有身披黄色袈裟、手持黄伞的化缘和尚走过，展现了特有的高棉佛教文化景观。19世纪中叶法国殖民者已经出现在印度支那[1]，不仅将柬埔寨的物产纳入世界市场，而且也做了大量的城市美化及基础设施建设，建筑风格倾向于异国情调和法国学院派之间的综合。1867年柬埔寨定都金边，大部分建筑古老残破，与河内和西贡相比，金边不过是去吴哥古迹游玩的落脚点而已，直到独立后享受了短暂、难得的和平发展，才成为东南亚的一颗璀璨明珠，诞生了新高棉建筑（New Khmer Architecture）。

“二战”结束后，柬埔寨首次向海外派遣留学生，高层领导对西方文化大多抱有欢迎的态度。莫利万出身贫苦，1946年受法学、建筑和高棉艺术的奖学金资助赴法留学[1]，在国立巴黎高等美术学院（Ecole Nationale Supérieure des Beaux-Arts, Paris）获得建筑学学士，接受了包括雕塑绘画的正规训练。20世纪50年代初的法国建筑教育已具备了足够的全球视野，莫利万的毕业设计是基于对巴西乡土建筑的研究，通风遮阳手段想必感染过年轻人。1953年柬埔寨正式独立，算起来已被法国殖民87年了。西哈努克领导的柬埔寨王国奉行国家、宗教和国王三位一体的基本原则[2]，执政特征也影响到国家建筑风格的决策，西哈努克发愿将金边建设成南亚宏伟的首都。莫利万1956年回国，他一心期待着生命的突围，但建筑师这个职业在柬埔寨太另类了，一段时间他难以找到工作，“人们不知建筑师能干什么”[3]。幸运的是，他恰恰出现在西哈努克的黄金期，领导人对天才宽容肯定，助其崛起。莫利万曾任国家公共工程局主任、国家建筑首席建筑师，皇家美术学院校长和高棉古迹督察官，居功厥伟，成为新高棉建筑的代表人物。

新高棉建筑具有醒目的可识别性，它在有限的经济条件下创造性地采用结构形式，融传统装饰、柬埔寨传统布局和现代建筑造型于一体，需要建筑师、工程师、雕塑家和建设者的密切合作。建筑强调简单的形式和清

1 印度支那今越南、柬埔寨和老挝区域。1923年法国规划师贺满德（Ernesr Hebrand）被任命为印度支那建筑与城市规划服务部主任，立足于法国远东学院，花了很大精力研究柬埔寨古建筑，包括传统农村民居。古代高棉历史。

晰的线条，也包括利用奢华的细节如奖章和盾牌装饰，从而体现柬埔寨的王室传统；通过双曲屋面、折板、双曲拱顶获得大空间；由于气候和地理特点，当地建筑师对隔热、通风、遮阳、防雨、防潮和绿化等方面的要求显得更为突出[4]。莫利万的代表作品包括国家体育综合中心、国家剧院、民族独立纪念碑、国立外国语学校等，17年间留下了100多幢高品质建筑。与斯里兰卡的国宝级建筑大师巴瓦（Geoffrey Bawa）[1]不同，巴瓦的项目清单尽管也有斯里兰卡议会及大学，但助其威望的大多是商业开发，莫利万的大型公共建筑作品奠定了他史诗般的地位，不仅在东南亚，而且在国际上也很特别。

1 巴瓦（Geoffrey Bawa，1919～2003年）斯里兰卡热带现代建筑的先驱，2001年阿卡汗终身成就奖获得者。

远离越南战争的动荡，西哈努克建设新首都的努力卓有成效，金边人口从1962年的40万攀升到1970年的100万，美国国家新闻网发回报道、总统肯尼迪前来造访，20世纪60年代中李光耀在几次访问金边后，坦陈新加坡预效仿之的想法[5]。尽管金边的零星景观已搭建了国际社交的舞台，但高棉人整体生活依然清苦保守，生活节奏由宗教仪式和农时来控制，与中国类似，富裕人家里的“大件”是晶体管收音机和自行车。莫利万有限的薪水要养活三代同居的一大家子，瑞士籍妻子为他连生了六个孩子，当时柬埔寨人均家庭有五个孩子。恰好建筑师接手了一个位于西哈努克市的啤酒厂私活儿，1966年才得以购买1000m²基地建设自宅，从法国殖民地开始柬埔寨数百年来土地不能买卖的制度即被打破，土地是建筑师之家自由创造的基石。

图1 1966年莫利万在金边的主要项目与自宅的位置关系

自宅坐落在昔日荒凉的金边郊区，但距离其设计的独立纪念碑和国家体育综合中心都不远，情况与林克明自宅类似，建筑师对这一地区的发展是熟悉的（图1）。沧桑巨变，如今周边已有令人垂涎的商业街道，名叫“毛泽东大街”，中国驻柬埔寨大使馆近在

图2 入口（自摄，2017年）

1 访谈莫利万，2017年1月13日。

咫尺，这些均在莫利万自宅建成后不久完成，环境有了很大的改善，建筑师在择地之前已知上述基本规划[1]。

设计运用了柯布西耶的模度理论，建筑外表面为红色砖墙，双层双曲抛物面屋顶。基地被分成三块，宽绰的入口大雨棚及停车位、建筑主体（一层为建筑师工作室）、内院（含一个独立储藏间），目前被紧贴的商场、工厂挟持，尤可见居家“灰空间”的重要性。入口有一颇为明显的椭圆混凝土环，为放雨伞之所（图2）。标准平面采用了12.53m方形（167m^2），符合模度的控制，内部是一个近似方形的剪刀楼梯间，楼梯间总宽度4.12m，剪刀楼梯是大师惯常使用的拿手好戏，在国立外国语学校等作品中也是标志性景观。一层的平面为符合模度的18.3m见方方形，334.89m^2，它与标准层呈45°，各方面均有良好的采光和私密性，起居厅面向街道视线良好。根据莫利万的草图可知，楼梯是两个角度呈正方形的核心，由于上下有45°转角，底层沿着对角线布置（图3）。

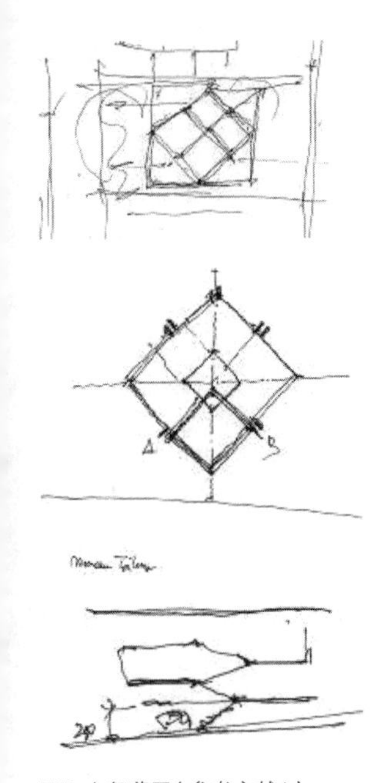

图3 大师草图（参考文献1）

侧翼有一个0.83cm宽的圆形楼梯，上下贯通，从顶层小孩子即可奔跑到楼下内庭院玩耍。自宅在外部空间上颇费工夫，宽阳台、方形晒台、三角形阳台（图4），各层户外走道有些能过人，有些无法通过，形式和种类多样，犹如拼图，通过红色金属立杆、大挑檐、乳白色混凝土栏板将立面"锁"在一起，复杂又统一，体现了莫利万驾轻就熟的整体处理能力。这些空间不仅满足了多人口家庭的生活需要，而且体现了柬埔寨的户外生活特征。

图4 卧室与阳台（自摄，2017年）

建筑总高9.89m，却通过错层做到了四层，且底层局部层高可达3.5m，顶层室内最高点可达3.6m，舒适而不逼仄（图5）。一层为建筑师工作室兼住宅，有独立楼梯可达二层；中间层二、三层呈L形高低交错，包括父母主卧，两个女儿的卧室，四个儿子的四间小卧室，均带卫浴。建筑师认为六个孩子都应该有独立的空间，两个人一组，每个卧室都有学习和玩耍的空间。错层彼此相差75cm，两个不同标高的三角形阳台，三角形晒台1/2对角线长7.7m，与模度符合。在三角形晒台上面做些儿童游戏是没问题的，局部加了防护栏，40岁的父亲曾精心设计了孩子的生活。

通过楼梯抵达顶层空间后豁然开朗，顶层为厨房和起居厅，用拉毛墙

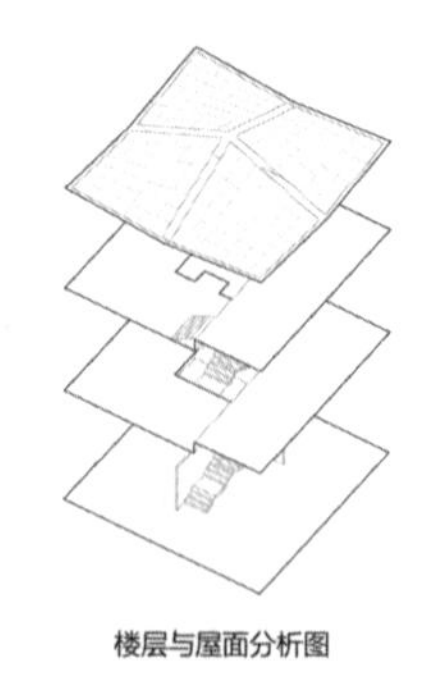
楼层与屋面分析图

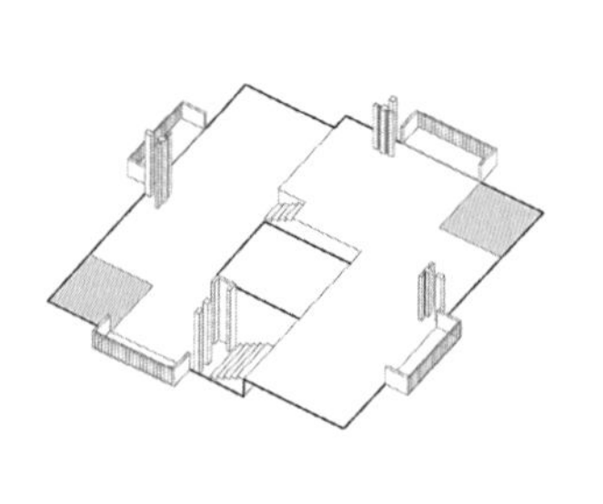
顶层结构与阳台分析图

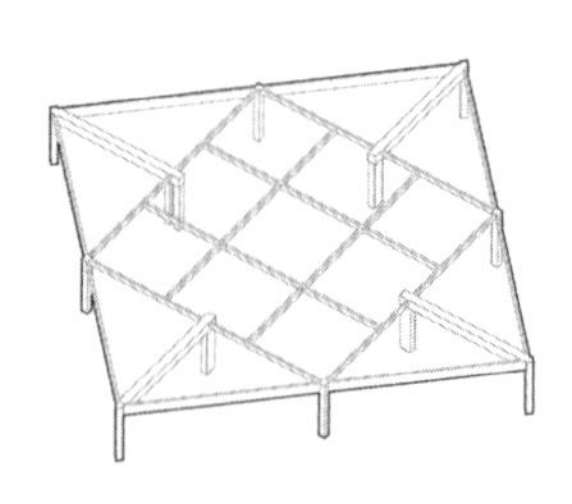
底层结构分析图

图5 建筑形成图（自绘）

图6 拉毛墙后的厨房（自摄，2017年）

图7 客厅（自摄，2017年）

图8 柱子与玻璃的交接（自摄，2017年）

面分割彼此，有一个烟囱从厨房伸出屋面，其余空间一览无余、全部开放（图6）。起居厅被大面积的玻璃窗环绕，由4阶踏步分成高低两块，保证在12.53m见方的大空间中有各自的功能分区，并可实现错层的基本层高要求（图7）。对角有两个户外晒台，再对角是一个室内阳光室（嵌有43cm的窗台）与一处紧贴螺旋楼梯的户外小憩处，空间流动灵活。室内结构柱均被移到了户外，合计4组8根，另还有3根户外结构柱。建筑师将室内当作户外来设计，内墙面线条连续，4组柱子唯有一处是带混凝土凹槽的，其余三组均以10cm的玻璃槽分割，虚实鲜明，以强调正立面的重要性（图8）。

引人注目的是双曲抛物面防水树脂覆盖屋顶，结构找了其妹夫计算[6]，外表面采用了面砖贴面，内表面饰以木条，屋顶尖是柬埔寨的寺庙塔刹形，一根长针直刺天空。双层通风屋面很高大，厨房有屋顶开口可上屋面检查，四块屋面之间有四条通风长带，巨大的挑檐起到了明显的遮荫效果，室内在炎夏依然很清凉。1953年伦敦建筑联盟（AA）来自非洲尼日利亚的学生就创立了研究热带建筑的协会，他们认为在AA接受的教育对处理英国之外的海外殖民地建筑而言是不够的，独特的雨季和烈日需要特殊的构造和布局处理[7]。

在现代建筑的教育体系内，对气候的关注已不是新话题，莫利万自宅在排水口、檐口、遮阳板等细部处理上举重若轻，隐含着柬埔寨的地域传统。窗户高度0.83m，而不是通常的0.9m，起居室的窗户高度2.26m，莫利万通过模度在控制着尺度，又显示出设计者强烈的逻辑性。此宅与中国有一定渊源，柬埔寨得到大量外国援助，卓雷丁（Chakrey Ting）水泥厂即为20世纪60年代的中国援助项目[1]，莫利万自宅的水泥就来自100多公里外的该水泥厂[2]。

柬埔寨政权非常不稳定，1991年内战才基本结束。1970年西哈努克流亡海外，莫利万在瑞士流亡期间为美国人权机构工作，自宅实际仅居住了4年，目前建筑租出作为高级家具设计展厅之用（图9）。1993年返回祖国后他担任了重建工作的高级顾问，近年来柬埔寨经济腾飞，建设了很多开发区，金边曾对200多个殖民时代的建筑登记保护，但现代建筑无一登录。莫利万的很多作品已消失在推土机的轰鸣中，以至如威廉姆斯的“溪上屋”一样，国家体育综合中心登上了“世界古迹观察站”名录。阔别1/4世纪，自宅重回主人手里，残破的现状令人一筹莫展。2006年，一对历史学家[3]重新挖掘了莫利万，和解才是永恒的主题，遗产保护具有政治诉求。1960年批准成立的非营利性组织“美国东西方中心”受到政府资助，旨在加强美

图9 全貌（自摄，2017年）

1 如今这一水泥厂项目成为华新水泥厂的柬埔寨分公司。

2 2017年1月13日笔者在吴哥对莫利万先生的访谈。

3 罗斯和柯林斯（Helen Grant Ross and Darryl Leon Collins）是研究新高棉建筑与莫万利的顶尖学者，挖掘了大量一手史料。

1 2013年莫万利获得日本经济新闻颁布的亚洲文化奖（Nikkei Asia Prize）。

国与亚太地区国家之间的相互了解，它在经费和组织上保证了莫利万作品的研究，建筑师思路清晰，口述与手稿的抢救性工作恰逢其时。2008年，年过八旬的莫利万在法国巴黎第八大学以《东南亚的城市：过去与今天》（*Cities of Southeast Asia: Past and Present*）获得了博士学位，它以传统的、以水为基础的城市化为专题，聚焦20世纪60年代柬埔寨王国就存在的城市化及教训，思虑所得长达50年——春蚕到死丝方尽，莫利万将未尽之丝留在了当代东南亚的建筑历史篇章中[1]。

参考文献

[1] Helen Grant Ross and Darryl Leon Collins. Building Cambodia: New Khmer Architecture 1953~1970[M]. The Key Publisher Ltd. Bangkok. 2006. 201.

[2] Weena Yong. Prince Sihanouk: The Model of Absolute Monarchy in Cambodia [D]. The International Studies Program of Trinity College in Partial. 2013. 11.

[3] The Phnom Penh Post. The life and legacy of an architectural master in the man who built Cambodia [N]. 23 Sep. 2016.

[4] 陈孝堃．柬埔寨建筑 [J]．建筑学报，1963（7）．24.

[5] Weena Yong. Prince Sihanouk: The Model of Absolute Monarchy in Cambodia [D]. The International Studies Program of Trinity College in Partial. 2013. 43.

[6] Helen Grant Ross . The Cambodian Taliesin–unloved modern house - shunned architect [C]. ICOMOS Sydney conference. July 2009.

[7] Daniel Immerwahr.The Politics of Architecture and Urbanism in Postcolonial Lagos, 1960–1986[J]. Journal of African Cultural Studies. Volume 19, 2007. 110.

转角—现状（自摄，2017年）

后庭院—现状（自摄，2017年）

客厅落差—现状（自摄，2017年）

厨房户外过道—现状（自摄，2017年）

螺旋楼梯—现状（自摄，2017年）

入口梁架—现状（自摄，2017年）

屋顶—现状（自摄，2017年）

底层遮阳—现状（自摄，2017年）

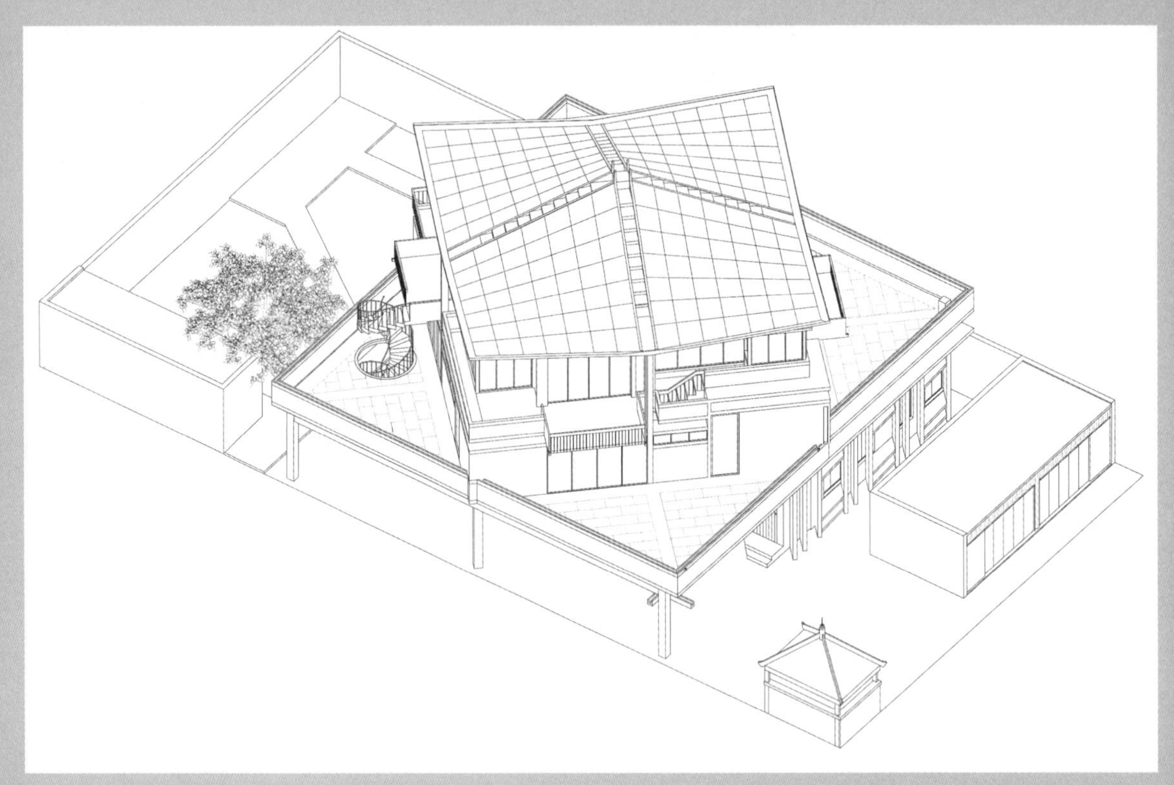

轴测（自绘）

屋顶施工—历史信息（参考文献4、参考文献1）

客厅—历史信息（参考文献4、参考文献1）

1963年的柬埔寨建筑—历史信息（参考文献4）

竣工外观—历史信息（参考文献1）

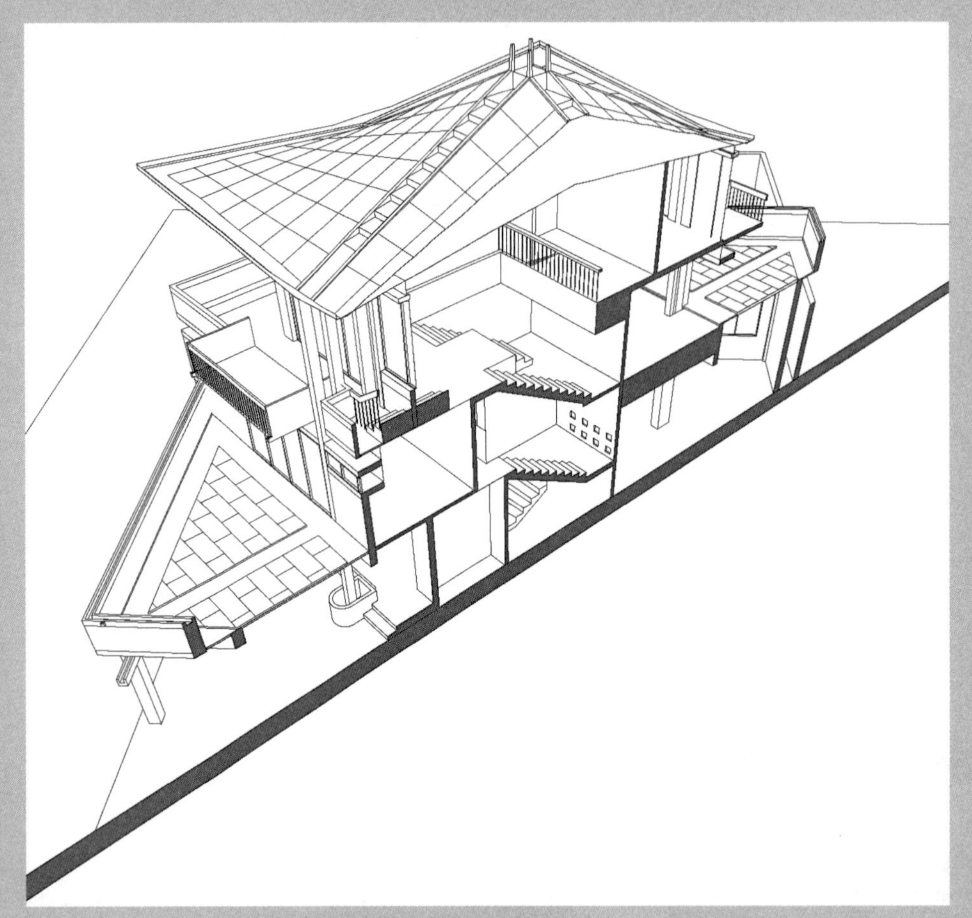

室内剖轴测（自绘）

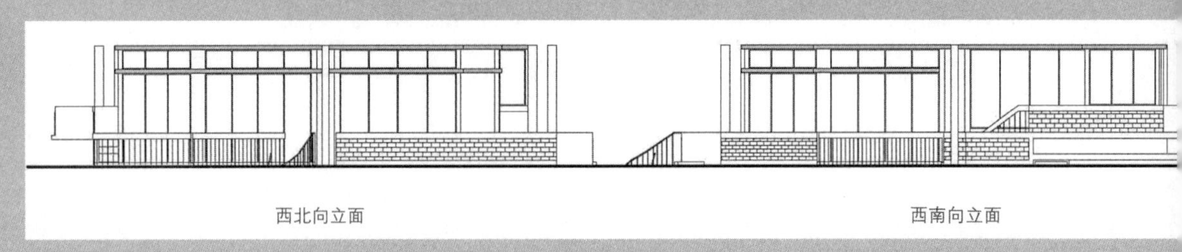

展开立面

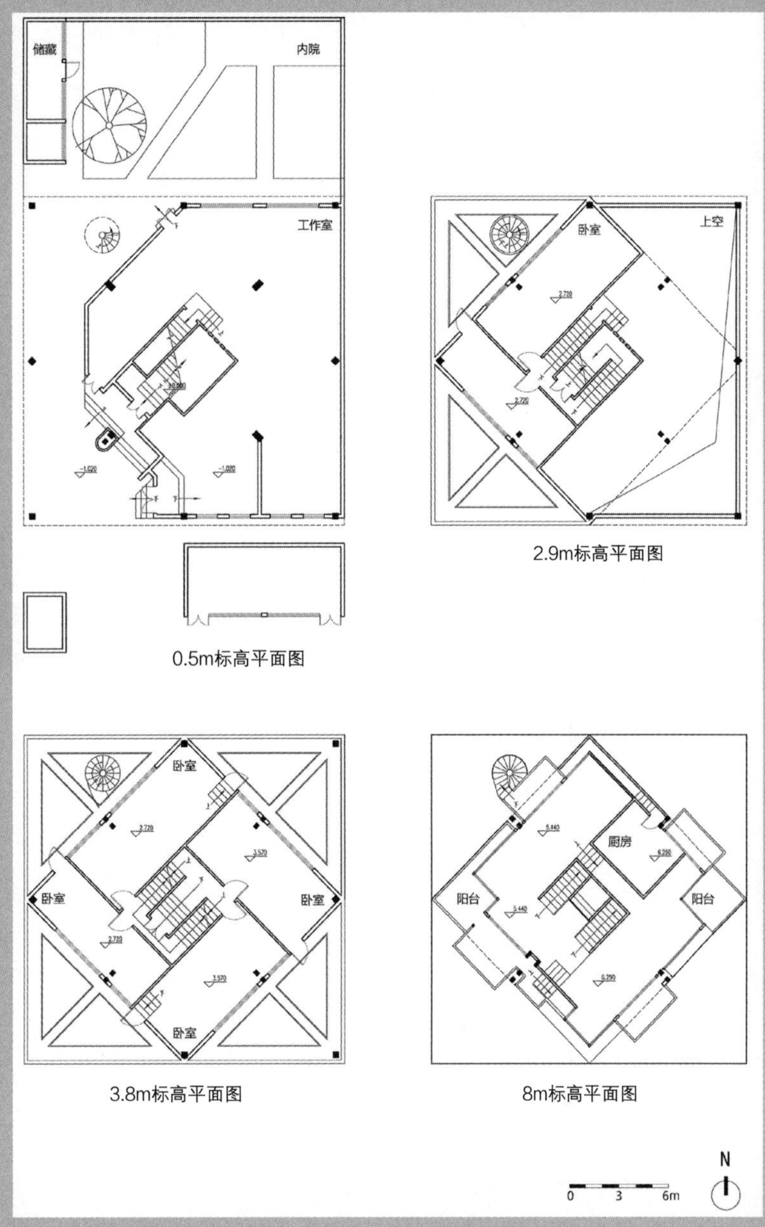
储藏
内院
工作室
0.5m标高平面图
卧室
上空
2.9m标高平面图
卧室
卧室
卧室
卧室
3.8m标高平面图
厨房
阳台
阳台
8m标高平面图
N
0
3
6m

各层平面图

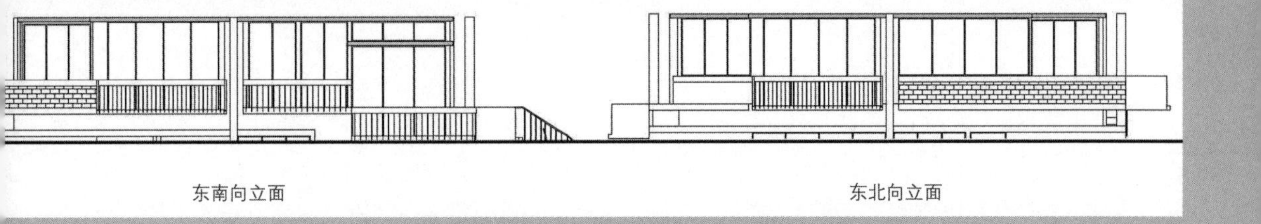
东南向立面
东北向立面

20

［波兰］

奥斯卡·汉森：自由形式

Oscar Hansen（1922~2005）
Free Form

Zofia & Oskar Hansen's Summer House, Szumin, Poland, 1968

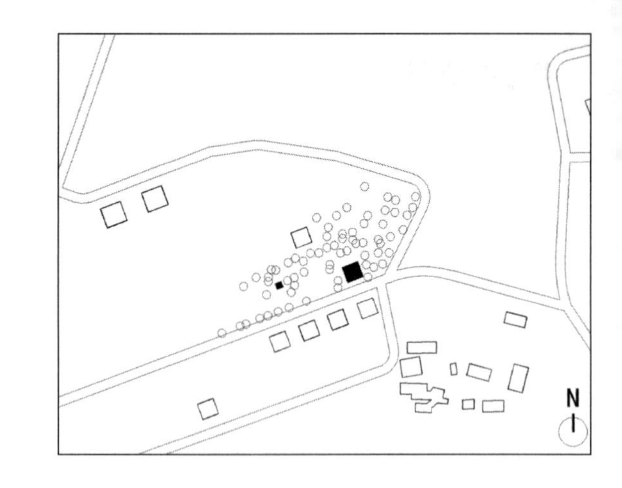
N

图1 1959年Team10会议（CIAM档案）

CIAM一直到1959年的荷兰奥特洛（Otterlo）会议后解散。一群以史密斯夫妇、凡艾克为首的青年建筑师成立了“十人小组”（Team 10）。他们撇开早期现代主义者的行动轨迹，从流动性、联系尺度、簇群城市等多个方面，通过建成和实验作品进行相关的理论阐述。当时很多朝气蓬勃的建筑师基于环境改变人的认识，正致力于为低收入群体设计，寻求突破是必然的。在最后一次CIAM会议上颇为引人注目的发言来自波兰建筑师奥斯卡·汉森。他是上千名会员中43位受邀嘉宾之一，提出了自由形式（Free Form）的理论（图1）。[1]秉持两个主要观点：使用者参与与可变建筑。他指出1929年格罗皮乌斯在CIAM会议上针对低薪阶层的极小住宅说明将各种功能都限制死了，想要变化非常困难，汉森希望在建筑上对可变作出探索。自由形式不仅能让居住者组织房间，安排功能，而且可以通过系列化为每个人定做房屋。结构随着时间可以变化是他的切入点，建筑师怎样划分空间是不那么重要的，重要的是能够通过使用者的参与影响空间。

1 Jeroen van der Drift. Open Form the individual within the collective[D]. TU Delft Architecture Master Thesis. 2013.6

汉森是挪威出生的建筑师、城市规划家、理论家、艺术家和教师，“十人小组”的活跃分子。家庭背景亦十分复杂，乃俄罗斯和挪威的混血，祖父为挪威著名的百万富翁兼慈善家。战后他在华沙大学建筑系（Warsaw University's Faculty of Architecture in Lublin）学习，1948～1950年荣获法国政府的奖学金，成为柯布西耶侄子纳雷的学徒。汉森在巴黎遇到了很多杰出的艺术家，毕加索对汉森的影响十分深远，他坦言：“*毕加索让我感到了最大限度的时间—空间可能，比柯布西耶要强多了*”。[1]1949年在初次参加CIAM会议之时，汉森就引起了挑剔的柯布西耶注意，当时他刚获得了伦敦暑期学校一个住宅竞赛的头奖，被介绍给亨利·摩尔，后者“空间内就是外”的构思引起了汉森的兴趣。[2]他跃跃欲试，觉得不能在伦敦待下去了，而应返回波兰参加战后重建。但由于社会主义僵化的体制，回国后几次投标项目并不顺利，事业并未像模像样地展开。汉森投入自己的工作室中钻研绘画和空间形态，在国际竞赛中创造了质轻高强、形式开放的双曲抛物面展厅，结构与形态高度融合，被认为是当代波兰艺术的最佳作品之一（图2）。汉森长期在美术学院雕塑系执教，1968年晋升为教授，同时开始谋划殊敏自宅。该作品是“自由形式”成效卓著的案例，汉森建筑理念的集中展现，乃建筑师与妻子索菲亚和大儿子共同建造。

单层的三角形木屋运用粗陋的简单便宜材料建设（图3），粗糙得划人眼睛，当地人称之为“羊圈”。它位于波兰中部华沙郊区殊敏（Szumin），

图2 自宅内安放的1955年波兰展览厅方案模型（自摄，2017年）

图3 远眺（波兰当代艺术展览馆）

坐落在牛轭湖（Oxbow）、布格河（Bug river）边上（图4），周围是一些小村庄，散落着波兰传统的木结构建筑。自宅原来是一个夏日的度假小屋，但后来作为自由形式的容器被不停地建造，演变为全年使用。汉森买下这块地，先造了一堵墙，这是首次介入基地，然后在墙上面造新屋，建筑放在三排9根木桩上，不触碰已存在的墙体。在房子旁边的矮墙边摆放了一个为社区居民从田里回来休息坐的板条凳，汉森家人可以听到外来居民的絮语，建筑师希望居民参与他的生活中，模糊了私有和公共空间的边界，开放性增加了建筑的社会性（图5）。这个房子在功能上被划分为从两个方向进入的通道，中间是一个自家花园，两边一个是社会花园（social one），摆放凳子、摇椅和日常工具（图6）。在房子的另一个侧有餐厅、厨房、走廊、休息室。现在的建筑在原来的方形布局基础上向外扩展出儿子的卧室、院子和花园中一个奇特的鸽笼，后又在汉森小儿子的工作室旁边加了一间浴室和卧室，尚未建设的部分开向花园。另一个服务性花园（service one），有停车库、储藏室、浴室，它也是一处社会性的空间，

图4 自宅依傍布格河（自摄，2017年）

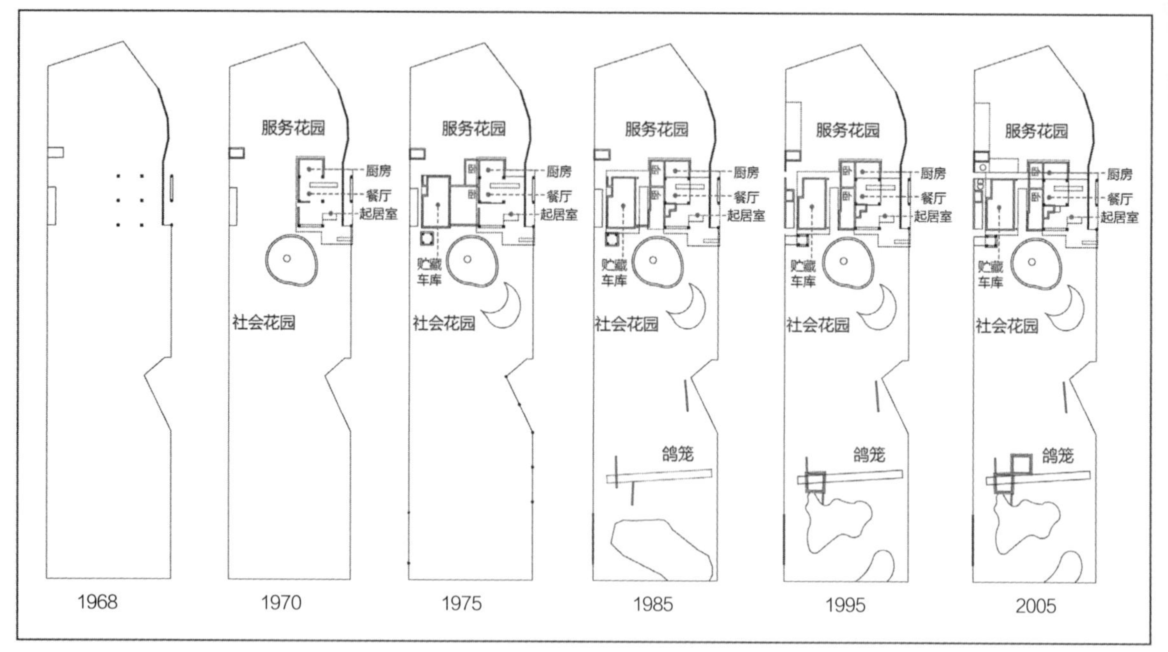

图5 发展顺序（参考文献2）

可以让邻居通向另一个公共性的花园。两边是一大一小两个花园，社会性入口的端头是白色的院落，周边是人工修剪整齐的果园，而服务性的入口一侧是茂密的林木。

一进门，马上碰到紧贴边界的一步台阶，旁边是用于色彩训练的翻板装置，眼前全部是水平向的景观，所有的外部世界被抛在了脑后。说是门其实很低矮，犹如茅舍，汉森认为低矮的门是内外之别。建筑内部没有规则的形状，进来之后是一个半室内、半室外的客厅，不仅看到了互相渗透的空间，而且感受到了自然与家庭生活融合的温暖气息。屋中的各类物品都有几样功能，例如既属于厨房也属于餐厅的桌子，一半

图6 与餐厅相连的内院（自摄，2017年）

在室内一半在室外，打开中间滑动的长窗，室内外可以自由交流、交换。桌面板条有两个颜色，也可以抽取木板加以变化，是汉森在美术学院的教学工具。桌子没有桌腿，而是用从顶棚悬挂下来的粗木架吊着餐桌，粗木架又可以当书橱用，别出心裁且空间的利用率很高。

阁楼原来是敞开的，后做了分割，从楼梯上来，正对着的是妻子索菲亚的工作室和卧室，比奥斯卡的小很多，但索菲亚自己却十分喜欢。在通向阁楼的楼梯下，还有一个立体主义造型的白色瓷砖炉子，在炉子上方挑出的平台上安放着一张铺有红蓝条纹被褥的小床。这是汉森最喜欢的空间，被称之为“乌鸦的巢穴”，可以看到家人来来往往，也可以慵懒地躺着看看书（图7、图8）。阁楼中的显著要素是水平向窗户，高矮不同，取决于景色，可视为将自己的身体和大地联系。

混凝土墙面衬托出白色的丁香花，灰色的屋顶令花园中的鲜花更为绚烂，成熟的瓜果越发生机勃勃，宅院里透风、飘着香气、流动着色彩，再

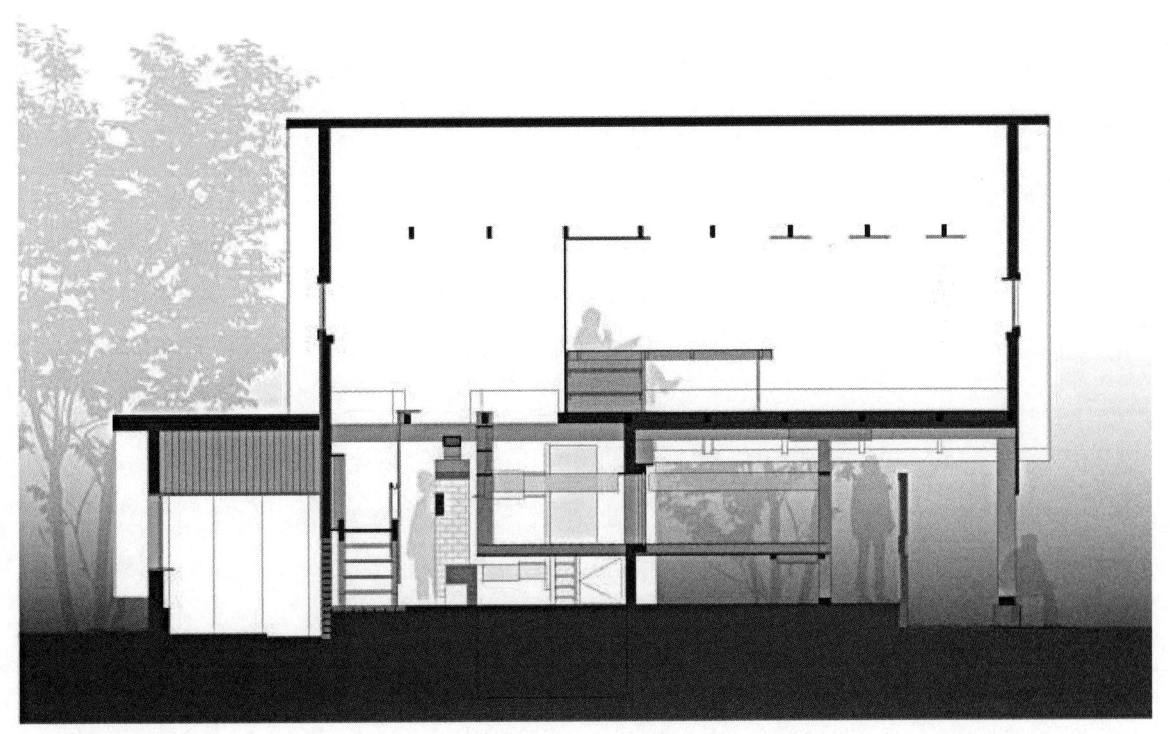

图7 剖面（波兰当代艺术馆）

没有比共鸣于天籁之音更令人心旷神怡的音响了。动物也是花园中的主角儿，汉森竖起大大小小的鸟塔和桅杆，为狗儿在栅栏门上留了孔洞。更著名的是1991年在花园中加建的鸽笼，1977年建筑师参加威尼斯双年展的铁架子现在已成为鸽笼的基座。妻子戏称“爬藤和完整的鸽笼是他丈夫最完整的思想体现”。[3]

图8 汉森依靠壁炉架在阁楼上的床（自摄，2017年）

汉森认为建筑师的工作应该建立在团队合作之上，而不是以个人的意志为主导，这影响了他的教学训练方式，开放式教育（open education）是对想象力的尊重，实验性住宅也是一个艺术教学场所。1986年开始，汉森弟子兼挪威卑尔根大学建筑系教授豪特依（Prof. Svein Hatløy）和汉森所在的美术学院雕塑系师生合作，学生们到这里进行视觉环境的训练。汉森随时出一些题目，比如入口的“翻转板”（图9）、长桌中间可以抽换颜色的桌板、花园中的建构作品等，值得庆幸的是，有一部记录暑期学校的珍贵纪录片得以保留。汪坦先生曾指出：赖特反对现代教育制度、mass production（批量生产）、knowledge factory（知识工厂），说是与真理无丝毫关系。[4]殊敏自宅当然无法与西塔里埃森、柯布西耶的巴黎工作室相提并论，但住宅容纳到教学之中，它涵盖了一个能引起众多解释的词语“自由”（图10）。

“十人小组”掀开了现代建筑新的一页，作为松散的组织存在长达20余年，社会氛围悄然发生转变，1981年宣告解散，建筑师个人的贡献更为深远和持续。汉森与毕加索、摩尔神交良久，同为“十人小组”成员，经历与其他现代主义建筑师略有差异。因为汉森身处波兰共产主义理想建筑时期，价值观念追求不同社会背景的人能够和睦平等相处，他对体制下的严苛建筑规范强烈抵触。自由形式作为“十人小组”的突破性理论之一具有

图9 鸽笼（自摄，2017年）

图10 教学翻版（自摄，2017年）

前瞻性，汉森的殊敏自宅无疑成为最贴切的注脚，虽然采用现代建筑的手法，却没有太多刻板的教条。志同道合者可谓星光灿烂，在CIAM的会议上汉森大赞意大利名师卡洛（Giancarlo de Carlo）以一己之力在乌尔必诺（Urbino）设计的大学校园，认为是典型的使用者参与的“自由形式”。[5]远在巴西的女建筑师丽娜巴迪（Lina bo Bardi）1957~1968年间完成了分量颇重的文化项目，宗旨是关注日常生活的变化，为穷人而设计，2010年妹岛和世在威尼斯双年展为丽娜巴迪策展“自由的建筑”。当汉森提出自由形式理论的时候，另一个男孩正牙牙学语，如今智利青年建筑师亚历山大·阿拉维那（Alejandro Aravena）因为低收入者的社会住宅实践，于2016年获得普利兹克奖。

波兰是中东欧地区最大的国家，其文化政策特别是遗产保护工作颇有特点，波兰文化部下设十余个文化管理机构和数十个文化场馆，执行并落实国家文化政策，预算由文化部直接划拨，国家经济近十年来稳步发展，成为欧洲的新亮点，进一步刺激了文化事业的振兴。2005年汉森的人生落幕，妻子直到2013年谢世，建筑连同大量书籍、模型、锅碗瓢盆和被褥枕头整体捐赠给波兰当代艺术展览馆（the Museum of Modern Art in Warsaw），[1]音容宛在，为过渡到活态博物馆做铺垫。在大规模的预制化时代，汉森强调了手工而不是工厂化，他觉得住房不是商品，是个人生活发展的重要载体，利用传统的波兰木结构，自宅具备了易建性。这个房子之所以不寻常，是因为基于开放形式的理论，独立设计、以家庭为单位建造并将日常空间与社区融入，与艺术教学紧密关联。2014年开始，博物馆与汉森的家人共同托管建筑，举行了一系列展览、电影和报告，敞开是向建筑师致敬的最佳方式。自宅一年夏季开放5次，需提前预约博物馆承办的参观，由熟悉汉森的建筑师和学者负责讲解，掀起了一股研究中欧建筑师与现代主义建筑运动的小高潮（图11）。2016年9月汉森展在美国耶鲁大学建筑学院保罗·鲁道夫展厅撩开序幕，展览各个部分交织在一起，参观者在自由选择的路径中穿行，展览、观看之间的互动，也是一种开放形式……

1 2009年瑞士建筑师克理兹（Christian Kerez）国际竞标获得波兰当代艺术展览馆的设计权，室内的光环境和如景观设计般的展陈方式很具个性，后来没有实施，但从竞标结果的巨大争议中可见展览馆的实验性。

图11 2017年7月的开放日（自摄，2017年）

参考文献

[1] Jeroen van der Drift. Open Form the individual within the collective[D]. TU Delft Architecture Master Thesis. 2013.

[2] Ku formie otwartej. Oskar Hansen, Towards Open Form [M]. Frankfurt am Main. Foksal. 2005.

[3] Aleksandra Kedziorek. The House as Open Form: The Hansens' Summer Residence in Szumin - Dom Jako Forma Otwarta. Szumin Hansenow[M]. Bilingual. Museum of Modern Art in Warsaw. 2014.

[4] 青锋. 从塔里埃森到清华园——汪坦先生诞辰100周年纪念会侧记[J]. 世界建筑，2016（10）.

[5] The Museum of Modern Art in Warsaw. Exhibition : Oscar Hansen Open Form. 30 Jan~03 May 2005.

厨房、餐厅及楼梯构成的流动空间—现状（自摄，2017年）

夫人就寝区域与汉森的床相对—现状（自摄，2017年）

从入口看可户内外共享的“双面”餐桌—现状（自摄，2017年）

村庄中的木屋—现状（自摄，2017年）

低矮的入口—现状（自摄，2017年）

厚墙构成的教学设计翻版及客厅—现状（自摄，2017年）

与视线平齐的窗户与二楼学习空间—现状（自摄，2017年）

户外社会性花园—现状（自摄，2017年）

外立面一现状（自摄，2017年）

转过一道厚墙进入室内餐厅一现状（自摄，2017年）

户外供乡民小憩的板凳一现状（自摄，2017年）

汉森1960年在教学—历史信息（波兰当代艺术展览馆）

凝视—历史信息（波兰当代艺术展览馆）

内庭院—历史信息（波兰当代艺术展览馆）

汉森开展的各类教学活动照片（自摄，2017年）

参考文献

著作

[1] James Steele. R M Schindler 1997~1953[M].Koln.TASCHEN.2005.

[2] Peggi Clouston. Without a Hitch-New Directions in Prefabricated Architecture[M]. lulu.com. 2009.

[3] Pamela Burton，Marie Botnick. Private Landscapes: Modernist Gardens in Southern California[M].Princeton Architectural Press.2002.

[4] 弗兰克·劳埃德·赖特. 一部自传：弗兰克·劳埃德·赖特[M]. 杨鹏译. 上海：上海人民出版社，2014.

[5] 童寯. 童寯文集（第2卷）[M]. 北京：中国工业建筑出版社，2006.

[6] J Pallasmaa . Konstantin Melnikov [M]. Alphascript Publishing. 2010.

[7] Caroline Constant. Eileen Gray[M]. Phaidon Press. 2000.

[8] Simon Unwin. Twenty Buildings Every Architect Should Understand[M]. Routledge. 2010.

[9] 米切尔·特伦科尔. 阿尔托建筑作品与导游[M]. 北京：中国水利水电出版社，2007.

[10] Elissa Aalto. 阿尔瓦·阿尔托全集第1卷·1922~1962年[M]. 北京：中国建筑工业出版社，2007.

[11] Scott Poole. The Villa Mairea 1938~39 An Unlikely Modern Masterpiece[M]. Routledge. 1994.

[12] Siegfried Giedion. Space-Time & Architecture the Growth of a New Tradition[M].Harvard University Press. 2003.

[13] Richard Weston. The House in the Twentieth Century[M].Laurence King Publishing. 2002.

[14] Aldington, Peter. Post-War Houses: Twentieth Century Architecture 4[M].Paul Holberton. 2006.

[15] 朱晓明. 当代英国建筑遗产保护[M]. 上海：同济大学出版社，2007.

[16] Nicholas Clarke, Roger Fisher. Architectural Guide South Africa[M]. Dom publisher. 2014.

[17] 越泽明. 伪满洲国首都规划[M]. 北京：社会科学文献出版社. 2012.

[18] 藤木，庸介. 名作住宅で学ぶ建築製図[M]. 学芸出版社，2008.

[19] 林鹤. 西方20世纪别墅二十讲[M]. 北京：三联书店出版社，2007.

[20] Jonathan M. Maekawa Kunio and the Emergence of Japanese Modernism[M]. Reynolds, Berkeley and Los Angeles. University of California Press. 2001.

[21] A Lapunzina. Le Corbusier's Maison Curutchet[M].Princeton: Princeton Architectural Press. 1997.

[22] Neil Jackson. The Modern Steel House[M].New York.Wiley. 1996.

[23] Albrecht, Donald, Ed. The Work of Charles and Ray Eames: A Legacy of

Invention[M].New York: Harry N. Abrams, Inc., 1997.

[24] Johnson, Donald Lesilie. Australian Architecture 1901~51: Sources of Modernism[M]. University of Sydney Library.2002.

[25] W.Watson Sharp. Your Post-War Home[M].Sydney. Eight Shillings & Slxpenge Publishing. 1945.

[26] Harry Seidler. Houses & Interiors and1[M].Sydney: Images Publishing Group Pty Ltd. 2003.

[27] Peter Thule Kristensen and Realea A/S. Arne Jacobsen's Own House —Strandvejen 413[M]. Realea A/S. 2007.

[28] 勒·柯布西耶．模度[M]．张春彦等译．北京：中国建筑工业出版社，2011.

[29] Sarah Menin and Flora Samuel. Nature and Space：Aalto and Le Corbusier[M]. Routledge. 2002.

[30] W·博奥西耶．勒·柯布西耶全集　第5卷．1946~1952[M]．北京：中国建筑工业出版社，2005.

[31] Jean Jenger．勒·柯布西耶为了感动的建筑[M]．周嫄译．上海：世纪出版集团，2006.

[32] Heidi Weber. 50 years ambassador for Le Corbusier[M]. Birkenhuaser. 2009: 201.

[33] Henrik Sten Moller. Jorn Utzon Houses[M]. Frances Lincoln. 2006.

[34] Christian Norberg Schulz. The Functionalist Arne Korsmo[M]. Universitetoforlaget. 1983.

[35] Helena Mattsson. Swedish Modernism[M]. Black Dog Publishing. 2007.

[36] 徐明松．永恒的建筑诗人王大闳[M]．台湾：木马文化出版社，2007.

[37] Oscar Niemeyer. Curves of Time: the Memoirs of Oscar Niemeyer[M].London: Phaidon Press.2000.

[38] Richard J. Williams. Brazil Modern Architecture in History[M]. London: Reaktion Books Lit.D. 2009.

[39] Eric Mumford. The CIAM Discourse on Urbanism, 1928~1960[M].The MIT Press. 2000.

[40] Charles Mynors. Listed Buildings and Conservation Area[M].London. Law &Txa Press. 1995.

[41] Elisabeth Tostrup.Planetveien 12: The Korsmo House-A Scandinavian Icon[M]. Artifice Books on Architecture .2014

[42] Helen Grant Ross and Darryl Leon Collins. Building Cambodia: New Khmer Architecture 1953~1970[M].The Key Publisher Ltd. Bangkok. 2006.

[43] Ku formie otwartej. Oskar Hansen, Towards Open Form[M].Frankfurt am Main. Foksal. 2005.

[44] Aleksandra Kedziorek . The House as Open Form: The Hansens' Summer Residence in Szumin - Dom Jako Forma Otwarta. Szumin Hansenow[M]. Bilingual. Museum of Modern Art in Warsaw. 2014.
[45] 赖德林，伍江，徐苏斌. 中国近代建筑史 第4卷 摩登时代——世界现代建筑影响下的中国城市与建筑[M]. 北京：中国建筑工业出版社. 2016.
[46] 贾倍思. 型和现代主义[M]. 北京：中国建筑工业出版社. 2003.
[47] 彼得·琼斯，魏羽力. 现代建筑设计案例[M]. 吴晓译. 北京：中国建筑工业出版社，2005.
[48] 王小红. 大师作品分析[M]. 北京：中国建筑工业出版社，2008.
[49] Bradbury, Dominic, Powers, Richard (PHT) .The Iconic House Architectural Masterworks since 1900[M].Thames & Hudson. 2010.
[50] Colin Davies. Key Houses of the Twentieth Century: Plans, Sections and Elevations[M]. W. W. Norton & Company. 2006.
[51] Gennaro Postiglione. 100 Häuser für 100 Architekten[M].Taschen Deutschland GmbH, Köln, 2008.
[52] Anatxu Zabaibeascoa.The House of the Architect[M]. New York: Rizzoli. 1995.
[53] 富兰克林·托克. 流水别墅传[M]. 林鹤译. 北京：清华大学出版社，2007.

期刊论文

[1] Jorgeotero Pailos. Norberg-Schulz's house：the Modern Search for Home Through Visual Patterns[J]. Bygcekunst. 2006(7).
[2] Jin-HO Parkan. Integral Approach to Design Strategies and Construction Systems R.M. Schindler's Schindler Shelters [J]. Journal of Architectural Education.2004（1）.
[3] R · M · Schindler. The Schindler Frame[J]. Architectural Record. Vol.101. May 1947.
[4] M Bliznakov. Melnikov: Solo Architect in a Mass Society by S. Starr Frederic [J]. Russian Review. 1978. 38 (2).
[5] Patrick Gwynne, Wells Coates. House at Esher [J]. Architecture Review 1939（9）.
[6] Rykwert Joseph. Un omaggio a Eileen Gray, pioniera del design[J]. Domus. Dec. 1968.
[7] C Constant . E. 1027：The Nonheroic Modernism of Eileen Gray [J]. Journal of the Society of Architectural History. 1994. 53(3).
[8] 林克明. 关于建筑风格的几个问题[J]. 建筑学报，1959（9）.
[9] 林克明. 建筑教育、建筑创作实践六十二年[J]. 南方建筑，1995（2）.
[10] 林克明. 关于建筑风格的几个问题[J]. 建筑学报，1959（9）.
[11] 蔡德道. 林克明早年建筑活动纪事（1920-1938）[J]. 南方建筑，2010（3）.
[12] 亚当·梅纽吉. 英格兰风土建筑的研究历程[J]. 陈曦译. 建筑遗产，2016（3）.

[13] R.D. Martienssen, D. Litt. Evolution of an Architect's House [J]. South African Architectural Record. 1942(2).
[14] Arthur Barker. A Mediated Modern Movement: Le Corbusier, South Africa and Gabriël Fagan[J]. SAJAH, Volume 30. 2015 (4).
[15] Rex Distin Martienssen：In Memoria [J]. South Africa Architectural Record. 1942(11).
[16] Johnson, Johanna. Knowledge Management for the South African Architectural Profession, Based on a Local Case Study[J]. Arts Collection. 2008(3).
[17] 胡惠琴. 居住学的研究视角——日本住居学先驱性研究成果和方法解析[J]. 建筑学报，2006（4）.
[18] Daniei Tiozzo. 溪水上的房屋. 马德普拉塔 [J]. Domus 099. July 2015.
[19] Juan Rey Rey, Daniel Merro Johnston. La Estructura De La Casa Sobre El Arroyo[J]. Instituto Eduardo Torroja. 2013(3).
[20] 傅杰. 激进的空间美学与保守的建构原则[J]. 华中建筑，2010（5）.
[21] Charles Eames and Eero Saarinen. Architects. Case Study Houses 8 and 9 [J]. Arts and Architecture. 1945(2).
[22] 周超. 工业化构件的设计转变思维——埃姆斯住宅和普鲁威住宅的启示[J]. 新建筑，2007（5）.
[23] Designed by Charles Eames. Case Study House for 1949[J]. Art and Architecture. 1950(1).
[24] Arts and Architecture. The Case Study House Program Announcement [J]. January1945.
[25] 杨鹏. 最幸运的普通人——两座尤松尼亚住宅[J]. 三联周刊，2014（8）.
[26] Alexandra Teague. Conservation and Social Value: Rose Seidler House [J]. Journal of Architectural Conservation.No2 July 2001.
[27] Cooper, Nora. Sydney showpiece [J]. Australian Home Beautiful. Feb 1951.
[28] Harry Seidler. Architects' own house [J]. Architecture in Australia. April 1968.
[29] TA Deutsch. Memories of Mothers in the Kitchen: Gender, Local Foods, and the Work of History[J]. Radical History Review. Special Issue on Food.2011(4).
[30] Berta Bardí i Milà. Nordic beauty versus classical beauty: the case of Arne Jacobsen [J]. Architectural Record.2002(12).
[31] BB Milà. Nordic beauty versus classical beauty: the case of Arne Jacobsen [J]. Altres, 2010.
[32] Jorgeotero Pailos. Norberg-Schulz's house: the Modern Search for Home Through Visual Patterns [J]. Bygcekunst. 2006(7).
[33] A Skjerven. Book Review: Planetveien 12 (Planet Road 12): Arne Korsmo and Grete Prytz Kittelsen's House[J]. Formakademisk. 2013.5(12).

[34] A Skjerven. Like a Sculptural Painting: Arne Korsmo's Interior Architecture in Norway after World War II [J]. Studies at the Decorative Arts. 1998.6(1).
[35] 本刊编辑部. 李德华教授谈大上海计划[J]. 城市规划会刊，2007（3）.
[36] 王大闳. 台北市罗氏两住宅[J]. 台湾省立工学院建筑系. 今日建筑，1954（11）.
[37] 马雅·雷姆列吉，何如. 奥斯卡·尼迈耶——拉戈阿住宅与卡诺阿斯住宅[J]. 世界建筑，2005（11）.
[38] 保罗·哈丁·卡普. 21世纪的当代印迹——《威尼斯宪章》第9条再思考[J]. 祝东海译. 建筑遗产，2016（2）.
[39] 田申申. 尼迈耶与他的"理想国"[J]. 看历史，2013（1）.
[40] Renzo Piano. Memories of Prouve [J]. Domus No.87. 1988(9).
[41] John Pardey. Spence and Sensibility[J]. the Architects' Journal. 2000(9).
[42] A noted architect builds his own holiday house on the Beaulieu River[J]. Architecture Review 1962(3).
[43] 朱晓明，张波. 凤凰涅槃——英国考文垂主教堂的重建[J]. 新建筑，2006（6）.
[44] John Pardey. Project：the Spence House [J]. RIBA News nettle. 08-09-2001.
[45] 陈孝堃. 柬埔寨建筑 [J]. 建筑学报，1963（7）. 24.
[46] Daniel Immerwahr.The Politics of Architecture and Urbanism in Postcolonial Lagos, 1960–1986[J]. Journal of African Cultural Studies. Volume 19, 2007. 110.
[47] 青锋. 从塔里埃森到清华园——汪坦先生诞辰100周年纪念会侧记[J]. 世界建筑，2016（10）.

学位论文

[1] 刘虹. 岭南建筑师林克明实践历程与创作特色研究[D]. 广州：华南理工大学博士学位论文. 2013.
[2] Farouk Hafiz Elgohary. Wells Coats：Beginning of the Modern Movement in England [D]. University of London Thesis of Ph.D. in Architecture. 1966.
[3] Jose' Luis Caivano. Research on Color in Architecture and Environmental Design: Brief History, Current Developments, and Possible Future[D]. Master Thesis of University of Buenos Aires and National Council for Research. 2006.
[4] Roger Miralles. La idea d'espai enl'arqui tectura de Martienssen, la case a Greenside [D]. ETSAB. UPC. Department de projects arquitectonics. 2011.
[5] Yolsglosguen. Towards a Definition of Antonin Raymond's Architectural Identity [D]. Master Degree Thesis of Kyoto University. Feb. 2008.
[6] 陈晓娟. 解读住宅案例研究计划——兼论"二战"后加利福尼亚现代主义居住建筑的发展[D]. 南京：东南大学硕士学位论文. 2012.

[7] Remo Pedreschi. The Innovative Lightweight Buildings and Systems of Jean Prouvé[D]. University of Edinburgh.2008.

[8] Margret. I Nelson. Re-Imaging the Maison Tropicale: a 21st century prefabricated building system inspired by Jean Prouve [D].Master Degree of Massachusetts Institute of Technology. 2007.

[9] Weena Yong. Prince Sihanouk: The Model of Absolute Monarchy in Cambodia [D]. The International Studies Program of Trinity College in Partial. 2013. 43.

[10] Jeroen van der Drift. Open Form the individual within the collective[D].TU Delft Architecture Master Thesis. 2013.

会议论文

[1] Ryan, Daniel. From Eclecticism to Doubt: Re-imagining Eileen Gray[C]. Sahanz. 2010.

[2] 彭长歆. 现代主义与勷勤大学建筑工程学系[C]. 2002年中国近代建筑史国际研讨会. 2002.

[3] Marcel Breuer , Cranston Jones. Marcel Breuer: Buildings and Projects 1921~1961[N]. F. A. Praeger.1962.

[4] 傅朝卿. "今日建筑研究会"、《今日建筑》与叶树源及金长铭[C]. 第一届中国建筑史学国际研讨会论文选辑. 1998.

[5] Helen Grant Ross . The Cambodian Taliesin-unloved modern house - shunned architect [C]. ICOMOS Sydney conference. July 2009.

[6] 季秋，周琦. 杨廷宝20世纪40年代小住宅设计探究[C]. 2006年中国近代史国际研讨会. 2006.

研究报告

[1] Clementine Cecil. The Bell Tolls for Moscow's Modernist Masterpiece[R]. ICON Spring 2006.

[2] Heritage Alert. ICOMOS International Scientific Committee on 20th Century Heritage[R]. April 2013.

[3] Story via Docomomo[R]. New York Times' Arts Beat Blog. April 2015.

[4] Clementine Cecil . The Melnikov House-Studio, Heritage at Risk - Case Studies from Moscow and the Former Soviet Union[R]. Heritage @ Risk Special. 2006.

[5] So would you dare sit on Eileen's €22m chair?[R]. Irish Independent. 27, June 2009.

[6] T Maeda. The Meaning of The Form in 3 Houses: A Study on the Form-making Modifications in Aalto's Houses[R]. History and theory of Architecture 2000.

[7] English Heritage. Designation Listing Selection Guide Domestic 4: The Modern House &Housing [R]. 2011.

[8] The National Trust. The Homewood Modern Residence in Escher Surrey [R]. 2006.

[9] Bryer, M. The Faculty of Architecture of the Witwatersrand, Johannesburg and its role in the community [R]. Faculty of Architecture. University of the Witwatersrand. 1977.

[10] 森田元志．前川國男邸のデザインルーツについて山口文象、坂倉準三の作品を交えて [R]．2011年度日本建築学会関東支部研究報告集1．2012.

[11] 東京都歴史文化財団．江戸東京たてもの園前川國男邸復元工事報告書 [R]. 1999.

[12] Eames House Conservation Project[R]. the Getty Conservation Institute. Jan. 2015.

[13] Norberg-Schulz, Korsmo. Construction Document Set for Row Houses at Planetveien (1954) [R]. Collection of the Norwegian Museum of Architecture.

[14] FOSH. R · M · Schindler King’s Road House[R]. 2000.

新闻报道

[1] Australian Institute of Architects. Nationally Significant 29th-Century Architecture[N]. Revised 06/04/2010.

[2] Copenhagen Newspaper Politiken [N]. 25/2/1971.

[3] The Phnom Penh Post. The life and legacy of an architectural master in the man who built Cambodia [N]. 23 Sep. 2016.

[4] 日军轰炸点标识图首度公开[N]．广州日报，2015-8-19.

[5] So would you dare sit on Eileen's €22m chair?[N]. Irish Independent.27, June 2009.

重要网站

[1] Family House: http://tajvedelem.hu/Tankonyv/CSH_en/CSH_book.html

[2] Okolo Archives: http://okoloweb.cz/archive

[3] Docomomo: http://www.docomomo.com/

[4] Domus: http://www.domusweb.it/en/home.html

[5] Iconic house network: http://www.iconichouses.org/

[6] New Khmer Architecture: www.ka-tours.org

[7] World Monuments Fund: https://www.wmf.org/explore

[8] e1027: http://www.e1027.org/about

[9] Basil Spence: http://www.basilspence.org.uk.

后 记

本书的起源要回溯至十几年前，大师作品分析在同济大学二年级的建筑基础教学中分量颇重，许多精美的模型令人过目难忘。学生选择的多为小住宅，记得早期有一组同学分析了某美国当代大师的沙漠自宅，当时我产生个疑问，花费一个多月的时间去分析这一作品是否值得？这是不是历史上的经典作品，至少是该大师的代表作品？如果换一个作品来分析是否在有限的时间内能获得更多的体验？由于二年级的学生尚不足以建立起自身的建筑史学坐标，老师给定的作品显得有些集中、重复，难免影响分析的关联性和视野的广度。写一本与现代住宅设计历史有关的教学用书是基本的初衷，没有同济大学建筑基础教学团队的多年努力，彼此切磋砥砺，不会有本书。首先必须感谢我的学长、同事、同学们。感谢清华大学建筑学院许懋彦教授，同济大学建筑与城市规划学院寇怀云副教授，台湾铭传大学建筑系徐明松老师，我的高中老同学鞠晓峰先生，英国谢菲尔德大学景观系沈祺，同济大学建筑与城市规划学院薛岩、施梦婷、刘洪、缪雪旸提供的各种帮助。

建筑大师自宅不是新题目，甚至是媒体报道的宠儿。本书特别之处是进一步以20世纪20~60年代的现代主义建筑大师自宅为研究对象，这段时间是现代建筑涌动的深水区。它们必须尚存，尽可能登录为国家保护名录，绝大部分应以各种形式已向公众开放。道理很简单，住宅所代表的不只是私人品位和房产价值，大师自宅更是建筑理念和社群关系的体现。就譬如一家持续稳定运营了多年的公司比一个缺少历练的企业风险更小，更值得投资一样，大师自宅值得关注。有些大师自己并不这么看，20世纪50年代中国建筑学会代理理事长、德高望重的建筑大师董大酉先生即声言：“对权威和非权威、对大人物和小人物，必须同等对待。”这当然是另外一个话题，本书不可避免地也涉及了建筑大师起步的某些节点。

遴选出经得起分析的作品花了一些气力，它们随着时代被不断评述，如汩汩涌泉实则看不到尽头。感谢意大利米兰理工建筑学院的加图索教授

（Gennaro Postiglione），他是长期致力于建筑师住宅研究的前沿学者，给我诸多启迪。我们的友谊源于对挪威建筑师克尔斯莫的共同兴趣，他慷慨地从米兰邮寄给我一卷图纸，令我吃惊不小。感谢英国谢菲尔德大学的建筑历史教授彼得·琼斯（Peter Blundell Jones），十多年前我看到琼斯发在英国建筑杂志上的文章，一座水磨坊改建的建筑师自宅，也是他的家，便冒昧提出造访。他在英国北部尖峰地带（peak district）的家没有门牌号，当我茫茫然下了火车，转过唯一的砂土路看到那座乡村石头房时，门开了，他先看到了我，然后我看到了他，那日空气透明、阳光明媚。虽然琼斯教授已在中国开展了广泛的交流，但我们从未再谋面，依靠断断续续的邮件维持从上海近代建筑到现代主义建筑的学术讨教，其名著《现代建筑设计案例》是教科书式的研究样板。四年多前当琼斯知道我的研究计划后，随即发给我他在英国《建筑评论》、德国《园林》上已发表的研究目录及部分原文（single family houses by good architects written by Peter Blundell Jones），1981~2010年间的12篇高水准论文。请允许我用这一篇叠加了亚洲现代主义建筑师作品的作业怀念琼斯教授。

另一位给我以深刻印象的大师是20位大师中唯一健在且可清晰思维的莫利万，20世纪60年代柬埔寨西哈努克执政时期的国家建筑总建筑师。他位于金边的自宅1966年完成，其时莫利万已完成了独立纪念碑、金边国家体育场等大量极具分量的作品。2017年1月经辗转联系，我在吴哥见到了大师。当我给91岁的老人看他自宅的今日照片时，他的喜悦溢于言表，访谈也可较为顺利地展开:

"请评论下西哈努克?"

"他永远走在时代的前面，不重复，永远向前。"

"他为什么信任你?"

"来自法国的教育，为了新的国家!"

殷鉴不远，历史常青，大师的自宅就是个人才华和国家独立的双重注脚。遗憾的是，莫利万2017年谢世。

本书的另一个立足点是依据历史照片和图纸勾勒大师自宅的原貌，住宅的历年变迁在所难免，不过没有很快的功能变化，建筑历史档案是“口袋里的博物馆”，挖掘图档已是最为真实和完整地接近自宅营造的途径了。调取档案亦是体会文化差异的过程，20幢建筑大师自宅是一种开放的公共社会资源，跨文化传播不仅体现在遗产本身，而且表现在教育、宣传、研究的管理上。向澳大利亚新南威尔士国家图书馆（New South Wales State Library）、英格兰历史建筑和古迹委员会（Historic Buildings and Monuments Commission England）、日本国立国会图书馆（the National Diet Library）、挪威建筑博物馆（the Norwegian Museum of Architecture）、南非威特沃特斯建筑学院图书馆（WIReDSpace）、芬兰阿尔托基金会（Alvar Aalto Foundation）致谢。它们的数字化档案工作已非常细致，欧美按规矩大多“款到发货”；日本是寄来复印件，先收货后网上付款，有些不可思议；更不可思议地是官方提供无水印高清晰大图下载，这是勇于跻身国际的态度，南非威特沃特斯建筑学院就是榜样。

感谢张幼平编辑的信任及耐心细致的工作。

另一位合作者吴杨杰绘制了本书的全部插图，我们以图文并茂的方式再次向心中的大师和志同道合的研究者致谢。

写书的乐趣在于讲讲故事，当然也珍藏了小的耕耘历史，最好的书得益于读者和作者的通力合作，读者是帮助我们不断充实研究清单的推动者，谢谢读者！

朱晓明于同济大学

2017年11月2日

图书在版编目(CIP)数据

建筑大师自宅（1920s~1960s）/ 朱晓明，吴杨杰著.
—北京：中国建筑工业出版社，2017.11
ISBN 978-7-112-21315-3

Ⅰ.①建… Ⅱ.①朱… ②吴… Ⅲ.①住宅-室内装饰设计-作品集-世界 Ⅳ.①TU241

中国版本图书馆CIP数据核字（2017）第248813号

责任编辑：张幼平 费海玲
书籍设计：张悟静
封面插图：王禹惟
责任校对：芦欣甜 张 颖

建筑大师自宅 (1920s~1960s)
朱晓明 吴杨杰 著
*
中国建筑工业出版社出版、发行（北京海淀三里河路9号）
各地新华书店、建筑书店经销
北京锋尚制版有限公司制版
北京中科印刷有限公司印刷
*
开本：787×1092毫米 1/16 印张：21½ 字数：328千字
2018年5月第一版 2018年5月第一次印刷
定价：**68.00**元
ISBN 978-7-112-21315-3
（30899）